示范性高等职业院校重点建设专业

建筑工程技术专业课程改革系列教材

建设法规与合同管理

主　编　邱祥群　何宗花

副主编　林冬妹　赵小旺

主　审　曾　波

中国水利水电出版社

www.waterpub.com.cn

内 容 提 要

本书系统介绍了建设工程法律法规概述及民事法律制度、建设从业主体许可制度及大学生职业规划、建设工程程序及土地使用权等行政审批、建设工程项目发承包与招投标、工程勘察设计与标准化管理、建设工程合同管理、建设工程监理、建设工程安全生产与质量管理、建筑工程竣工验收及保修、建筑装饰装修法规、建设工程纠纷处理及程序、水利法律法规等12讲内容。

本书既可作为高职高专工程造价、工程监理、建筑工程技术专业及相关专业的教学用书，也可用于高等院校土木工程专业本科、成人教育及相关专业职业岗位培训的培训教材和工程技术人员学习的参考书和工具书。

图书在版编目（C I P）数据

建设法规与合同管理 / 邱祥群，何宗花主编. -- 北京 ：中国水利水电出版社，2011.8(2022.8重印)
示范性高等职业院校重点建设专业. 建筑工程技术专业课程改革系列教材
ISBN 978-7-5084-8701-4

Ⅰ．①建… Ⅱ．①邱… ②何… Ⅲ．①建筑法－中国－高等职业教育－教材②建筑工程－经济合同－管理－高等职业教育－教材 Ⅳ．①D922.297②TU723.1

中国版本图书馆CIP数据核字(2011)第172641号

书 名	示范性高等职业院校重点建设专业 建筑工程技术专业课程改革系列教材 **建设法规与合同管理**
作 者	主编 邱祥群 何宗花 主审 曾波
出版发行	中国水利水电出版社 （北京市海淀区玉渊潭南路 1 号 D 座 100038） 网址：www.waterpub.com.cn E-mail：sales@mwr.gov.cn 电话：(010) 68545888（营销中心）
经 售	北京科水图书销售有限公司 电话：(010) 68545874、63202643 全国各地新华书店和相关出版物销售网点
排 版	中国水利水电出版社微机排版中心
印 刷	北京市密东印刷有限公司
规 格	184mm×260mm 16 开本 17.75 印张 421 千字
版 次	2011 年 8 月第 1 版 2022 年 8 月第 5 次印刷
印 数	11101—12600 册
定 价	**56.00 元**

前 言

QIANYAN

随着我国市场经济的发展和建筑市场的逐步完善，中国土木工程专业指导委员会已将《建设法规》列入土建类专业的必修课程，同时也是土木建筑与各建设工程专业技术人员和管理干部必备的知识要素。

本书是按照"以工作任务作驱动，以工作过程为导向"的高职高专课程改革的理念，结合长期以来教学实践和建筑纠纷处理法律服务实践活动的实际情况，在示范性高职院校、"国家示范性高等职业院校建设计划"骨干高职院校建设和课程改革的迫切需要背景下编写的。本书有 3 个明显的特点：第一，新颖性。本书在体系完整性的基础上，通过"知识链接"、"推荐阅读"等模块，传递最新颁布或修改的法律法规内容。第二，实用性。本书在"推荐阅读"部分注重推荐建设从业人员常用的网络资源和自学渠道，让读者能够摆脱对老师和教材的依赖，自主学习和更新法律法规新的变化和内容。"教学实践环节"配合"教学实训周"的设置有利于引导读者综合运用相关知识，培养动手能力。同时，体系和内容与读者参加的建造师、造价师考试相衔接。第三，开放性。本书按照建设程序及工作过程，以相对独立的"专题讲座"方式来编写。这有利于课程组的校内专任教师和企业外聘教师之间，根据各自的特长和实践经验，合作完成教学活动，体现工学结合教学模式的开放性。

本书以《中华人民共和国建筑法》、《中华人民共和国城市规划法》、《中华人民共和国合同法》和两个"管理条例"为主线，按照建设程序和建设从业活动的工作程序，以相对独立的"专题讲座"为单位，系统介绍了建设工程法律法规概述及民事法律制度、建设从业主体许可制度及大学生职业规划、建设工程程序及土地使用权等行政审批、建设工程项目发承包与招投标、工程勘察设计与标准化管理、建设工程合同管理、建设工程监理、建设工程安全生产与质量管理、建筑工程竣工验收及保修、建筑装饰装修法规、建设工程纠纷处理及程序、水利法律法规等内容。书中对建设工程合同管理内容作了重点介绍。本书按照建设程序对应4个教学情景分为"建设法规及其运用基本知识"，"建设工程立项决策、编制勘察设计文件阶段法规及应用"，"建筑施工安装阶段法规及合同管理"，"工程项目竣工验收交付使用阶段法规及建设程序法律法规"4篇进行编写。

本书参编人员有邱祥群、何宗花、林冬妹、赵小旺等，邱祥群、何宗花任主编，林冬妹、赵小旺任副主编，曾波任主审。具体分工如下：邱祥群负责第1、2、9、10、11讲的编写工作，并负责教材的统编工作；何宗花负责第3、6~8讲的编写工作，并负责教材的统编工作；林冬妹负责第12讲的编写工作；赵小旺负责第4、5讲的编写工作。

本书在编写过程中，参考与引用了已公开发表的有关文献、资料，并得到钟闻东、朱光辉律师等专家和广东伯方律师事务所等单位的支持与帮助，在此表示衷心的感谢。

由于编者水平有限，书中如存在缺点和不妥之处，恳请读者批评指正。

编者

2011 年 6 月 1 日

目 录

MULU

第三篇 建筑施工安装阶段法规及合同管理

第四篇　工程项目竣工验收交付使用阶段法规 及建设程序法律法规

第一篇　建设法规及其运用基本知识

第①讲　建设工程法律法规概述及民事法律制度专题

【教学目标】　本讲主要解决以下几大问题：①建设工程法律法规概念及体系；②《中华人民共和国建筑法》(以下简称《建筑法》)概念、原则及其确立的基本制度；③建设法律关系的构成、产生、变更及消灭；④与工程建设相关的债权、物权、知识产权、诉讼时效等民事法律制度；⑤建设工程法律责任。通过本讲的学习，熟练掌握建设工程法律法规概念及体系；《建筑法》原则及其确立的基本制度、工程建设的违约、侵权主要民事责任。

【教学要求】

能力目标	知　识　要　点	权重	自测分数
了解相关知识	建设法律关系的构成、产生及变更；债权、物权、知识产权、诉讼时效等民事法律制度，建设工程法律责任的构成要件	30%	
熟练掌握知识点	(1) 建设工程法律法规概念及体系 (2) 《建筑法》概念、原则及其确立的基本制度 (3) 诉讼时效的中断和中止 (4) 工程建设的违约、侵权主要民事责任 (5) 工程建设行政责任和刑事责任	40%	
运用知识分析案例	工程建设的违约、侵权行为判断及责任承担选择，各种责任的构成及区别，各种行为的合法性判断；《建筑法》确立的基本制度及运用	30%	

【引例】

无视建设法律法规，酿成重大安全事故

1999 年 1 月 4 日，重庆綦江虹桥突然整体垮塌，导致 40 人死亡，造成直接经济损失 630 多万元。虹桥的垮塌震惊了全国，事故发生后的调查结果显示，这是一个典型的违反基本建设程序的违法施工项目。虹桥建设初期，没有按照国家规定对该建设项目进行立项、可行性论证、设计审查，没有办理项目报建手续，没有进行项目设计、施工招标，没有办理施工许可证，也没有对设计、施工单位进行资质审查，便把虹桥建设工程发包给不

具备建桥资质的重庆华庆设计公司富华分公司总承包，富华分公司又将虹桥工程建设交给私人设计和个人合伙挂靠施工。在施工过程中，没有按照《建筑法》的要求进行工程监理，发包方在工程完工后，也没有经过法定的检查验收便匆匆地投入使用。结果这个完全违反基本建设程序的工程酿成了震惊全国的重大安全事故。

1.1   建设工程法律法规概述

1.1.1   建设法规的概念

建设法规是指国家立法机关或其授权的行政机关制定的在调整国家及其有关机构、企事业单位、社会团体、公民之间在建设活动中发生的各种社会关系的法律、法规的总称。

建设法规所调整的范围是建设活动中发生各种社会关系。它包括建设活动中发生的建设管理关系、建设协作关系及其相关的建设民事关系。

1.1.2   建设法规体系

建设法规体系，是指把已经制定和需要制定的建设法律、建设行政法规、建设部门规章、地方性建设法规和规章衔接起来，形成一个相互联系、相互补充、相互协调的完整统一的法规框架。

根据《中华人民共和国立法法》有关立法权限的规定，我国建设法律法规体系由以下5个层次组成：

（1）建设法律是由全国人民代表大会及其常务委员会制定颁行的，属于国务院建设行政主管部门主管业务范围的各项法律。它们是建设法律法规体系的核心和基础。如《中华人民共和国合同法》、《中华人民共和国建筑法》、《中华人民共和国招标投标法》、《中华人民共和国城市规划法》、《中华人民共和国城市房地产管理法》、《中华人民共和国水法》、《中华人民共和国防洪法》、《中华人民共和国水土保持法》、《中华人民共和国水污染防治法》等（见中国政府网——法律法规或中华人民共和国建设部行政法规）。

（2）建设行政法规是由国务院制定颁行的，属于建设行政主管部门主管业务范围的各项法规。其效力低于建设法律，在全国范围内有效。行政法规的名称常以"条例"、"办法"、"规定"、"规章"等名称出现，如《建设工程勘察设计管理条例》、《建设项目环境保护管理条例》、《建设工程质量管理条例》、《建设工程安全生产管理条例》、《城市房地产开发经营管理条例》、《城市道路管理条例》、《物业管理条例》、《建设工程质量监督管理规定》等（见中国政府网——行政法规）。

（3）建设部门规章指由国务院建设行政主管部门或其与国务院其他相关部门联合制定颁行的法规，如建设部制定颁行的《建筑业企业资质管理规定》、《建筑工程施工发包与承包计价管理办法》、《物业管理企业资质管理办法》、《城市供水水质管理规定》、《工程建设项目招标代理机构资格认定办法》、《注册造价工程师管理办法》，水利部制定颁行的《水利工程建设项目验收管理规定》、《水利工程建设监理规定》、《水土保持工程建设管理办法》、《水利工程供水价格管理办法》。

（4）地方性建设法规指由省、自治区、直辖市人民代表大会及其常务委员会结合本地区实际情况颁行的或经其批准颁行的由下级人民代表大会或其常务委员会制定的，只能在本区域有效的建设方面的法规，如《广东省实施"中华人民共和国招标投标法"办法》、《广东省建设工程监理条例》、《广东省建设工程勘察设计管理条例》、《广东省河道采砂管理条例》等（见广东省人民政府法制办公室——省地方法规）。

（5）地方建设规章指由省、自治区、直辖市人民政府制定颁行的或经其批准颁行的由其所在城市人民政府制定的建设方面的规章，如《广东省建设工程造价管理规定》、《广东省北江大堤管理办法》、《广东省重大安全事故行政责任追究规定》、《广东省发展应用新型墙体材料管理规定》等。

1.2　《中华人民共和国建筑法》概述

1.2.1　建筑法的概念和调整对象

1.2.1.1　建筑法的概念

建筑法是指调整在从事建筑活动和实施对建筑活动监督管理过程中所形成的社会关系的法律规范总称。《中华人民共和国建筑法》于 1997 年 11 月 1 日经八届人大常务委员会第 28 次会议审议通过，1998 年 3 月 1 日起施行，它是调整我国建筑活动和建筑活动管理过程中所形成的一定的社会关系的基本法律。

建筑活动是建筑法所要规范的核心内容。《建筑法》第 2 条规定：建筑活动"是指各类房屋建筑及其附属设施的建造和与其配套的线路、管道、设备的安装活动"，在《建筑法》附则中的第 81 条规定："关于施工许可、建筑施工企业资质审查和建筑工程发包、承包、禁止转包，以及建筑工程监理、建筑工程安全和质量管理的规定，适用于其他专业建筑工程的建筑活动"，《建筑法》的主要内容适用于所有的工程建设，包括公路、桥梁、港口、铁路等工程建设。

1.2.1.2　建筑法的调整对象

建筑法的调整对象主要有横向和纵向两种社会关系：

一是从事建筑活动过程中所形成的横向平等主体的民事关系，即平等主体的建设单位、勘察设计单位、建筑安装企业、监理单位、建筑材料供应单位之间在建筑活动中所形成的民事关系。

二是在实施建筑活动管理过程中所形成的纵向行政管理关系，即建设行政主管部门对建筑活动进行的计划、组织、监督的关系。

1.2.2　建筑法的基本原则

建筑法的基本原则是从事建筑活动，实施建筑活动管理过程中必须遵循的一般准则。

1. 建筑活动应当坚持质量、安全和效益相统一的原则

建筑业作为我国国民经济的一个支柱产业，从业人数众多，对相关产业的带动居各行业之首。建筑企业在从事建筑活动时，不可能不考虑本企业的经济效益。但是，建筑企业在从事建筑活动时也应确保建筑工程质量和安全，考虑建筑活动的社会效益。《建筑法》对建筑活动的质量和安全的要求是贯穿于各个环节的。只有做好建筑活动的质量和安全工

作，施工企业才能取得好的效益。

2. 国家扶持建筑业的发展原则

国家扶持建筑业的发展，也是建筑法的基本原则。发展建筑业的关键是提高建筑业的科技水平和管理水平。国家支持建筑科学技术研究，提高房屋建筑设计水平，鼓励节约能源和保护环境，提倡采用先进技术、先进设备、先进工艺、新型建筑材料和现代管理方式。

3. 建筑活动遵守法律、法规的原则

建筑活动当事人应当遵守国家法律、法规，不得损害社会公共利益和他人的合法权益。建筑活动涉及的面广，当事人应当全面按照国家有关规定从事建筑活动，处理好各方面的关系；反之，正当的建筑活动受法律保护，任何单位和个人都不得妨碍和阻挠依法进行的建筑活动。

4. 建筑活动的统一监督管理原则

国务院建设行政主管部门对全国的建筑活动实施统一监督管理。这种监督管理体现的是国家意识，任何单位和个人都应当服从这种监督管理。这种监督管理是由国家强制力保证的，任何单位和个人不服从这种监督管理都将受到法律的制裁。建筑活动的统一监督管理是贯彻于建筑活动的全过程的，其管理范围包括与建筑活动有关的各类主体。

1.2.3 《建筑法》确立的基本制度

1.2.3.1 建设工程许可制度

由于工程建设对国家、社会、公民生活等都有重大影响，国家对工程建设有严格的管理制度，国家实行建设工程许可管理制度。建设工程许可主要包括报建、建筑工程施工许可和从业资格等。详见第2讲建设从业主体许可制度及大学生职业规划专题、第3讲建设工程程序及土地使用权等行政审批专题。

1.2.3.2 建筑工程监理制度

建筑工程监理，是指工程监理单位接受建设单位委托，依照法律、行政法规及有关的技术标准、设计文件和建设工程承包合同，对承包单位工程质量、建设进度和建设资金使用等方面，代表建设单位实施监理。详见第7讲建设工程监理专题。

1.2.3.3 建设工程发包与承包制度

建设工程承包与发包是指建设单位或者总承包单位（发包方），通过合同委托施工企业、勘察设计单位等（承包方）为其完成某一工程的全部或其中一部分工作的交易方式。双方当事人的权利和义务通过合同规定。详见第4讲建设工程项目发承包与招投标专题。

1.2.3.4 建设工程质量与安全管理制度

建设工程质量管理包括纵向和横向两个方面的管理。纵向方面的管理主要是指建设行政主管部门及其授权机构对建设工程质量的监督管理。横向方面的管理主要指建设工程各方如建设单位、勘察设计单位、施工单位等的质量责任和义务。2000年1月10日通过的国务院令《建设工程质量管理条例》对此做出了具体明确的规定。目前，我国工程质量管理法律制度体系已基本建立。

国家对建筑活动实行建筑安全生产管理制度。建筑工程安全生产管理应当坚持安全第一、预防为主的方针，为了加强安全生产管理，国务院建设行政主管部门制订了一系列安全生产管理法规，建筑安全生产管理法律制度日趋完善。

详见第 8 讲建设工程安全生产与质量管理专题。

1.3　建设法律关系

1.3.1　工程建设法律关系的构成要素

法律关系都是由法律关系主体、法律关系客体和法律关系内容 3 个要素构成，缺少其中一个要素就不能构成法律关系。由于 3 个要素的内涵不同，则组成不同的法律关系，诸如民事法律关系、行政法律关系、劳动法律关系、经济法律关系等。工程建设法律关系也是由主体、客体和内容 3 个要素所组成。

1. 法律关系主体

法律关系主体，主要是指参加或管理、监督建设活动，受建设工程法律规范调整，在法律上享有权利、承担义务的自然人、法人或其他组织。

（1）国家机关。

国家权力机关，是指全国人民代表大会及其常务委员会和地方各级人民代表大会及其常务委员会。

国家权力机关参加工程建设法律关系的职能是审查批准国家建设计划和国家预、决算，制定和颁布建设法律，监督检查国家各项建设法律的执行。

行政机关，是依照国家宪法和法律设立的依法行使国家行政职权，组织管理国家行政事务的机关。它包括国务院及其所属各部委、地方各级人民政府及其职能部门。

（2）社会组织。

作为法律关系主体的社会组织，一般应为法人。法人是指具有民事权利能力和民事行为能力，依法享有民事权利和承担民事义务的组织。法人必须依法成立；有必要的财产或者经费；有自己的名称、组织机构和场所；能够独立承担民事责任。

（3）自然人。

自然人也可以成为工程建设法律关系的主体。如建设企业工作人员（建筑工人、专业技术人员、注册执业人员等）同企业单位签订劳动合同时，即成为劳动法律关系主体。

2. 法律关系客体

法律关系客体，是指参加法律关系的主体享有的权利和承担的义务所共同指向的对象。在通常情况下，主体都是为了某一客体，彼此才设立一定的权利、义务，从而产生法律关系，这里的权利、义务所指向的事物，即法律关系的客体。

法学理论上，一般客体分为财、物、行为和非物质财富。法律关系客体也不外乎 4 类：

（1）表现为财的客体。

财一般指资金及各种有价证券。在法律关系中表现为财的客体主要是建设资金，如基本建设贷款合同的标的，即一定数量的货币。

（2）表现为物的客体。

法律意义上的物是指可为人们控制的并具有经济价值的生产资料和消费资料。

（3）表现为行为的客体。

法律意义上的行为是指人的有意识的活动。

（4）表现为非物质财富的客体。

法律意义上的非物质财富是指人们脑力劳动的成果或智力方面的创作，也称智力成果。

3. 法律关系的内容

法律关系的内容即权利和义务。

（1）权利。

权利是指法律关系主体在法定范围内有权进行各种活动。权利主体可要求其他主体作出一定的行为或抑制一定的行为，以实现自己的权利，因其他主体的行为而使权利不能实现时有权要求国家机关加以保护并予以制裁。

（2）义务。

义务是指法律关系主体必须按法律规定或约定承担应负的责任。义务和权利是相互对应的，相应主体应自觉履行建设义务，义务主体如果不履行或不适当履行，就要承担相应的法律责任。

1.3.2　工程建设法律关系的产生、变更与终止

1. 法律关系的产生

法律关系的产生，是指法律关系的主体之间形成了一定的权利和义务关系。如某单位与其他单位签订了合同，主体双方就产生了相应的权利和义务。此时，受法律规范调整的法律关系即告产生。

2. 法律关系的变更

法律关系的变更，是指法律关系的两个要素发生变化。

（1）主体变更。

主体变更，是指法律关系主体数目增多或减少，也可以是主体改变。在合同中，客体不变，相应权利和义务也不变，此时主体改变也称为合同转让。

（2）客体变更。

客体变更，是指法律关系中权利和义务所指向的事物发生变化。客体变更可以是其范围变更，也可以是其性质变更。

法律关系主体与客体的变更，必然导致相应的权利和义务，即内容的变更。

3. 法律关系的终止

法律关系的终止，是指法律关系主体之间的权利和义务不复存在，彼此丧失了约束力。

（1）自然终止。

法律关系的终止，是指某类法律关系所规范的权利和义务顺利得到履行，取得了各自的利益，从而使该法律关系达到完结。

（2）协议终止。

法律关系协议终止，是指法律关系主体之间协商解除某类工程建设法律关系规范的权利和义务，致使该法律关系归于终止。

（3）违约终止。

法律关系违约终止，是指法律关系主体一方违约，或发生不可抗力，致使某类法律关系规范的权利不能实现。

法律关系只有在一定的情况下才能产生，同样这种法律关系的变更和消灭也由一定情况决定的。这种引起法律关系产生、变更和消灭的情况，人们通常称之为法律事实。法律事实即是法律关系产生、变更和消灭的原因。

法律事实按是否包含当事人的意志为依据分为两类：

（1）事件。事件是指不以当事人意志为转移而产生的法律事实，包括自然事件、社会事件、意外事件。

（2）行为。行为是指人的有意识的活动。行为包括积极的作为和消极的不作为。

1.3.3　法律行为的成立要件

（1）法律行为主体具有相应的民事权利能力和行为能力。

民事权利能力是指能够参加民事活动，享有民事权利和负担民事义务的法律资格。民事行为能力是指通过自己行为取得民事权利和负担民事义务的资格。法律行为主体只有取得了相应的民事权利能力和行为能力以后作出的民事行为法律才能认可。

（2）行为人意思表示真实。

意思表示真实就是说行为人表现于外部的表示与其内在的真实意志相一致。

（3）行为内容合法。

根据《中华人民共和国民法通则》（以下简称《民法通则》）的规定，行为内容合法表现为不违反法律和社会公共利益、社会公德。行为内容合法首先不得与法律、行政法规的强制性或禁止性规范相抵触。其次，行为内容合法还包括行为人实施的民事行为不得违背社会公德，不得损害社会公共利益。

（4）行为形式合法。

民事法律行为的形式也就是行为人进行意思表示的形式。民事法律行为所采用的形式分为要式民事法律行为和不要式民事法律行为，凡属要式的民事法律行为，必须采用法律规定的特定形式才为合法，而不要式民事法律行为，则当事人在法律允许范围选择口头形式、书面形式或其他形式作为民事法律行为的形式皆为合法。

1.4　工程建设相关的民事法律制度

1.4.1　债权

1. 债的概念

债是按照合同约定或依照法律规定，在当事人之间产生的特定的权利和义务关系。

2. 债权与物权的区别

债权与物权都是与财产有密切联系的法律关系，但它们却有着明显的不同。

（1）债权与物权的主体不同。

债权的权利主体和义务主体都是特定的，是对人权；物权的权利主体是特定的，义务主体则为不特定的，是对世权。

（2）债权与物权的内容不同。

债权的实现需要义务主体的积极行为的协助，是相对权；物权的实现则不需要他人的协助，是绝对权。

（3）债权与物权的客体不同。

债权的客体可以是物、行为和智力成果；物权的客体则只能是物。

3. 债的发生根据

根据我国《民法通则》以及相关的法律规范的规定，能够引起债的发生的法律事实，即债的发生根据，主要有以下几种：

（1）合同。

合同，是指民事主体之间关于设立、变更和终止民事关系的协议。合同是引起债权与债务关系发生的最主要、最普遍的根据。

（2）侵权行为。

侵权行为，是指行为人不法侵害他人的财产权或人身权的行为。

（3）不当得利。

不当得利，是指没有法律或合同根据，有损于他人而取得的利益。它可能表现为得利人财产的增加，致使他人不应减少的财产减少了；也可能表现为得利人应支付的费用没有支付，致使他人应当增加的财产没有增加。不当得利一旦发生，不当得利人负有返还的义务。因而，这是一种债权与债务关系。

（4）无因管理。

无因管理，是指既未受人之托，也不负有法律规定的义务，而是自觉为他人管理事务的行为。无因管理行为一经发生，便会在管理人和其事务被管理人之间产生债权与债务关系，其事务被管理者负有赔偿管理者在管理过程中所支付的合理的费用及直接损失的义务。

（5）债的其他发生根据。

债的发生根据除前述几种外，遗赠、扶养、发现埋藏物等，也是债的发生根据。

4. 债的消灭

债因以下事实而消灭：

（1）债因履行而消灭。

债务人履行了债务，债权人的利益得到了实现，当事人间设立债的目的已达到，债的关系也就自然消灭了。

（2）债因抵消而消灭。

抵消，是指同类已到履行期限的对等债务，因当事人相互抵充其债务而同时消灭。用抵消方法消灭债务应符合下列的条件：必须是对等债务；必须是同一种类的给付之债；同类的对等之债都已到履行期限。

（3）债因提存而消灭。

提存，是指债权人无正当理由拒绝接受履行或其下落不明，或数人就同一债权主张权利，债权人一时无法确定，致使债务人一时难以履行债务，经公证机关证明或人民法院的裁决，债务人可以将履行的标的物提交有关部门保存的行为。

提存是债务履行的一种方式。如果超过法律规定的期限，债权人仍不领取提存标的物的，应收归国库所有。

（4）债因混同而消灭。

混同，是指某一具体之债的债权人和债务人合为一体。如两个相互订有合同的企业合并，则产生混同的法律效果。

（5）债因免除而消灭。

免除，是指债权人放弃债权，从而免除债务人所承担的义务。债务人的债务一经债权人解除，债的关系自行解除。

（6）债因当事人死亡而解除。

债因当事人死亡而解除，仅指具有人身性质的合同之债，因为人身关系是不可继承和转让的，所以，凡属委托合同的受托人、出版合同的约稿人等死亡时，其所签订的合同也随之终止。

1.4.2 物权

1. 物权的概念

物权是民事主体依法对特定的物进行管领支配，享有利益并排除他人干涉的权利。

2. 物权的种类

物权可划分如下：

（1）根据物权的权利主体是否为财产的所有人划分。

自物权，又称所有权，是指权利人对自己的所有物享有的占有、使用、收益和处分的权利。

他物权，是指在他人的所有物上设定的权利。

（2）依据设立目的的不同划分。

用益物权，是指对他人所有物使用和收益的权利。我国《民法通则》规定的全民所有制企业经营权、国有土地使用权、采矿权等属用益物权。

担保物权，是指为了担保债的履行而在债务人或第三人特定的物或权利上所设定的权利，如抵押权、质押权、留置权等都是担保物权。

（3）按物权的客体是动产还是不动产划分。

动产物权，是指以能够移动的财产为客体的物权，如质押权、留置权。

不动产物权，是指以土地、房屋等不动产为客体的物权，如土地使用权。

3. 物权的保护

（1）请求确认物权。

当物权归属不明或是发生争议时，当事人可以向法院提起诉讼，请求确认物权。请求确认物权包括请求确认所有权和请求确认他物权。

（2）请求排除妨碍。

当他人的行为非法妨碍物权人行使物权时，物权人可以请求妨碍人排除妨碍，也可请求法院责令妨碍人排除妨碍。排除妨碍的请求所有人、用益物权人都可行使。

（3）请求恢复原状。

当物权的标的物因他人的侵权行为而遭受损坏时，如果能够修复，物权人可以请求侵权行为人加以修理使之恢复原状，恢复原状的请求所有人、合法使用人都可以行使。

（4）请求返还原物。

当所有人的财产被他人非法占有时，财产所有人或合法占有人，可以依照有关规定请求不法占有人返还原物，或请求法院责令不法占有人返还原物。

（5）请求损失赔偿。

当他人侵害物权的行为造成物权人的经济损失时，物权人可以直接请求侵害人赔偿损失，也可请求法院责令侵害人赔偿损失。

1.4.3　知识产权

知识产权，是指人们对其智力劳动成果所享有的民事权利。

《建筑法》第 4 条规定："国家扶持建筑业的发展，支持建筑科学技术研究，提高房屋建筑设计水平，鼓励节约能源和保护环境，提倡采用先进技术、先进设备、先进工艺、新型建筑材料和现代管理方式。"在工程建设活动中将产生大量的知识产权。

我国承认并以法律形式加以保护的主要知识产权为：

（1）著作权。

（2）专利权。

（3）商标权。

（4）商业秘密。

（5）其他有关知识产权。

关于知识产权的相关知识在此不作详细阐述。

1.4.4　诉讼时效

1. 时效的概念

时效，是指一定事实状态在法律规定期间内的持续存在，从而产生与该事实状态相适应的法律效力。

时效一般可分为取得时效和消灭时效。关于时效，《民法通则》作了专门规定。

2. 诉讼时效

诉讼时效，是指权利人在法定期间内，未向人民法院提起诉讼请求保护其权利时，法律规定消灭其胜诉权的制度。

诉讼时效的种类

（1）普通诉讼时效向人民法院请求保护民事权利的期间。普通诉讼时效期间通常为 2 年。

（2）短期诉讼时效下列诉讼时效期间为 1 年：身体受到伤害要求赔偿的；延付或拒付租金的；出售质量不合格的商品未声明的；寄存财物被丢失或损毁的。

（3）特殊诉讼时效法律对诉讼时效另有规定的，依照法律规定执行。国际货物买卖合同和技术进出口合同争议提起诉讼或仲裁的期限为 4 年。

（4）权利的最长保护期限诉讼时效期间从知道或应当知道权利被侵害时起计算。但是，从权利被侵害之日起超过 20 年的，人民法院不予保护。

3．诉讼时效的起算

诉讼时效的起算，也即诉讼时效期间的开始，它是从权利人知道或应当知道其权利受到侵害之日起开始计算，即从权利人能行使请求权之日开始算起。

4．诉讼时效的中止

诉讼时效的中止，是指在时效进行中，因一定法定事由的出现，阻碍权利人提起诉讼，法律规定暂时中止诉讼时效期间的计算，待阻碍诉讼时效的法定事由消失后，诉讼时效继续进行，累计计算。我国《民法通则》第 139 条规定，在诉讼时效期间的最后 6 个月，因不可抗力或者其他障碍不能行使请求权的，诉讼时效中止。从中止诉讼时效的原因消除之日起，诉讼时效期间继续计算。

5．诉讼时效的中断

诉讼时效的中断，是指在时效进行中，因一定法定事由的发生，阻碍时效的进行，致使以前经过的诉讼时效期间统归无效，待中断事由消除后，其诉讼时效期间重新计算。我国《民法通则》第 140 条规定，诉讼时效因提起诉讼，当事人一方提出要求或者同意履行义务而中断。从中断时起，诉讼时效期间重新计算。

1.5　建 设 法 律 责 任

1.5.1　建设工程法律责任的构成要件
1.5.1.1　建设工程法律责任的一般构成要件

法律责任的一般构成要件由以下 4 个条件构成，它们之间互为联系、互为作用，缺一不可。

1．有损害事实发生

损害事实，就是违法行为对法律所保护的社会关系和社会秩序造成的侵害。

（1）具有客观性，即已经存在，没有存在损害事实，则不构成法律责任。

（2）损害事实不同于损害结果。损害结果是违法行为对行为指向的对象所造成的实际损害。

2．存在违法行为

法律规范中规定法律责任的目的就在于让国家的政治生活和社会生活符合统治阶级的意志，以国家强制力来树立法律的威严，制裁违法，减少犯罪。如果没有违法行为，就无需承担法律责任，而且合法的行为还要受到法律的保护。行为没有违法，尽管造成了一定的损害结果，也不承担法律责任。

3．违法行为与损害事实之间有因果关系

违法行为与损害事实之间的因果关系，是违法行为与损害事实之间存在着客观的、必然的因果关系。也就是说，一定损害事实是该违法行为所引起的必然结果，该违法行为正是引起损害事实的原因。

4．违法者主观上有过错

所谓过错，是指行为人对其行为及由此引起的损害事实所抱的主观态度，包括故意和过失。如果行为在主观上既没有故意也没有过失，则行为人对损害结果不必承担法律责任。如企业在施工中遇到严重的暴风雨，造成停工，从而延误了工期，在这种情况下，停工行为和延误工期造成损失的结果并非出自施工者的故意和过失，而属于不可抗力，因而不应承担法律责任。

1.5.1.2　建设工程法律责任的特殊构成要件

特殊构成要件是指由法律特殊规定的法律责任的构成要件，它们不是有机地结合在一起的，而是分别同一般要件构成法律责任。

1. 特殊主体

在一般构成要件中对违法者即承担责任的主体没有特殊规定；只有具备了相应的行为能力才可成为责任主体。而特殊主体则不同，它是指法律规定违法者必须具备一定的身份和职务时才能承担法律责任。主要指刑事责任中的职务犯罪，如贪污、受贿等，以及行政责任中的职务违法，如徇私舞弊、以权谋私等。不具备这一条件时，则不承担这类责任。

2. 特殊结果

在一般构成要件中，只要有损害事实的情况发生就要承担相应的法律责任，而在特殊结果中则要求后果严重、损失重大，否则不能构成法律责任。如质量监督人员对工程的质量监督工作粗心大意、不负责任，致使应当发现的隐患而没有发现，造成严重的质量事故，那么他就要承担玩忽职守的法律责任。

3. 无过错责任

一般构成要件都要求违法者主观上必须有过错，但许多民事责任的构成要件则不要求行为者主观上是否有过错，只要有损害事实的发生，那么，受益人就要承担一定的法律责任。这种责任，主要反映了法律责任的补偿性，而不具有法律制裁意义。

4. 转承责任

一般构成要件都是要求实施违法行为者承担法律责任，但在民法和行政法中，有些法律责任则要求与违法者有一定关系的第三人来承担。如未成年人将他人打伤的侵权赔偿责任，应由未成年人的监护人来承担。

1.5.2　工程建设的主要民事责任

1.5.2.1　违约责任

违约责任是指行为人不履行合同义务或者履行合同义务不符合合同约定所产生的民事责任。

1.5.2.1.1　违约责任的构成要件

1. 违约责任的概念

违约责任，就是合同当事人违反合同的责任，是指合同当事人因违反合同约定所应承担的责任。也就是合同当事人对其违约行为所应承担的责任。违约行为，是指合同当事人不履行合同义务或者履行合同义务不符合约定条件的行为。

2. 违约责任的构成要件

违约责任的构成要件，是指合同当事人因违约必须承担法律责任的法定要素。一般来说，构成法律责任或违约责任的要件包括两个方面，即主观要件和客观要件。合同中的违约责任的构成要件，与侵权的民事责任及刑事法律责任或行政法律责任的构成要件有所不同。

依据《中华人民共和国合同法》（以下简称《合同法》）的规定，违约责任，除另有规定者外，总体上实行严格责任原则。依据该项原则，违约责任的构成要件包括主观要件和客观要件。

　　（1）主观要件，是指作为合同当事人，在履行合同中不论其主观上是否有过错，即主观上有无故意或过失，只要造成违约的事实，均应承担违约法律责任。

　　《合同法》还规定，当事人一方因第三人的原因造成违约的，应向对方承担责任。当事人一方和第三人之间的纠纷，应当依照法律的规定或者按照约定解决。

　　依据《合同法》的规定违约责任采取严格责任原则，即无过错责任原则，只有不可抗力方可免责。至于缔约过失、无效合同或者可撤销合同，则采取过错责任原则。由有过错一方向受损害方承担赔偿损失责任。

　　不论主观上是否有过错，即主观上的故意或过失，只要造成违约的事实均应承担违约的法律责任。

　　（2）客观要件，是指合同依法成立、生效后，合同当事人一方或者双方未按照法定或约定全面地履行应尽的义务，也即出现了客观的违约事实，即应承担违约的法律责任。此外，《合同法》还有关于先期违约责任制度的规定，当事人一方明确表示或者以自己的行为表明不履行合同义务的，对方可以在履行期限届满之前，请求其承担违约责任。

　　（3）先期违约的构成要件是：

　　1）违约的时间必须在合同有效成立后至合同履行期限截止前。

　　2）违约必须是对根本性合同义务的违反，即导致合同目的落空。

　　《合同法》明确规定，违约责任采取的是严格责任原则，只有不可抗力可以免责。至于缔约过失、无效合同或者可撤销合同，采取过错责任原则。由过错方向受损害方赔偿损失。

1.5.2.1.2　违约责任的形式

　　1.当事人违约及违约责任的法律规定

　　《合同法》第 107 条规定："当事人一方不履行合同义务或者履行合同义务不符合约定的，应当承担继续履行、采取补救措施或者赔偿损失等违约责任。"

　　依照《合同法》的上述规定，当事人不履行合同义务或履行合同义务不符合约定时，就要承担违约责任。此项规定确立了对违约责任实行"严格责任原则"，只有不可抗力的原因方可免责。至于缔约过失、无效合同或可撤销合同，则采取过错责任，《合同法》分则中特别规定了过错责任的，实行过错责任原则。

　　2.当事人违约行为形态的表现形式

　　当事人违约行为形态，是指当事人不履行和不适当履行义务的违约形态。不履行合同义务，是指合同当事人不能履行或者拒绝履行合同义务。履行合同义务不符合约定，即不适当履行，是指包括不履行以外的一切违反合同义务的情形。

　　3.当事人承担违约责任的形式

　　（1）继续实际履行。

　　继续实际履行，是指违约当事人不论是否已经承担赔偿损失或者违约金的责任，都必须根据对方的要求，并在自己能够履行的条件下，对原合同未履行部分继续按照要求履行。

价款或者报酬的实际履行。《合同法》第 109 条规定："当事人一方未支付价款或者报酬的，对方可以要求其支付价款或者报酬。"

非金钱债务的实际履行。《合同法》第 110 条规定："当事人一方不履行非金钱债务或者履行非金钱债务不符合约定的，对方可以要求履行，但有下列情形之一的除外：①法律上或者事实上不能履行的；②债务的标的不适于强制履行或者履行费用过高的；③债权人在合理期限内未要求履行的。"根据此条的规定，对于非金钱债务的实际履行，法律规定了限制性条件，对于具有这些情形的当事人不得请求实际履行。

（2）采取补救措施。

采取补救措施，是指当事人违反合同的事实发生后，为防止损失发生或者扩大，而由违反合同行为人依法律规定或者约定采取的修理、更换、重新制作、退货、减少价款或者报酬、补充数量等措施，以给权利人弥补或者挽回损失的责任形式。

（3）赔偿损失。

赔偿损失，是指当事人一方因违反合同造成对方损失时，应以其相应价值的财产予以赔偿的法律责任。

4. 关于违约责任的相关规定

（1）当事人以明示或行为表明不履行合同义务的法律责任。

《合同法》第 108 条规定："当事人一方明确表示或者以自己的行为表明不履行合同义务的，对方可以在履行期限届满之前要求其承担违约责任。"

当事人明确表示不履行合同的义务，也即当事人拒绝履行的意思表示；当事人以自己的行为表明不履行合同义务的，是指当事人一方通过自己的行为使对方有确切的证据预见到其在履行期限届满时将不履行或者不能履行合同的主要义务。

上述两种违约行为是发生于履行期限届满之前，因此，另一方当事人可以在履行期限届满之前要求违约方承担违约责任。

（2）当事人未支付价款或者报酬承担违约责任。

支付价款或报酬是以给付货币形式履行的债务，民法上称之为金钱债务。对于金钱债务的违约责任，一是债权人有权请求债务人履行债务，即继续履行；二是债权人可以要求债务人支付违约金或逾期利息。例如，工程承包合同中，拖欠工程款支付和结算的违约责任。

（3）当事人违反质量约定的违约责任。

《合同法》第 111 条规定："质量不符合约定的，应当按照当事人的约定承担违约责任。对违约责任没有约定或者约定不明确，依照本法第 61 条规定仍不能确定的，受损害方根据标的的性质及损失的大小，可以合理选择要求对方承担修理、更换、重作、退货、减少价格或者报酬违约责任。"

（4）当事人一方违约给对方造成其他损失的法律责任。

当事人一方不履行合同义务或者履行合同不符合约定的，在履行义务或者采取补救措施后，对方还有其他损失的，应当赔偿损失。

法律规定，债务人不履行或不适当履行合同，在继续履行或者采取补救措施后，仍给债权人造成损失时，债务人仍应承担赔偿责任。

（5）当事人违约承担责任的赔偿额。

当事人一方不履行合同义务或者履行合同义务不符合约定，给对方造成损失的，损失赔偿额应当相当于因违约所造成的损失，包括合同履行后可以获得的利益，但不得超过违反合同一方订立合同时预见到或者应当预见到的因违反合同可能造成的损失。

经营者对消费者提供商品或者服务有欺诈行为的，依照《中华人民共和国消费者权益保护法》的规定承担损害赔偿责任。

（6）违约金及损失赔偿的法律规定。

《合同法》第 114 条规定："当事人可以约定一方违约时应根据违约情况向对方支付一定数额的违约金，也可以约定因违约产生的损失赔偿额的计算方法。约定的违约金低于造成的损失的，当事人可以请求人民法院或者仲裁机构予以增加，约定的违约金过分高于造成的损失的，当事人请求人民法院或者仲裁机构予以适当减少。当事人就迟延履行约定的，违约方支付违约金后，还应当履行债务。"

1）违约金，是指当事人在合同中或合同订立后约定因一方违约而应向另一方支付一定数额的金钱。违约金可分为约定违约金和法定违约金。

违约金的根本属性是其制裁性，此外还具有补偿性。

2）赔偿金，也即约定赔偿额，是指当事人在订立合同时，预先约定一方因违约给对方造成损失时，向对方支付一定数额的金钱或者约定损失赔偿的计算方法。

3）继续履行，法律规定，违约人支付违约金后并不当然免除继续其履行的义务，权利人要求继续履行时，而违约人有继续履行能力的，必须继续履行其义务。

（7）定金担保的法律规定。

《合同法》第 115 条规定："当事人可以依照《中华人民共和国担保法》约定一方向对方给付定金作为债权的担保，债务人履行债务后，定金应当抵作价款或者收回。给付定金的一方不履行约定的债务的，无权要求返还定金；收受定金的一方不履行约定的债务的，应当双倍返还定金。"

定金，是合同当事人一方预先支付给对方的款项，其目的在于担保合同债权的实现。定金是债权担保的一种形式，定金之债是从债务，因此，合同当事人对定金的约定是一种从属于被担保债权所依附的合同的从合同。

《合同法》第 116 条规定："当事人既约定违约金，又约定定金的，一方违约时，对方可以选择适用违约金或者定金条款。"

法律规定合同中违约金与定金条款的选用问题。如果合同中既有约定违约金，又有约定定金的情形下，当事人只能在违约金与定金条款中选择一种方式，以保护其合法权益。

（8）合同当事人一方违约后相对人的减损义务。

《合同法》第 119 条规定："当事人一方违约后，对方应采取适当措施防止损失的扩大；没有采取适当措施致使损失扩大的，不得就扩大的损失要求赔偿。当事人因防止损失扩大而支出的合理费用，由违约方承担。"

非违约方减损义务，是指当事人一方违约后，另一方应当及时采取措施防止损失的扩大，否则就不享有就扩大的损失要求赔偿的权利。

法律还规定，非违约方因防止损失扩大而支出的合理费用，由违约方承担。此项规定是符合《合同法》规定的遵循公平合理原则的。

（9）当事人双方相互违约的责任承担。

《合同法》第120条规定："当事人双方都违反合同的，应当各自承担相应的责任。"

（10）当事人因第三人原因而违约的责任承担。

《合同法》第121条规定："当事人一方因第三人的原因造成违约的，应当向对方承担违约责任。当事人一方和第三人之间的纠纷，依照法律规定或者按照约定解决。"

债务人与第三人之间的纠纷按照法律规定或者依据约定解决。债务人与第三人之间的关系属于另一独立的法律关系，应当依照有关法律规定另行解决。

（11）违约损害赔偿责任中受损害方的权益保护选择权。

《合同法》第122条规定："因当事人一方的违约行为，侵害对方人身、财产权益的，受损害方有权选择依照本法要求其承担违约责任或者依照其他法律要求其承担侵权责任。"

侵权责任与违约责任都是民事责任，但二者在许多方面都有不同，其中最大的区别在于违约责任是基于合同而产生的违反合同的责任；而侵权责任是基于行为人没有履行法律上的规定或者认可的应尽的注意义务而产生的责任。

1.5.2.1.3　免责规定

违约责任的免除，是指合同生效后，当事人之间因不可抗力事件的发生，造成合同不能履行时，依法可以免除责任。关于免责的规定，主要涉及：不可抗力；责任免除和发生不可抗力时，造成合同不能履行的一方当事人的义务。

《合同法》规定："因不可抗力不能履行合同的，根据不可抗力的影响，部分或者全部免除责任，但法律另有规定的除外。当事人迟延履行后发生不可抗力的，不能免除责任。"

1. 不可抗力及其构成

不可抗力，是指当事人在订立合同时不能预见、对其发生和后果不能避免并不能克服的客观情况。

不可抗力的构成要件包括以下4个方面：首先，不可抗力事件是发生在合同订立生效之后；其次，该事件是当事人双方订立合同时均不能预见的。而依据人们的常识或经验，在订立合同时应当预见到的事件，则不构成不可抗力事件；再次，不可抗力事件的发生是不可避免，不能克服的，如果当事人能够避免事件对合同履行的影响，则当事人就不能以此为由要求以不可抗力而免责；最后，不可抗力事件是非由任何一方的过失行为引起的客观事件。

不可抗力的事件范围一般包括以下两大类：一类是自然事件，如火灾、水灾、地震、瘟疫等；另一类是社会事件，如战争、动乱、暴乱、武装冲突、罢工等以及政府法律、行政行为等。

2. 不可抗力与免责

对于因不可抗力导致的合同不能履行，应当根据不可抗力的影响程度，部分或全部免除责任。也就是说，要根据不可抗力对合同履行造成影响的程度确定免责的范围。对于造成部分义务不能履行的，免除部分责任。对于造成全部不能履行的，免除全部责任。

但是，对于不可抗力发生在延迟履行期间造成的合同不能履行，则不能免除责任。因为，当事人应当在合同约定的期限内履行完合同义务，如果不是延迟履行，就不会受到不可抗力的影响。

3. 因不可抗力不能履行合同一方当事人的义务

根据《合同法》的规定，不可抗力发生后，当事人一方应当及时通知对方，以减轻可能给对方造成的损失，并且应当在合理的期限内提供证明，及时通知对方，这是当事人的首要义务，目的在于避免给对方造成更大的损失，如果由于当事人通知不及时，而给对方造成的损失扩大，则对扩大的损失不应当免除责任。

1.5.2.2　侵权责任

侵权责任是指行为人侵犯国家、集体和公民的财产权利以及侵犯法人名称权和自然人的人身权等所产生的民事责任。如：

（1）施工企业在施工过程中扰民将会产生侵权。

（2）建设单位的办公楼挡住了北面居民住宅区的阳光将会产生侵权责任。

（3）施工企业施工过程中掉物砸伤路人等。

承担民事责任的方式主要有以下几种：

（1）停止侵害。

（2）排除妨碍。

（3）消除危险。

（4）返还财产。

（5）恢复原状。

（6）修理、重作、更换。

（7）赔偿损失。

（8）支付违约金。

（9）消除影响、恢复名誉。

（10）赔礼道歉。

以上承担民事责任的方式，可以单独适用，也可以合并适用。

1.5.2.3　工程建设行政责任和刑事责任

1.5.2.3.1　行政责任的种类

1. 行政责任概念

行政责任是行政法律责任的简称，指有违反有关行政管理的法律、法规的规定，但尚未构成犯罪的行为所依法应当承担的法律后果。分为行政处分和行政处罚。

2. 行政责任种类

（1）公民和法人因违反行政管理法律、法规的行为而应承担的行政责任。

（2）国家工作人员因违反政纪或在执行职务时违反行政法规的行为。

3. 行政责任的承担方式

（1）行政处罚。即由国家行政机关或授权的企事业单位、社会团体，对公民和法人违反行政管理法律、法规的行为所实施的制裁，主要有警告、罚款；没收违法所得、没收非法财物；责令停产停业；暂扣或者吊销许可证、暂扣或者吊销执照；行政拘留等。

（2）行政处分。即由国家机关、企事业单位对其工作人员违反行政法规或政纪的行为所实施的制裁，主要有警告、记过、记大过、降职、降薪、撤职、留用察看、开除等。

1.5.2.3.2　刑事责任的种类

1. 刑事责任概念

刑事责任，是指犯罪主体因违反刑法的规定，实施了犯罪行为时所应承担的法律责任。

2. 与建设工程相关的一些刑事责任

(1) 重大责任事故罪。

(2) 重大劳动安全事故罪。

(3) 工程重大安全事故罪。

(4) 公司、企业人员受贿罪。

(5) 向公司、企业人员行贿罪。

(6) 贪污罪。

(7) 介绍贿赂罪。

(8) 单位行贿罪。

(9) 签订、履行合同失职罪。

(10) 强迫职工劳动罪。

(11) 挪用公款罪。

(12) 重大环境污染事故罪。

(13) 玩忽职守罪。

(14) 滥用职权罪。

(15) 徇私舞弊罪等。

3. 刑事责任（刑事处罚）的承担方式

(1) 主刑，包括管制、拘役、有期徒刑、无期徒刑和死刑。

(2) 附加刑，包括罚金、没收财产和剥夺政治权利。

有些刑事责任可以根据犯罪的具体情况而免除刑事处罚。对免除刑事处罚的罪犯，有关部门可以根据法律的规定使其承担其他法律责任，如对贪污犯可以给予开除公职的行政处分等。

1.5.3　建筑法关于法律责任的规定

(1) 违反本法规定，未取得施工许可证或者开工报告未经批准擅自施工的，责令改正，对不符合开工条件的责令停止施工。可以处以罚款。

(2) 发包单位将工程发包给不具有相应资质条件的承包单位的，或者违反本法规定将建筑工程肢解发包的，责令改正，处以罚款。

超越本单位资质等级承揽工程的，责令停止违法行为，处以罚款，可以责令停业整顿，降低资质等级；情节严重的，吊销资质证书；有违法所得的，予以没收。

未取得资质证书承揽工程的，予以取缔，并处罚款；有违法所得的，予以没收。

以欺骗手段取得资质证书的，吊销资质证书，处以罚款；构成犯罪的，依法追究刑事责任。

(3) 建筑施工企业转让、出借资质证书或者以其他方式允许他人以本企业的名义承揽工程的，责令改正，没收违法所得，并处罚款，可以责令停业整顿，降低资质等级；情节严重的，吊销资质证书。对因该项承揽工程不符合规定的质量标准造成的损失，建筑施工企业与使用本企业名义的单位或者个人承担连带赔偿责任。

（4）承包单位将承包的工程转包的，或者违反本法规定进行分包的，责令改正，没收违法所得，并处罚款，可以责令停业整顿，降低资质等级；情节严重的，吊销资质证书。

承包单位有前款规定的违法行为的，对因转包工程或者违法分包的工程不符合规定的质量标准造成的损失，与接受转包或者分包的单位承担连带赔偿责任。

（5）在工程发包与承包中索贿、受贿、行贿，构成犯罪的，依法追究刑事责任；不构成犯罪的，分别处以罚款，没收贿赂的财物，对直接负责的主管人员和其他直接责任人员给予处分。

对在工程承包中行贿的承包单位，除依照前款规定处罚外，可以责令停业整顿，降低资质等级或者吊销资质证书。

（6）工程监理单位与建设单位或者建筑施工企业串通，弄虚作假、降低工程质量的，责令改正，处以罚款，降低资质等级或者吊销资质证书；有违法所得的，予以没收；造成损失的，承担连带赔偿责任；构成犯罪的，依法追究刑事责任。

工程监理单位转让监理业务的，责令改正，没收违法所得，可以责令停业整顿，降低资质等级；情节严重的，吊销资质证书。

（7）违反本法规定，涉及建筑主体或者承重结构变动的装修工程擅自施工的，责令改正，处以罚款；造成损失的，承担赔偿责任；构成犯罪的，依法追究刑事责任。

（8）建筑施工企业违反本法规定，对建筑安全事故隐患不采取措施予以消除的，责令改正，可以处以罚款；情节严重的，责令停业整顿，降低资质等级或者吊销资质证书；构成犯罪的，依法追究刑事责任。

建筑施工企业的管理人员违章指挥、强令职工冒险作业，因而发生重大伤亡事故或者造成其他严重后果的，依法追究刑事责任。

（9）建设单位违反本法规定的，要求建筑设计单位或者建筑施工企业违反建筑工程质量、安全标准，降低工程质量的，责令改正，可以处以罚款；构成犯罪的，依法追究刑事责任。

（10）建筑设计单位不按照建筑工程质量、安全标准进行设计的，责令改正，处以罚款；造成工程质量事故的，责令停业整顿，降低资质等级或者吊销资质证书，没收违法所得，并处罚款；造成损失的，承担赔偿责任；构成犯罪的，依法追究刑事责任。

（11）建筑施工企业在施工中偷工减料的，使用不合格的建筑材料、建筑构配件和设备的，或者有其他不按照工程设计图纸或者施工技术标准施工的行为的，责令改正，处以罚款；情节严重的，责令停业整顿，降低资质等级或者吊销资质证书；造成建筑工程质量不符合规定的质量标准的，负责返工、修理，并赔偿因此造成的损失；构成犯罪的，依法追究刑事责任。

（12）建筑施工企业违反本法规定，不履行保修义务或者拖延履行保修义务的，责令改正，可以处以罚款，并对在保修期内因屋顶、墙面渗漏、开裂等质量缺陷造成的损失，承担赔偿责任。

（13）本法规定的责令停业整顿、降低资质等级和吊销资质证书的行政处罚，由颁发资质证书的机关决定；其他行政处罚，由建设行政主管部门或者有关部门依照法律和国务院规定的职权范围决定。

依照本法规定被吊销资质证书的，由工商行政管理部门吊销其营业执照。

（14）违反本法规定，对不具备相应资质等级条件的单位颁发该等级资质证书的，由其上级机关责令收回所发的资质证书，对直接负责的主管人员和其他直接责任人员给予行政处分；构成犯罪的，依法追究刑事责任。

（15）政府及其所属部门的工作人员违反本法规定，限定发包单位将招标发包的工程发包给指定的承包单位的，由上级机关责令改正；构成犯罪的，依法追究刑事责任。

（16）负责颁发建筑工程施工许可证的部门及其工作人员对不符合施工条件的建筑工程颁发施工许可证的，负责工程质量监督检查或者竣工验收的部门及其工作人员对不合格的建筑工程出具质量合格文件或者按合格工程验收的，由上级机关责令改正，对责任人员给予行政处分；构成犯罪的，依法追究刑事责任；造成损失的，由该部门承担相应的赔偿责任。

（17）在建筑物的合理使用寿命内，因建筑工程质量不合格受到损害的，有权向责任者要求赔偿。

建设工程质量管理条例关于法律责任的规定等相关的法律责任部分，详见相应专题的法律责任部分。

【综合应用案例】

保修期内建筑公司应当承担无偿修理的责任

原告某房地产开发公司与被告某建筑公司签订一施工合同，修建某一住宅小区。小区建成后，经验收质量合格。验收后 1 个月，房地产开发公司发现楼房屋顶漏水，遂要求建筑公司负责无偿修理，并赔偿损失，建筑公司则以施工合同中并未规定质量保证期限，以工程已经验收合格为由，拒绝无偿修理要求。房地产开发公司遂诉至法院。法院判决施工合同有效，认为合同中虽然并没有约定工程质量保证期限，但依原建设部 1993 年 11 月 16 日发布的《建设工程质量管理办法》的规定，屋面防水工程保修期限为 3 年，因此本案工程交工后 2 个月内出现的质量问题，应由施工单位承担无偿修理并赔偿损失的责任。故判令建筑公司应当承担无偿修理的责任。

【案例分析】

本案例争议的施工合同虽欠缺质量保证期条款，但并不影响双方当事人对施工合同主要义务的履行，故该合同有效。由于合同中没有质量保证期的约定，故应当依照法律、法规的规定或者其他规章确定工程质量保证期。法院依照《建设工程质量管理办法》的有关规定对欠缺条款进行补充，无疑是正确的。依据该办法规定，出现的质量问题属保证期内，故认定建筑公司承担无偿修理和赔偿损失责任是正确的。

本讲引例的建设工程是无视建设法律法规，严重违反建设工程程序，导致了极为严重的后果的典型例子。建设单位和从事建筑活动的单位应当严格依法从事建设活动，防止类似事故再发生。

【推荐阅读资料】

《中华人民共和国立法法》

《中华人民共和国建筑法》

《中华人民共和国民法通则》

《中华人民共和国担保法》

《中华人民共和国消费者权益保护法》

《建设项目环境保护管理条例》

《城市房地产开发经营管理条例》

《城市道路管理条例》

《物业管理条例》

中国政府网——法律法规或中华人民共和国建设部行政法规

中国普法网 http：//www. legalinfo. gov. cn/

中华人民共和国住房和城乡建设部 http：//www. mohurd. gov. cn/

广东省人民政府法制办公室——省地方法规

 复 习 思 考 题

1. 建设法规有哪些表现形式？它有什么作用？我国目前现行的建设法规主要由哪些法律规范组成？

2. 什么是建设法律关系？简述建设法律关系的主体、客体和内容。

3. 《建筑法》确定的基本制度有哪些？

4. 什么是债权？债权包括哪些分类（产生依据）？

5. 简述物权的概念和分类，物权和债权有什么区别？物权的保护包括哪些内容？

6. 简述知识产权的分类。

7. 简述诉讼时效的概念、分类，诉讼时效的中断和中止。

8. 简述建设工程法律责任的一般构成要件。

9. 简述建设工程法律责任的特殊构成要件。

10. 简述工程建设违约责任的构成要件。

11. 建设工程违约责任的承担形式有哪些？

12. 建设工程违约责任的免责事由有哪些？

13. 与建设工程相关的刑事责任有哪些？

第2讲 建设从业主体许可制度及大学生职业规划专题

【教学目标】 本讲主要解决以下几大问题：①从业单位资格许可及建筑施工、勘察设计、工程造价咨询企业等从业资质管理制度；②注册造价工程师等专业技术人员执业资格许可。通过本讲的学习，应熟练掌握与所学专业相关的从业单位资格许可和专业技术人员执业资格许可制度，应用相关信息做详细的职业规划。

【教学要求】

能力目标	知 识 要 点	权重	自测分数
了解相关知识	从业单位的条件，从业单位的资质管理	15%	
熟练掌握知识点	（1）从业单位资格许可及建筑施工、勘察设计、工程造价咨询企业等从业资质管理制度 （2）注册造价工程师等专业技术人员执业资格许可	40%	
运用知识分析案例	应用从业单位资格许可及专业技术人员执业资格许可相关信息，结合自己的特点，做详细的职业规划	45%	

建筑许可是指建设行政主管部门根据建设单位和从事建筑活动的单位、个人的申请，依法准许建设单位开工或确认单位、个人具备从事建筑活动资格的行政行为。申请是许可的必要条件，也就是说没有申请就没有许可。

由于建筑业在国民经济和社会发展中的地位和作用，建筑工程建设周期长、投资规模大、专业技术性强，对工程建设活动进行事前的审查控制是非常必要的。为了加强对工程建设活动的监督管理，在建筑立法中，我国确立了建筑工程报建、建筑工程施工许可、从业单位的资质许可和专业技术人员执业资格许可的法律制度。本讲将分别阐述从业单位的资质许可和专业技术人员执业资格许可两项从业主体许可法律制度及相应的大学生职业规划，建筑工程报建、建筑工程施工许可制度将在第3讲给予阐述。

2.1 从业单位资格许可

从业单位资格许可包括从业单位的条件和从业单位的资质。为了建立和维护建筑市场的正常秩序，确立建筑市场准入规则，《建筑法》第 12 条和第 13 条规定了从事建筑活动的建筑施工企业、勘察单位、设计单位、工程监理单位（详见第 7 讲建设工程监理专题）进入建筑市场应当具备的条件和资质审查制度。建设部第 84 号令、第 149 号令规定了城市规划编制单位和工程造价咨询企业进入建筑市场应当具备的条件和资质审查制度。

2.1.1　从业单位的条件

建筑活动不同于一般的经济活动，从业单位条件的高低直接影响建筑工程质量和建筑安全生产。因此，从事建筑活动的单位必须符合严格的资格条件。

根据建筑法的规定，从事建筑活动的建筑施工企业、勘察单位、设计单位和工程监理单位，应当具备下列条件。

2.1.1.1　有符合国家规定的注册资本

注册资本反映的是企业法人的财产权，也是判断企业经济力量的依据之一。从事经营活动的企业组织，都必须具备基本的责任能力，能够承担与其经营活动相适应的财产义务。建筑施工企业、勘察单位、设计单位和工程监理单位的注册资本不得低于一定的限额。注册资本由国家规定，既可以由全国人大及其常务委员会通过制定法律来规定，也可以由国务院或国务院建设行政主管部门来规定。

（1）建设部于 2007 年 6 月 26 日颁布的建设部令第 159 号《建筑业企业资质管理规定》，对房屋建筑工程施工总承包企业和公路工程施工总承包企业的注册资本最低限额作出以下规定：

1）房建工程。特级企业注册资本金 3 亿元以上；一级企业注册资本金 5000 万元以上；二级企业注册资本金 2000 万元以上；三级企业注册资本金 600 万元以上。

2）公路工程。特级企业注册资本金 3 亿元以上；一级企业注册资本金 6000 万元以上；二级企业注册资本金 3000 万元以上；三级企业注册资本金 1000 万元以上。

（2）建设部于 2007 年 6 月 26 日发布的建设部令第 160 号《建设工程勘察设计资质管理规定》对工程勘察设计单位的注册资本限额作出以下规定：

1）工程勘察综合类资质注册资本金不少于 800 万元；工程勘察专业类甲级资质注册资本金不少于 150 万元，乙级不少于 80 万元，丙级不少于 50 万元。

2）工程设计综合类资质注册资本金不少于 6000 万元；工程设计行业类甲级资质注册资本金不少于 600 万元，乙级不少于 300 万元，丙级不少于 100 万元；工程设计专业类甲级资质注册资本金不少于 300 万元，乙级不少于 100 万元，丙级不少于 50 万元。

3）建设部于 2007 年 5 月 21 日发布的《工程监理企业资质标准》（建市 [2007] 131号）对工程监理单位注册资本的最低限额作出的规定是：

工程监理综合类资质注册资本金不少于 600 万元；工程监理专业类甲级资质注册资本金不少于 300 万元，乙级不少于 100 万元，丙级不少于 50 万元。

4）建设部于 2006 年 3 月 22 日发布的《工程造价咨询企业管理办法》（建设部令第149 号）对工程造价咨询单位注册资本的最低限额作出的规定是：

甲级工程造价咨询企业注册资本金不少于人民币 100 万元；乙级工程造价咨询企业注册资本金不少于人民币 50 万元。

2.1.1.2　有与其从事的建筑活动相适应的具有法定执业资格的专业技术人员

由于建筑活动是一种专业性、技术性很强的活动，所以从事建筑活动的建筑施工企业、勘察单位、设计单位和工程监理单位必须有足够的专业技术人员。例如，设计单位不仅要有建筑师，还需要有结构、水、暖、电等方面的工程师。

建筑活动是一种涉及公民生命和财产安全的特殊活动，从事建筑活动的专业技术人员，必须依法通过考试和注册，取得注册执业资格。建筑工程的规模和复杂程度各不相同，建筑活动所要求的专业技术人员的级别和数量也不同。建筑施工企业、勘察单位、设计单位和工程监理单位必须有与其从事的建筑活动相适应的专业技术人员。

2.1.1.3　有从事相关建筑活动所应有的技术装备

建筑活动具有专业性强、技术性强的特点，没有相应的技术装备无法进行。例如，从事建筑施工活动，必须有相应的施工机械设备与质量检验测试手段；从事勘察设计和建筑施工活动的建筑施工企业、勘察单位、设计单位和工程监理单位必须有从事相关建筑活动所应有的技术装备。没有相应技术装备的单位不得从事建筑活动。

2.1.1.4　法律、行政法规规定的其他条件

建筑施工企业、勘察单位、设计单位和工程监理单位，除了应具备以上3项条件外，还必须具备从事经营活动所应具备的其他条件。例如，按照《民法通则》第37条的规定，法人应当有自己的名称、组织机构和场所。按照《中华人民共和国公司法》的规定，设立从事建筑活动的有限责任公司和股份有限公司，股东或发起人必须符合法定人数，股东或发起人共同制定公司章程，有公司名称，建立符合要求的组织机构，有固定的生产经营场所和必要的生产条件等。

2.1.2　从业单位的资质管理

国务院建设行政主管部门负责全国建筑业企业资质，建设工程勘察、设计资质，工程监理企业资质的归口管理工作。国务院铁道、交通、水利、信息产业、民航等有关部门配合国务院建设行政主管部门实施相关资质类别和相应行业企业资质的管理工作。

新设立的企业，应到工商行政主管部门办理登记注册手续并取得企业法人营业执照后，方可到建设行政主管部门办理资质申请手续。任何单位和个人不得涂改、伪造、出借、转让企业资质证书，不得非法扣押、没收资质证书。

2.1.3　建筑施工企业从业资质管理制度

我国《建筑法》第13条对从事建筑活动的各类单位作出了必须进行资质审查的明确规定："从事建筑活动的建筑施工企业、勘察单位、设计单位和工程监理单位，按照其拥有的注册资本、专业技术人员、技术装备和已完成的建筑工程业绩等资质条件划分不同的资质等级，经资质审查合格，取得相应等级资质证书后，方可在其资质等级许可的范围内从事建筑活动。"建设部发布的《建筑业企业资质管理规定》（建设部令第159号，自2007年9月1日起施行）、《施工总承包企业特级资质标准》（建市〔2007〕72号，自2007年3月13日起施行）及《建筑业企业资质等级标准》（建建〔2001〕82号，自2001年7月1日起施行），对建筑施工企业的资质等级与标准、申请与审批、监督与管理、业务范围等作了明确规定。

2.1.3.1　资质序列、资质类别和工程承接范围

《建筑业企业资质管理规定》规定：建筑业企业应当按照其拥有的注册资本、专业技术人员、技术装备和已完成的建筑工程业绩等条件申请资质，经审查合格，取得建筑业企业资质证书后，方可在资质许可的范围内从事建筑施工活动。

1. 资质序列、资质类别、资质等级

建筑业企业资质分为施工总承包、专业承包和劳务分包 3 个序列。

施工总承包资质、专业承包资质、劳务分包资质序列这 3 类建筑业企业按照各自的工作性质技术特点分别划分为若干资质类别。其中，施工总承包企业资质划分为 12 个资质类别，专业承包企业划分为 60 个资质类别，劳务分包企业划分为 13 个资质类别。

各资质类别按照各自规定的条件划分为若干资质等级：

（1）施工总承包企业资质分为特级、一级、二级、三级。

（2）专业承包企业资质分为一级、二级、三级或无级别。例如，地基与基础工程专业承包企业资质分为一级、二级、三级；桥梁工程专业承包企业资质分为一级、二级；预应力工程专业承包企业资质分为二级、三级；城市轨道交通工程专业承包企业资质不分等级。

（3）劳务分包企业资质分为一级、二级或无级别。例如，木工作业分包企业资质分为一级、二级；抹灰作业分包企业资质不分等级。

2. 工程承接范围

取得施工总承包资质的企业，可以承接施工总承包工程。施工总承包企业可以对所承接的施工总承包工程内各专业工程全部自行施工，也可以将专业工程或劳务作业依法分包给具有相应资质的专业承包企业或劳务分包企业。

取得专业承包资质的企业，可以承接施工总承包企业分包的专业工程和建设单位依法分包的专业工程。专业承包企业可以对所承接的专业工程全部自行施工，也可以将劳务作业依法分包给具有相应资质的劳务分包企业。

取得劳务分包资质的企业，可以承接施工总承包企业或专业承包企业分包的劳务作业。

2.1.3.2　资质许可

《建筑业企业资质管理规定》第 3 条规定，建筑业企业应当按照其拥有的注册资本、专业技术人员、技术装备和已完成的建筑工程业绩等条件申请资质，经审查合格，取得资质证书后，方可在资质许可的范围内从事建筑施工活动。建筑业企业资质许可包括资质申请和审批、资质升级和资质增项、资质证书延续和资质证书变更等。

1. 资质申请和审批

建筑业企业可以申请一项或多项建筑业企业资质；申请多项建筑业企业资质的，应当选择等级最高的一项资质为企业主项资质。企业领取新的建筑业企业资质证书时，应当将原资质证书交回原发证机关予以注销。

资质申请和审批根据管理机构的管辖权限实行分级申请和审批。

各级人民政府建设主管部门都应当将准予资质许可的决定报国务院建设主管部门备案。

2. 首次申请建筑业企业资质

（1）首次申请建筑业企业资质，应当提交以下材料：①建筑业企业资质申请表及相应的电子文档；②企业法人营业执照副本；③企业章程；④企业负责人和技术、财务负责人的身份证明、职称证书、任职文件及相关资质标准要求提供的材料；⑤建筑业企业资质申请表中所列注册执业人员的身份证明、注册执业证书；⑥建筑业企业资质标准要求的非注册的专业技术人员的职称证书、身份证明及养老保险凭证；⑦部分资质标准要求企业必须具备的特殊专业技术人员的职称证书、身份证明及养老保险凭证；⑧建筑业企业资质标准要求的企业设备、厂房的相应证明；⑨与建筑业企业安全生产条件有关的材料；⑩资质标准要求的其他有关材料。

企业首次申请建筑业企业资质，不考核企业工程业绩，其资质等级按照最低资质等级核定。

（2）已取得工程设计资质的企业首次申请同类别或相近类别的建筑业企业资质的，可以将相应规模的工程总承包业绩作为工程业绩予以申报，但申请资质等级最高不超过其现有工程设计资质等级。

3. 增项申请

增项申请建筑业企业资质，与首次申请建筑业企业资质提交的材料完全一样。企业增项申请建筑业企业资质，不考核企业工程业绩，其资质等级按照最低资质等级核定。

4. 资质升级

建筑业企业申请资质升级的，应当提交以下材料：

（1）首次申请建筑业企业资质的①、②、③、④、⑤、⑥、⑩项所列资料。

（2）企业安全生产许可证副本。

（3）企业原资质证书副本复印件。

（4）企业年度财务、统计报表。

（5）满足资质标准要求的企业工程业绩的相关证明材料及其他有关材料。

5. 不予批准企业资质升级申请和增项申请的情况

取得建筑业企业资质的企业，申请资质升级、资质增项，在申请之日起前一年内有下列情形之一的，资质许可机关不予批准企业的资质升级申请和增项申请：

（1）超越本企业资质等级或以其他企业的名义承揽工程，或允许其他企业或个人以本企业的名义承揽工程的。

（2）与建设单位或企业之间相互串通投标，或以行贿等不正当手段谋取中标的。

（3）未取得施工许可证擅自施工的。

（4）将承包的工程转包或违法分包的。

（5）违反国家工程建设强制性标准的。

（6）发生过较大生产安全事故或者发生过两起以上一般生产安全事故的。

（7）恶意拖欠分包企业工程款或者农民工工资的。

（8）隐瞒或谎报、拖延报告工程质量安全事故或破坏事故现场、阻碍对事故调查的。

（9）按照国家法律、法规和标准规定需要持证上岗的技术工种的作业人员未取得证书上岗，情节严重的。

（10）未依法履行工程质量保修义务或拖延履行保修义务，造成严重后果的。

（11）涂改、倒卖、出租、出借或者其他形式非法转让建筑业企业资质证书的。

（12）其他违反法律、法规的行为。

6. 资质延续

资质有效期届满，企业需要延续资质证书有效期的，应当在资质证书有效期届满 60 日前，申请办理资质延续手续。

对在资质有效期内遵守有关法律、法规、规章、技术标准，信用档案中无不良行为记录，且注册资本、专业技术人员满足资质标准要求的企业，经资质许可机关同意，有效期延续 5 年。

7. 资质变更

企业在资质证书有效期内名称、地址、注册资本、法定代表人等发生变更的，工商部门办理变更手续后 30 日内办理资质证书变更手续。

8. 合并、分立、改制后的资质等

企业合并的，合并后存续或者新设立的建筑业企业可以承继合并前各方中较高的资质等级，但应当符合相应的资质等级条件。

企业分立的，分立后企业的资质等级，根据实际达到的资质条件，按照规定的审批程序核实。

企业改制的，改制后不再符合资质标准的，应按其实际达到的资质标准按照规定的程序申请重新核定；资质条件不发生变化的，按企业资质变更办理。

9. 资质证书

建筑业企业资质证书分为正本和副本，正本一份，副本若干份，由国务院建设主管部门统一印制，正、副本具备同等法律效力。资质证书有效期为 5 年。

企业需增补（含增加、更换、遗失补办）建筑业企业资质证书的，应当持资质证书增补申请等材料向资质许可机关申请办理。遗失资质证书的，在申请补办前应当在公众媒体上刊登遗失声明。资质许可机关应当在 2 日内办理完毕。

2.1.3.3　建筑业企业资质的监督管理

1. 监督检查资质管理工作的实施

建设主管部门、其他有关部门在履行对资质管理工作的监督检查职责时，有权采取下列措施：

（1）要求被检查单位提供建筑业企业资质证书，注册执业人员的注册执业证书，有关施工业务的文档，有关质量管理、安全生产管理、档案管理、财务管理等企业内部管理制度的文件。

（2）进入被检查单位进行检查，查阅相关资料。

纠正违反有关法律、法规、规章及有关规范和标准的行为。

建设主管部门、其他有关部门依法对企业从事行政许可事项的活动进行监督检查时，应当将监督检查情况和处理结果予以记录，由监督检查人员签字后归档。

建设主管部门、其他有关部门在实施监督检查时，应当有两名以上监督检查人员参加，并出示执法证件，不得妨碍企业正常的生产经营活动，不得索取或者收受企业的财物，不得谋取其他利益。

有关单位和个人对依法进行的监督检查应当协助与配合，不得拒绝或者阻挠。监督检查机关应当将监督检查的处理结果向社会公布。

2. 违法行为的处理

建筑业企业违法从事建筑活动的，违法行为发生地的县级以上地方人民政府建设主管部门或者其他有关部门应当依法查处，并将违法事实、处理结果或处理建议及时告知建筑业企业的资质许可机关。

(1) 企业资质不符合相应资质条件的处理。

企业取得建筑业企业资质后不再符合相应资质条件的，建设主管部门、其他有关部门根据利害关系人的请求或者依据职权，可以责令其限期改正；逾期不改的，资质许可机关可以撤回其资质。被撤回建筑业企业资质的企业，可以申请资质许可机关按照其实际达到的资质标准，重新核定资质。

(2) 企业资质的撤销。

有下列情形之一的，资质许可机关或其上级机关，根据利害关系人的请求或者依据职权，可以撤销建筑业企业资质：①资质许可机关工作人员滥用职权、玩忽职守作出准予建筑业企业资质许可的；②超越法定职权作出准予建筑业企业资质许可的；③违反法定程序作出准予建筑企业资质许可的；④对不符合许可条件的申请人作出准予建筑业企业资质许可的；⑤以欺骗、贿赂等不正当手段取得建筑业企业资质证书的；⑥依法可以撤销资质证书的其他情况。

(3) 企业资质的注销。

有下列情形之一的，资质许可机关应当依法注销建筑业企业资质，并公告其资质证书作废，建筑业企业应当及时将资质证书交回资质许可机关：①资质证书有效期届满，未依法申请延续的；②建筑业企业依法终止的；③建筑业企业资质依法被撤销、撤回或吊销的；④法律、法规规定的应当注销资质的其他情形。

有关部门应当将监督检查情况和处理意见及时告知资质许可机关。资质许可机关应当将涉及有关铁路、交通、水利、信息产业、民航等方面的建筑业企业资质被撤回、撤销和注销的情况告知同级有关部门。

3. 企业信用档案信息的建立和公示

企业应当按照有关规定，向资质许可机关提供真实、准确、完整的企业信用档案信息。企业的信用档案应当包括企业基本情况、业绩、工程质量和安全、合同履约等情况。被投诉举报和处理、行政处罚等情况应当作为不良行为记入其信用档案。企业的信用档案信息应按照有关规定向社会公示。

2.1.4　勘察设计单位从业资质管理制度

2007 年 6 月 26 日建设部第 160 号令颁布的《建设工程勘察设计企业资质管理规定》（自 2007 年 9 月 1 日起施行），和 2007 年 3 月 29 日建设部颁布实施的《关于印发"工程设计资质标准"的通知》（建市〔2007〕86 号），以及 2001 年 1 月 20 日建设部修订实施的《工程勘察资质分级标准》，对工程勘察设计企业的资质等级与标准、申请与审批、业务范围等做出了明确规定。

2.1.4.1　工程勘察资质的分类、分级和工程承接范围

建设工程勘察企业应当按照其拥有的注册资本、专业技术人员、技术装备和勘察设计业绩等条件申请资质，经审查合格，取得建设工程勘察资质证书后，方可在资质等级许可的范围内从事建设工程勘察活动。

工程勘察资质范围包括建设项目的岩土工程、水文地质勘察和工程测量等专业。其中，岩土工程是指岩土工程勘察、岩土工程设计、岩土工程测试监测检测、岩土工程咨询监理、岩土工程治理。

1．工程勘察资质的分类

工程勘察资质分为工程勘察综合资质、工程勘察专业资质和工程勘察劳务资质 3 个类别。

综合类包括工程勘察所有专业；专业类是指岩土工程、水文地质勘察、工程测量等专业中的某一项，其中岩土工程专业类可以是岩土工程勘察、设计、测试、监测、检测、咨询、监理中的一项或全部；劳务类是指岩土工程治理、工程钻探、凿井等。

2．工程勘察资质的分级

（1）工程勘察综合资质的分级：工程勘察综合资质只设甲级。

（2）工程勘察专业资质的分级：工程勘察专业资质设甲级、乙级，根据工程性质和特点，部分专业可以设丙级。

（3）工程勘察劳务资质的分级：工程勘察劳务资质不分等级。

3．工程承接范围

取得工程勘察综合资质的企业，可以承接各专业（海洋工程勘察除外）、各等级工程勘察业务；取得工程勘察专业资质的企业，可以承接相应等级、相应专业的工程勘察业务；取得工程勘察劳务资质的企业，可以承接岩土工程治理、工程钻探、凿井等工程勘察劳务业务。

2.1.4.2　工程设计资质的分类、分级和工程承接范围

1．工程设计资质的分类

工程设计资质分为工程设计综合资质、工程设计行业资质、工程设计专业资质和工程设计专项资质 4 个类别：

（1）工程设计综合资质，是指涵盖 21 个行业的设计资质。

（2）工程设计行业资质，是指涵盖某个行业资质标准中的全部设计类型的设计资质。

（3）工程设计专业资质，是指某个行业资质标准中的某一个专业的设计资质。

（4）工程设计专项资质，是指为适应和满足行业发展的需求，对已形成产业的专项技术独立进行设计以及设计、施工一体化而设立的资质。

2．工程设计资质的分级

（1）工程设计综合资质的分级：工程设计综合资质只设甲级。

（2）工程设计行业资质设甲、乙两个级别；根据行业需要，建筑、市政公用、水利、电力（限送变电）、农林和公路行业可设立工程设计丙级资质，建筑工程设计专业资质可以设丁级。建筑行业根据需要设立建筑工程设计事务所资质。工程设计专项资质可根据行业需要设置等级。

（3）工程设计专业资质设甲、乙两个级别；根据行业需要，建筑、市政公用、水利、电力（限送变电）、农林和公路行业可设立工程设计丙级资质，建筑工程设计专业资质可以设丁级。建筑行业根据需要设立建筑工程设计事务所资质。

（4）工程设计专项资质可根据行业需要设置等级。

3. 工程承接范围

取得工程设计综合资质的企业，可以承接各行业、各等级的建设工程设计业务；取得工程设计行业资质的企业，可以承接相应行业相应等级的工程设计业务及本行业范围内同级别的相应专业、专项（设计施工一体化资质除外）工程设计业务；取得工程设计专业资质的企业，可以承接本专业相应等级的专业工程设计业务及同级别的相应专项工程设计业务（设计施工一体化资质除外）；取得工程设计专项资质的企业，可以承接本专项相应等级的专项工程设计业务。

具有工程设计资质的企业，还可以从事资质证书范围内的相应工程总承包、工程项目管理和相关的技术咨询与管理服务。具有工程设计综合资质的企业，满足相应的施工总承包（专业承包）一级资质对注册建造师（项目经理）的人员要求后，可以准予与工程设计甲级行业资质（专业资质）相应的施工总承包（专业承包）一级资质。

2.1.4.3　资质许可

《建设工程勘察设计资质管理规定》第3条规定，从事建设工程勘察、工程设计活动的企业，应当按照其拥有的注册资本、专业技术人员、技术装备和勘察设计业绩等条件申请资质，经审查合格，取得建设工程勘察、工程设计资质证书后，方可在资质许可的范围内从事建设工程勘察、工程设计活动。建设工程勘察设计的资质许可包括资质申请和审批、资质升级和资质增项、资质证书延续、资质证书变更等。

1. 资质申请和审批

（1）资质申请。

1）申请工程勘察甲级资质、工程设计甲级资质，以及涉及铁路、交通、水利、信息产业、民航等方面的工程设计乙级资质的，应当向企业工商注册所在地的省、自治区、直辖市人民政府建设主管部门提出申请。其中，国务院国资委管理的企业应当向国务院建设主管部门提出申请；国务院国资委管理的企业下属一层级的企业申请资质，应当由国务院国资委管理的企业向国务院建设主管部门提出申请。

2）申请工程勘察乙级及以下资质、劳务资质、工程设计乙级（涉及铁路、交通、水利、信息产业、民航等方面的工程设计乙级资质除外）及以下资质的具体实施程序由省、自治区、直辖市人民政府建设主管部门依法确定。

3）申请两个以上工程设计行业资质时，应同时满足相应行业的专业设置或注册专业的配置，其相同专业的专业技术人员的数量以其中的高值为准。

申请两个及以上设计类型的工程设计专业资质时，应同时满足《建设工程勘察设计企业资质管理规定》附表2中相应行业的相应设计类型的专业设置或注册专业的配置，其相同专业的专业技术人员的数量以其中的高值为准。

4）新设立的建设工程勘察、设计企业，到工商行政管理部门登记注册后，方可向建设行政主管部门提出资质申请。

企业首次申请工程勘察、工程设计资质，其申请资质等级最高不超过乙级，且不考核企业工程勘察、工程设计业绩。

（2）资质审批。

建设工程勘察、设计企业的资质实行分级审批。

1）工程勘察甲级、建筑工程设计甲级资质及其他工程设计甲、乙级资质由国务院建设行政主管部门审批。

2）工程勘察乙级及以下资质、劳务资质、工程设计乙级（涉及铁路、交通、水利、信息产业、民航等方面的工程设计乙级资质除外）及以下资质由省、自治区、直辖市人民政府行政主管部门审批。具体实施程序由省、自治区、直辖市人民政府建设主管部门依法确定。

省、自治区、直辖市人民政府建设主管部门应当自作出决定之日起 30 日内，将准予资质许可的决定报国务院建设主管部门备案。

3）工程勘察、工程设计资质证书分为正本和副本，正本 1 份，副本 6 份，由国务院建设主管部门统一印制，正、副本具备同等法律效力。资质证书有效期为 5 年。

2．建设工程勘察、设计企业的资质升级和增项申请

资质延续，资质变更，企业分立合并、改制后的资质等资质许可的程序和规定基本上同建筑施工企业。

2.1.4.4　企业资质的监督管理

（1）勘察设计企业资质管理机构的职责、企业信用档案信息的建立、公示同建筑业企业。

（2）违法行为的处理。

企业违法从事工程勘察、工程设计活动的，其违法行为发生地的建设主管部门应当依法将企业的违法事实、处理结果或处理建议告知该企业的资质许可机关。

1）企业资质不符合相应资质条件的处理。企业取得工程勘察、设计资质后，不再符合相应资质条件的，建设主管部门、有关部门根据利害关系人的请求或者依据职权，可以责令其限期改正；逾期不改的，资质许可机关可以撤回其资质。

2）企业资质的撤销。有下列情形之一的，资质许可机关或者其上级机关，根据利害关系人的请求或者依据职权，可以撤销工程勘察、工程设计资质：①资质许可机关工作人员滥用职权、玩忽职守作出准予工程勘察、工程设计资质许可的；②超越法定职权作出准予工程勘察、工程设计资质许可的；③违反资质审批程序作出准予工程勘察、工程设计资质许可的；④对不符合许可条件的申请人作出工程勘察、工程设计资质许可的；⑤以欺骗、贿赂等不正当手段取得工程勘察、工程设计资质证书的；⑥依法可以撤销资质证书的其他情形。

3）企业资质的注销。有下列情形之一的，企业应当及时向资质许可机关提出注销资质的申请，交回资质证书，资质许可机关应当办理注销手续，公告其资质证书作废：①资质证书有效期届满未依法申请延续的；②企业依法终止的；③资质证书依法被撤销、撤回或者吊销的；④法律、法规规定的应当注销资质的其他情形。

有关部门应当将监督检查情况和处理意见及时告知建设主管部门。资质许可机关应当

将涉及铁路、交通、水利、信息产业、民航等方面的资质被撤回、撤销和注销的情况及时告知有关部门。

2.1.5　工程造价咨询企业从业资质管理制度

工程造价咨询企业是指接受委托，对建设项目投资、工程造价的确定与控制提供专业咨询服务的企业。建设部于 2006 年 3 月 22 日发布的第 149 号令《工程造价咨询企业管理办法》（自 2006 年 7 月 1 日起施行）对工程造价咨询企业的资质等级、资质标准、申请与审批、业务范围等作了明确的规定。

2.1.5.1　《工程造价咨询企业管理办法》的适用范围和调整对象

在中华人民共和国境内从事工程造价咨询活动，对工程造价咨询企业监督管理，应当遵守该办法。工程造价咨询企业应当依法取得工程造价咨询企业资质，并在其资质等级许可的范围内从事工程造价咨询活动。

2.1.5.2　工程造价咨询企业的资质等级

1. 资质等级

工程造价咨询企业资质等级分为甲级、乙级。

2. 业务承接范围

工程造价咨询企业依法从事工程造价咨询活动，不受行政区域限制。

甲级工程造价咨询企业可以从事各类建设项目的工程造价咨询业务。

乙级工程造价咨询企业可以从事工程造价 5000 万元人民币以下的各类建设项目的工程造价咨询业务。

工程造价咨询业务范围包括：①建设项目建议书及可行性研究投资估算、项目经济评价报告的编制和审核；②建设项目概预算的编制与审核，并配合设计方案比选、优化设计、限额设计等工作进行工程造价分析与控制；③建设项目合同价款的确定（包括招标工程工程量清单和标底、投标报价的编制和审核）、合同价款的签订与调整（包括工程变更、工程洽商和索赔费用的计算）及工程款支付，工程结算及竣工结（决）算报告的编制与审核等；④工程造价经济纠纷的鉴定和仲裁的咨询；⑤提供工程造价信息服务等。

工程造价咨询企业可以对建设项目的组织实施进行全过程或者若干阶段的管理和服务。

2.1.5.3　资质许可

工程造价咨询企业的资质许可包括资质申请和许可、资质证书延续、资质证书变更等。

1. 资质申请

申请甲级工程造价咨询企业资质的，应当向申请人工商注册所在地省、自治区、直辖市人民政府建设主管部门或者国务院有关专业部门提出申请。省、自治区、直辖市人民政府主管部门、国务院有关专业部门应当自受理申请材料之日起 20 日内审查完毕，并将初审意见和全部申请材料报国务院建设主管部门；国务院建设主管部门应当自受理之日起 20 日内作出决定。

申请乙级工程造价咨询企业资质的，由省、自治区、直辖市人民政府建设主管部门审查决定。其中，申请有关专业乙级工程造价咨询企业资质的，由省、自治区、直辖市人民政府建设主管部门会商同级有关专业部门审查决定。

乙级工程造价咨询企业资质许可的实施程序由省、自治区、直辖市人民政府建设主管部门依法确定。

省、自治区、直辖市人民政府建设主管部门应当自作出决定之日起 30 日内，将准予资质许可的决定报国务院建设主管部门备案。

新申请工程造价咨询企业资质的，其资质等级按照乙级工程造价咨询企业所列资质标准的第①～⑨条核定为乙级，设暂定期为一年。

暂定期届满需继续从事工程造价咨询活动的，应当在暂定期届满 30 日前，向资质许可机关申请换发资质证书。符合乙级资质条件的，由资质许可机关换发资质证书。

2. 资质许可

准予资质许可的，资质许可机关应当向申请人颁发工程造价咨询企业资质证书。工程造价咨询企业资质证书由国务院建设主管部门统一印制，分正本和副本。正本和副本具有同等法律效力。

工程造价咨询企业遗失资质证书的，应当在公众媒体上声明作废后，向资质许可机关申请补办。

工程造价咨询企业资质有效期为 3 年。

3. 资质延续

有效期届满，需要继续从事工程造价咨询活动的，应当在资质有效期届满 30 日内向资质许可机关提出资质延续申请。资质许可机关应当根据申请作出是否准予延续的决定。准予延续的，资质有效期延续 3 年。

4. 资质变更

工程造价咨询企业的名称、住所、组织形式、法定代表人、技术负责人、注册资本等事项发生变更的，应当自变更确立之日起 30 日内，到资质许可机关办理资质证书变更手续。

5. 企业合并、分立、改制后的资质

工程造价咨询企业合并的，合并后存续或者新设立的工程造价咨询企业可以承继合并前各方中较高的资质等级，但应当符合相应的资质等级条件。

工程造价咨询企业分立的，只能由分立后的一方承继原工程造价咨询企业资质，但应当符合原工程造价咨询企业资质等级条件。

6. 企业的分支机构

工程造价咨询企业设立分支机构的，应当自领取分支机构营业执照之日起 30 日内，持下列材料到分支机构工商部门注册所在地省、自治区、直辖市人民政府建设主管部门备案：①分支机构营业执照复印件；②工程造价咨询企业资质证书复印件；③拟在分支机构执业的不少于 3 名注册造价工程师的注册证书复印件；④分支机构固定办公场所的租赁合同或产权证明。

省、自治区、直辖市人民政府建设主管部门应当在接受备案之日起 20 日内，报国务院建设主管部门备案。

2.1.5.4　工程造价咨询企业的行为规范

工程造价咨询企业不得有下列行为：①涂改、倒卖、出租、出借资质证书，或者以其他形式非法转让资质证书；②超越资质等级业务范围承接工程造价咨询业务；③同时接受招标人和投标人或两个以上投标人对同一工程项目的工程造价咨询业务；④以给予回扣、恶意压低收费等方式进行不正当竞争；⑤转包承接的工程造价咨询业务；⑥除法律、法规另有规定外，未经委托人书面同意，工程造价咨询企业不得对外提供工程造价咨询服务过程中获知的当事人的商业秘密和业务资料；⑦法律、法规禁止的其他行为。

2.1.5.5　企业资质的监督管理

（1）工程造价咨询企业资质管理机构的职责、企业信用档案信息的建立和公示同建筑业企业。

（2）违法行为的处理。

1）企业资质不符合相应资质条件的处理。工程造价咨询企业取得工程造价咨询企业资质后，不再符合相应资质条件的，资质许可机关根据利害关系人的请求或者依据职权，可以责令其限期改正；逾期不改的，可以撤回其资质。

2）企业资质的撤销。有下列情形之一的，资质许可机关或者其上级机关，根据利害关系人的请求或者依据职权，可以撤销工程造价咨询企业资质：①资质许可机关工作人员滥用职权、玩忽职守作出准予工程造价咨询企业资质许可的；②超越法定职权作出准予工程造价咨询企业资质许可的；③违反法定程序作出准予工程造价咨询企业资质许可的；④对不具备行政许可条件的申请人作出准予工程造价咨询企业资质许可的；⑤依法可以撤销工程造价咨询企业资质的其他情形。

工程造价咨询企业以欺骗、贿赂等不正当手段取得工程造价咨询企业资质的，应当予以撤销。

3）企业资质的注销。有下列情形之一的，资质许可机关应当依法注销工程造价咨询企业资质：①工程造价咨询企业资质有效期满，未申请延续的；②工程造价咨询企业资质被撤销、撤回的；③工程造价咨询企业依法终止的；④法律、法规规定的应当注销工程造价咨询企业资质的其他情形。

2.2　专业技术人员执业资格许可

执业资格许可制度是指对具备一定专业学历，从事建筑活动的专业技术人员，通过考试和注册确定其执业的技术资格，获得相应建筑工程文件签字权的一种制度。《建筑法》第14条规定："从事建筑活动的专业技术人员，应当依法取得相应的执业资格证书，并在执业资格证书许可的范围内从事建筑活动。"

我国已建立起13种执业资格制度，包括注册城市规划师、注册建筑师、注册结构工程师、注册建造师、注册土木工程师（岩土）、注册土木工程师（港口与航道工程）、注册监理工程师（详见第7讲）、注册造价工程师、注册房地产估价师、注册安全工程师、注册公用设备工程师、注册电气工程师、注册化工工程师的执业资格制度。下面重点介绍注册造价工程师、注册建造师、注册建筑师、注册结构工程师执业资格制度。

2.2.1　注册造价工程师执业资格制度

注册造价工程师，是指通过全国造价工程师执业资格统一考试或者资格认定、资格互认，取得中华人民共和国造价工程师执业资格，并按照规定的程序注册，取得中华人民共和国造价工程师注册执业证书和执业印章，从事工程造价活动的专业人员。

未取得注册证书和执业印章的人员，不得以注册造价工程师的名义从事工程造价活动。

建设部分别在 2000 年 1 月 21 日和 2006 年 12 月 25 日先后发布了《造价工程师注册管理办法》（建设部令第 75 号）和《注册造价工程师管理办法》（建设部令第 150 号），《注册造价工程师管理办法》自 2007 年 3 月 1 日起施行，《造价工程师注册管理办法》同时废止。

2.2.1.1　注册造价工程师的管理体制

国务院建设主管部门对全国注册造价工程师的注册、执业活动实施统一监督管理；国务院铁路、交通、水利、信息产业等有关部门按照国务院规定的职责分工，对有关专业注册造价工程师的注册、执业活动实施监督管理。

省、自治区、直辖市人民政府建设主管部门对本行政区域内注册造价工程师的注册、执业活动实施监督管理。

2.2.1.2　造价工程师的考试

1. 考试组织管理

造价工程师执业资格考试实行全国统一大纲、统一命题、统一组织的方法，原则上每年举行一次。

2. 考试报名条件

凡属中华人民共和国公民，遵纪守法并具备下列条件之一者，均可申请参加造价工程师执业资格考试：①工程造价专业大专毕业后，从事工程造价业务工作满 5 年；工程或工程经济类大专毕业后，从事工程造价业务工作满 6 年；②工程造价专业本科毕业后，从事工程造价业务工作满 4 年；工程或工程经济类本科毕业后，从事工程造价业务工作满 5 年；③获上述专业第二学士学位或研究生班毕业或获硕士学位后，从事工程造价业务工作满 3 年；④获上述专业博士学位后，从事工程造价业务工作满 2 年。

2.2.1.3　造价工程师的注册

注册造价工程师实行注册执业管理制度。取得造价工程师资格证书的人员，必须经过注册登记，方能以注册造价工程师的名义执业。造价工程师的注册，根据注册内容的不同分为 3 种形式，即初始注册、延续注册和变更注册。

1. 注册管理机关

国务院建设主管部门对全国注册造价工程师的注册、执业活动实施统一监督管理；国务院铁路、交通、水利、信息产业等有关部门按照国务院规定的职责分工，对有关专业注册造价工程师的注册、执业活动实施监督管理。

省、自治区、直辖市人民政府建设主管部门对本行政区域内注册造价工程师的注册、执业活动实施监督管理。

工程造价行业组织应当加强造价工程师自律管理。鼓励注册造价工程师加入工程造价行业组织。

2. 注册的程序

取得执业资格的人员申请注册的，应当向聘用单位工商注册所在地的省、自治区、直辖市人民政府建设主管部门（以下简称省级注册初审机关）或者国务院有关部门（以下简称部门注册初审机关）提出注册申请。

对申请初始注册的，注册初审机关应当自受理申请之日起 20 日内审查完毕，并将申请材料和初审意见报国务院建设主管部门（以下简称注册机关）审批。注册机关应当自受理之日起 20 日内作出决定。

对申请变更注册、延续注册的，注册初审机关应当自受理申请之日起 5 日内审查完毕，并将申请材料和初审意见报注册机关。注册机关应当自受理之日起 10 日内作出决定。

注册造价工程师的初始注册、变更注册、延续注册，逐步实行网上申报、受理和审批。

准予注册的，由注册机关核发注册证书和执业印章。注册证书和执业印章是注册造价工程师的执业凭证，应当由注册造价工程师本人保管、使用。造价工程师注册证书由注册机关统一印制。

3. 初始注册

（1）申请初始注册的条件。

申请初始注册时应当具备以下条件：①经全国注册造价工程师执业资格统一考试合格，取得资格证书；②受聘于一个工程造价咨询企业或者工程建设领域的建设、勘察设计、施工、招标代理、工程监理、工程造价管理等单位。

初始注册者，可自资格证书签发之日起 1 年内提出申请。逾期未申请者，除具备上述两条外，还须符合本专业继续教育的要求后方可申请初始注册。

（2）申请初始注册需要提交的材料。

申请初始注册的，应当提交下列材料：①初始注册申请表；②执业资格证件和身份证件复印件；③与聘用单位签订的劳动合同复印件；④工程造价岗位工作证明；⑤取得资格证书的人员，自资格证书签发之日起 1 年后申请初始注册的，应当提供继续教育合格证；⑥受聘于具有工程造价咨询资质的中介机构的，应当提供聘用单位为其交纳的社会基本养老保险凭证、人事代理合同复印件，或者劳动、人事部门颁发的离退休证复印件；⑦外国人、台港澳人员应当提供外国人就业许可证书、台港澳人员就业证书复印件。

（3）不予初始注册的情形。

有下列情形之一的，不予初始（延续或变更）注册：①不具有完全民事行为能力的；②申请在两个或者两个以上单位注册的；③未达到造价工程师继续教育合格标准的；④前一个注册期内工作业绩达不到规定标准或未办理暂停执业手续而脱离工程造价业务岗位；⑤受刑事处罚，刑事处罚尚未执行完毕的；⑥因工程造价业务活动受刑事处罚，自刑事处罚执行完毕之日起至申请注册之日止不满 5 年的；⑦因前项规定以外原因受刑事处罚，自处罚决定之日至申请注册之日止不满 3 年的；⑧被吊销注册证书，自被处罚决定起至申请注册之日止不满 3 年的；⑨以欺骗、贿赂等不正当手段获准注册被撤销，自销注册之日起至申请注册之日止不满 3 年的；⑩法律、法规规定不予注册的其他情形。

（4）初始注册的有效期。

造价工程师初始注册的有效期限为 4 年，自核准注册之日起计算。

在注册有效期内，注册造价工程师因特殊原因需要暂停执业的，应当到注册初审机关办理暂停执业手续，并交回注册证书和执业印章。

4. 延续注册

注册造价工程师注册有效期满需继续执业的，应当在注册有效期满 30 日内，按照规定程序申请延续注册。延续注册的有效期为 4 年。

申请延续注册的，应当提交下列材料：①延续注册申请表；②注册证书；③与聘用单位签订的劳动合同复印件；④前一个注册期内的工作业绩证明；⑤继续教育合格证明。

5. 变更注册

在注册有效期内，注册造价工程师变更执业单位的，应当与原聘用单位解除劳动合同，并按照规定的程序办理变更注册手续。变更注册后延续原注册有效期。

申请变更注册的，应当提交下列材料：①变更注册申请表；②注册证书；③与新聘用单位签订的劳动合同复印件；④与原聘用单位解除劳动合同的证明文件；⑤受聘于具有工程造价咨询资质的中介机构的，应当提供聘用单位为其交纳的社会基本养老保险凭证、人事代理合同复印件，或者劳动、人事部门颁发的离退休证复印件；⑥外国人、台港澳人员应当提供外国人就业许可证书、台港澳人员就业证书复印件。

6. 注册证书的补发

注册造价工程师遗失注册证书、执业印章，应当在公众媒体上声明作废后，按照规定给予申请补发。

2.2.1.4　注册造价工程师的执业

注册造价工程师只能在一个单位执业。

注册造价工程师执业范围包括：①建设项目建议书、可行性研究投资估算的编制和审核，项目经济评价，工程概、预、结算、竣工结（决）算的编制和审核；②工程量清单、标底（或者控制价）、投标报价的编制和审核，工程合同价款的签订及变更、调整，工程款支付与工程索赔费用的计算；③建设项目管理过程中设计方案的优化、限额设计等工程造价分析与控制，工程保险理赔的核查；④工程经济纠纷的鉴定。

注册造价工程师应当在本人承担的工程造价成果文件上签字并盖章。

修改经注册造价工程师签字盖章的工程造价成果文件，应当由签字盖章的注册造价工程师本人进行；本人因特殊情况不能进行修改的，应当由其他注册造价工程师修改，并签字盖章；修改工程造价成果文件的注册造价工程师对修改部分承担相应的法律责任。

2.2.1.5　注册造价工程师的权利与义务

1. 注册造价工程师的权利

注册造价工程师享有下列权利：①使用注册造价工程师名称；②依法独立执行工程造价业务；③在本人执业活动中形成的工程造价成果文件上签字并加盖执业印章；④发起设立工程造价咨询企业；⑤保管和使用本人的注册证书和执业印章；⑥参加继续教育。

2. 注册造价工程师的义务

注册造价工程师应当履行下列义务：①遵守法律、法规、有关管理规定，恪守职业道德；②保证执业活动成果的质量；③接受继续教育，提高执业水平；④执行工程造价计价标准和计价方法；⑤与当事人有利害关系的，应当主动回避；⑥保守在执业中知悉的国家秘密和他人的商业、技术秘密。

3. 注册造价工程师的禁止行为

注册造价工程师不得有下列行为：①不履行注册造价工程师义务；②在执业过程中索贿、受贿或者谋取合同约定费用外的其他利益；③在执业过程中实施商业贿赂；④签署有虚假记载、误导性陈述的工程造价成果文件；⑤以个人名义承接工程造价业务；⑥允许他人以自己名义从事工程造价业务；⑦同时在两个或者两个以上单位执业；⑧涂改、倒卖、出租、出借或者以其他形式非法转让注册证书或者执业印章；⑨法律、法规、规章禁止的其他行为。

2.2.1.6 注册造价工程师的继续教育

注册造价工程师每一注册期内应当达到注册机关规定的继续教育要求。注册造价工程师继续教育分为必修课和选修课，每一注册有效期各为 60 学时，经继续教育达到合格标准的，颁发继续教育合格证明。注册造价工程师继续教育由中国建设工程造价管理协会负责组织。

2.2.1.7 注册造价工程师的监督管理

1. 监督检查

县级以上人民政府建设主管部门和其他有关部门应当依照有关法律、法规，对注册造价工程师的注册、执业和继续教育实施监督检查。

注册机关应当将造价工程师注册信息告知注册初审机关。省级注册初审机关应当将造价工程师注册信息告知本行政区域内市、县人民政府建设主管部门。

县级以上人民政府建设主管部门和其他有关部门依法履行监督检查职责时，有权采取下列措施：①要求被检查人员提供注册证书；②要求被检查人员所在聘用单位提供有关人员签署的工程造价成果文件及相关业务文档；③就有关问题询问签署工程造价成果文件的人员；④纠正违反有关法律、法规和本办法及工程造价计价标准和计价办法的行为。

注册造价工程师违法从事工程造价活动的，违法行为发生地县级以上地方人民政府建设主管部门或者其他有关部门应当依法查处，并将违法事实、处理结果告知注册机关；依法应当撤销注册的，违法行为发生地县级以上地方人民政府建设主管部门或者其他有关部门应当将违法事实、处理建议及有关材料告知注册机关。

2. 注册证书失效

注册造价工程师有下列情形之一的，其注册证书失效：①已与聘用单位解除劳动合同且未被其他单位聘用的；②注册有效期满且未延续注册的；③死亡或者不具有完全民事行为能力的；④其他导致注册失效的情形。

3. 撤销注册

有下列情形之一的，注册机关或者其上级行政机关依据职权或者根据利害关系人的请求，可以撤销注册造价工程师的注册：①行政机关工作人员滥用职权、玩忽职守作出准予注册许可的；②超越法定职权作出准予注册许可的；③违反法定程序作出准予注册许可的；④对不具备注册条件的申请人作出准予注册许可的；⑤以欺骗、贿赂等不正当手段获准注册的；⑥依法可以撤销注册的其他情形。

4. 注销注册或者公告其注册证书和执业印章作废

有下列情形之一的，由注册机关办理注销注册手续，收回注册证书和执业印章或者公告其注册证书和执业印章作废：①有注册证书失效所列情形发生的；②依法被撤销注册的；③依法被吊销注册证书的；④受到刑事处罚的；⑤法律、法规规定应当注销注册的其他情形。

注册造价工程师有前款所列情形之一的，注册造价工程师本人和聘用单位应当及时向注册机关提出注销注册申请；有关单位和个人有权向注册机关举报；县级以上地方人民政府建设主管部门或者其他有关部门应当及时告知注册机关。

5. 注册造价工程师信用档案信息的管理

注册造价工程师信用档案是指包括造价工程师的基本情况、业绩、良好行为、不良行为等内容在内的各种信用资料。违法违规行为、被投诉举报处理、行政处罚等情况应当作为造价工程师的不良行为记入其信用档案。

注册造价工程师及其聘用单位应当按照有关规定，向注册机关提供真实、准确、完整的注册造价工程师信用档案信息。注册造价工程师信用档案信息按有关规定向社会公示。

2.2.2　注册建造师执业资格制度

注册建造师是指取得中华人民共和国注册建造师执业资格证书和注册证书，从事建设工程项目总承包及施工管理的专业技术人员。

2002 年 12 月 5 日，人事部、建设部联合印发《建造师执业资格制度暂行规定》（人发〔2002〕111 号），正式建立了建造师执业资格制度。2006 年 12 月 28 日建设部又发布了《注册建造师管理规定》（中华人民共和国建设部令第 153 号），对注册建造师的注册、执业、监督管理和法律责任作出了详细的规定。

我国注册建造师分为两级，即一级注册建造师和二级注册建造师。

2.2.2.1　注册建造师的管理体制

国务院建设主管部门对全国注册建造师的注册、执业活动实施统一监督管理；国务院铁路、交通、水利、信息产业、民航等有关部门按照国务院规定的职责分工，对全国有关专业工程注册建造师的执业活动实施监督管理。

县级以上地方人民政府建设主管部门对本行政区域内的注册建造师的注册、执业活动实施监督管理；县级以上地方人民政府交通、水利、通信等有关部门在各自职责范围内，对本行政区域内有关专业工程注册建造师的执业活动实施监督管理。

2.2.2.2　建造师的考试

1. 考试的级别、内容、时间

一级建造师执业资格实行统一大纲、统一命题、统一组织的考试制度，由人事部、建设部共同组织实施，原则上每年举行一次考试，考试时间定于每年的第 3 季度。

建设部负责编制一级建造师执业资格考试大纲和组织命题工作，统一规划建造师执业资格的培训等有关工作。

人事部负责审定一级建造师执业资格考试科目、考试大纲和考试试题，组织实施考务工作；会同建设部对考试考务工作进行检查、监督、指导和确定合格标准。

一级建造师执业资格考试设《建设工程经济》、《建设工程法规及相关知识》、《建设工程项目管理》和《专业工程管理与实务》4个科目。前3个科目属综合知识与能力部分，第4个科目属于专业知识与能力部分。《专业工程管理与实务》按照建设工程的专业要求进行，具体分为建筑工程、公路工程、铁路工程、民航机场工程、港口与航道工程、水利水电工程、市政公用工程、通信与广电工程、矿业工程和机电工程10个专业类别。

一级建造师执业资格考试分4个半天，以纸笔作答方式进行。《建设工程经济》科目的考试时间为2小时，《建设工程法规及相关知识》和《建设工程项目管理》科目的考试时间均为3小时，《专业工程管理与实务》科目的考试时间为4小时。

二级建造师执业资格实行全国统一大纲，各省、自治区、直辖市命题并组织考试的制度。建设部负责拟定二级建造师执业资格考试大纲，人事部负责审定考试大纲。各省、自治区、直辖市人事厅（局），建设厅（委）按照国家确定的考试大纲和有关规定，在本地区组织实施二级建造师执业资格考试。

二级建造师执业资格考试设《建设工程施工管理》、《建设工程法规及相关知识》、《专业工程管理与实务》3个科目。《专业工程管理与实务》按照建设工程的专业分为建筑公路工程、公路工程、水利水电工程、市政公用工程、矿业工程和机电工程6个专业类别。

考试成绩实行2年为一个周期的滚动管理办法，且必须在连续的两个考试年度内通过全部科目。

2. 考试的条件

参加注册建造师考试，必须符合国家规定的教育标准和职业实践要求。

（1）一级注册建造师考试报名的条件。

凡中华人民共和国公民，遵守国家法律、法规，恪守职业道德，并具备下列条件之一者，可以申请参加一级建造师执业资格考试：

1）取得工程类或工程经济类大学专科学历，工作满6年，其中从事建设工程项目施工管理工作满4年。

2）取得工程类或工程经济类大学本科学历，工作满4年，其中从事建设工程项目施工管理工作满3年。

3）取得工程类或工程经济类双学士学位或研究生班毕业，工作满3年，其中从事建设工程项目施工管理工作满2年。

4）取得工程类或工程经济类硕士学位，工作满2年，其中从事建设工程项目施工管理工作满1年。

5）取得工程类或工程经济类博士学位，从事建设工程项目施工管理工作满1年。

已取得一级建造师执业资格证书的人员，也可根据实际工作需要，选择《专业工程管理与实务》科目的相应专业，报名参加考试。考试合格后核发国家统一印制的相应专业合格证明。该证明作为注册时增加执业专业类别的依据。

（2）二级注册建造师考试报名的条件。

凡遵纪守法并具备工程类或工程经济类中等专科（中专）以上学历并从事建设工程项目施工管理工作满2年，可报名参加二级建造师执业资格考试。

3. 考试合格证书的颁发

参加一级建造师执业资格考试合格，由各省、自治区、直辖市人事部门颁发人事部统一印制，人事部、建设部用印的《中华人民共和国一级建造师执业资格证书》。该证书在全国范围内有效。

二级建造师执业资格考试合格者，由省、自治区、直辖市人事部门颁发由人事部、建设部统一格式的《中华人民共和国二级建造师执业资格证书》。该证书在所在行政区域内有效。

2.2.2.3　注册建造师的注册

注册建造师实行注册执业管理制度。取得建造师执业资格证书的人员，必须经过注册登记，方可以注册建造师的名义执业。建造师的注册，根据注册内容的不同分为 4 种形式，即初始注册、延续注册、变更注册和增项注册。

1. 建造师的注册管理机构

建设部或其授权的机构为一级建造师执业资格的注册管理机构。省、自治区、直辖市建设行政主管部门或其授权的机构为二级建造师执业资格的注册管理机构。

2. 注册的程序

（1）一级建造师。

取得一级建造师资格证书并受聘于一个建设工程勘察、设计、施工、监理、招标代理、造价咨询等单位的人员，应当通过聘用单位向单位工商注册所在地的省、自治区、直辖市人民政府建设主管部门提出注册申请。

省、自治区、直辖市人民政府建设主管部门受理后提出初审意见，并将初审意见和全部申报材料报国务院建设主管部门审批；涉及铁路、公路、港口与航道、水利水电、通信与广电、民航专业的，国务院建设主管部门应当将全部申报材料送同级有关部门审核。符合条件的，由国务院建设主管部门核发《中华人民共和国一级建造师注册证书》，并核定执业印章编号。

一级注册建造师的注册证书由国务院建设主管部门统一印制，执业印章由国务院建设主管部门统一样式，省、自治区、直辖市人民政府建设主管部门组织制作。注册证书和执业印章是注册建造师的执业凭证，由注册建造师本人保管、使用。

（2）二级建造师。

取得二级建造师资格证书的人员申请注册，由省、自治区、直辖市人民政府建设主管部门负责受理和审批，具体审批程序由省、自治区、直辖市人民政府建设主管部门依法确定。对批准注册的，核发由国务院建设主管部门统一样式的《中华人民共和国二级建造师注册证书》和执业印章，并在核发证书后 30 日内送国务院建设主管部门备案。

（3）注册的审核期限。

对申请初始注册的，省、自治区、直辖市人民政府建设主管部门应当自受理申请之日起，20 日内审查完毕，并将申请材料和初审意见报国务院建设主管部门审批。国务院建设主管部门应当自收到省、自治区、直辖市人民政府建设主管部门上报材料之日起，20 日内审批完毕并作出书面决定。有关部门应当在收到国务院建设主管部门移送的申请材料之日起，10 日内审核完毕，并将审核意见送国务院建设主管部门。

对申请变更注册、延续注册的，省、自治区、直辖市人民政府建设主管部门应当自受理之日起 5 日内审查完毕。国务院建设主管部门应当自收到省、自治区、直辖市人民政府建设主管部门上报材料之日起，10 日内审批完毕并作出书面决定。有关部门在收到国务院建设主管部门移送的申请材料后，应当在 5 日内审核完毕，并将审核意见送国务院建设主管部门。

3. 初始注册

（1）申请初始注册的条件。

申请初始注册时应当具备以下条件：①经考核认定或考试合格取得资格证书；②受聘于一个相关单位。

初始注册者，可自资格证书签发之日起 3 年内提出申请。逾期未申请者，除具备上述两条外，还须符合本专业继续教育的要求后方可申请初始注册。

（2）申请初始注册需要提交的材料。

申请初始注册需要提交下列材料：①注册建造师初始注册申请表；②资格证书、学历证书和身份证明复印件；③申请人与聘用单位签订的聘用劳动合同复印件或其他有效证明文件；④逾期申请初始注册的，应当提供达到继续教育要求的证明材料。

（3）不予注册（包括初始注册、延续注册、变更注册、增项注册）的情形。

建造师申请人有下列情形之一的，不予注册（初始注册、延续注册、变更注册或增项注册）：①不具有完全民事行为能力的；②申请在两个或者两个以上单位注册的；③未达到注册建造师继续教育要求的；④受到刑事处罚，刑事处罚尚未执行完毕的；⑤因执业活动受到刑事处罚，自刑事处罚执行完毕之日起至申请注册之日止不满 5 年的；⑥因前项规定以外的原因受到刑事处罚，自处罚决定之日起至申请注册之日止不满 3 年的；⑦被吊销注册证，自处罚决定之日起至申请注册之日止不满 2 年的；⑧在申请注册之日前 3 年内担任项目经理期间，所负责项目发生过重大质量和安全事故的；⑨申请人的聘用单位不符合注册单位要求的；⑩年龄超过 65 周岁的。

（4）初始注册的有效期。

注册建造师初始注册的有效期限为 3 年，自核准注册之日起计算。

4. 延续注册

注册有效期满需继续执业的，应当在注册有效期届满 30 日内，按规定申请延续注册。延续注册的，有效期为 3 年。

申请延续注册的，应当提交下列材料：①注册建造师延续注册申请表；②原注册证书；③申请人与聘用单位签订的聘用劳动合同复印件或其他有效证明文件；④申请人注册有效期内达到继续教育要求的证明材料。

5. 变更注册

在注册有效期内，注册建造师变更执业单位，应当与原聘用单位解除劳动关系，并按照第 7 条、第 8 条的规定办理变更注册手续，变更注册后仍延续原注册有效期。

申请变更注册的，应当提交下列材料：①注册建造师变更注册申请表；②注册证书和执业印章；③申请人与新聘用单位签订的聘用合同复印件或有效证明文件；④工作调动证明（与原聘用单位解除聘用合同或聘用合同到期的证明文件、退休人员的退休证明）。

6. 增项注册

注册建造师需增加执业专业的，应当按规定申请专业增项注册，并提供相应的资格证明。

7. 注册证书和执业印章的补办

注册建造师因遗失、污损注册证书或执业印章，需要补办的，应当持在公众媒体上刊登的遗失声明的证明，向原注册机关申请补办。原注册机关应当在 5 日内办理完毕。

8. 重新申请注册

被注销注册或者不予注册的，在重新具备注册条件后，可按前述规定重新申请注册。

2.2.2.4　注册建造师的执业

取得建造师资格证书的人员应当受聘于一个具有建设工程勘察、设计、施工、监理、招标代理、造价咨询等一项或者多项资质的单位，经注册后有权以注册建造师名义从事建设工程项目总承包管理或施工管理、建设工程项目管理服务、建设工程技术经济咨询以及法律、行政法规和国务院建设主管部门规定的其他业务。

担任施工单位项目负责人的，应当受聘并注册于一个具有施工资质的企业。注册建造师不得同时在两个及两个以上的建设工程项目上担任施工单位项目负责人。

建设工程施工活动中形成的有关工程施工管理文件，应当由注册建造师签字并加盖执业印章。

施工单位签署质量合格的文件上，必须有注册建造师的签字盖章。

1. 注册建造师的执业范围

不同级别的建造师，其执业范围也是不同的。一级建造师可以担任特级、一级建筑业企业资质的建设工程项目施工的项目经理；二级建造师可以担任二级及以下建筑业企业资质的建设工程项目施工的项目经理。具体范围可参见 2007 年 7 月 4 日建设部发布的《注册建造师执业工程规模标准》（试行）（建市［2007］171 号）。

2. 注册建造师的执业技术能力

（1）一级注册建造师应当具备的执业技术能力：①具有一定的工程技术、工程管理理论和相关经济理论水平，并具有丰富的施工管理专业知识；②能够熟练掌握和运用与施工管理业务相关的法律、法规、工程建设强制性标准和行业管理的各项规定；③具有丰富的施工管理实践经验和资历，有较强的施工组织能力，能保证工程质量和安全生产；④有一定的外语水平。

（2）二级注册建造师应当具备的执业技术能力：①了解工程建设的法律、法规、工程建设强制性标准及有关行业管理的规定；②具有一定的施工管理专业知识；③具有一定的施工管理实践经验和资历，有一定的施工组织能力，能保证工程质量和安全生产。

2.2.2.5　注册建造师的继续教育

注册建造师在每一个注册有效期内应当达到国务院建设主管部门规定的继续教育要求。继续教育分为必修课和选修课，在每一注册有效期内各为 60 学时。经继续教育达到合格标准的，颁发继续教育合格证书。

继续教育的具体要求由国务院建设主管部门会同国务院有关部门另行规定。

2.2.2.6　注册建造师的权利和义务

1. 注册建造师的权利

注册建造师享有下列权利：①使用注册建造师名称；②在规定范围内从事执业活动；③在本人执业活动中形成的文件上签字并加盖执业印章；④保管和使用本人注册证书、执业印章；⑤对本人执业活动进行解释和辩护；⑥接受继续教育；⑦获得相应的劳动报酬；⑧对侵犯本人权利的行为进行申述。

2. 注册建造师的义务

注册建造师应当履行下列义务：①遵守法律、法规和有关管理规定，恪守职业道德；②执行技术标准、规范和规程；③保证执业成果的质量，并承担相应责任；④接受继续教育，努力提高执业水准；⑤保守在执业中知悉的国家秘密和他人的商业、技术等秘密；⑥与当事人有利害关系的，应当主动回避；⑦协助注册管理机关完成相关工作。

3. 注册建造师的禁止行为

注册建造师不得有下列行为：①不履行注册建造师义务；②在执业过程中，索贿、受贿或者谋取合同约定费用外的其他利益；③在执业过程中实施商业贿赂；④签署有虚假记载等不合格的文件；⑤允许他人以自己的名义从事执业活动；⑥同时在两个或者两个以上单位受聘或者执业；⑦涂改、倒卖、出阻、出借或以其他形式非法转让资格证书、注册证书和执业印章；⑧超出执业范围和聘用单位业务范围内从事执业活动；⑨法律、法规、规章禁止的其他行为。

2.2.2.7　注册建造师执业的检查、监督

国务院建设主管部门和县级以上地方人民政府建设主管部门或者有关部门对建造师执业资格注册和使用情况有检查、监督的责任。

1. 注册证书和执业印章失效

注册建造师有下列情形之一的，其注册证书和执业印章失效：①聘用单位破产的；②聘用单位被吊销营业执照的；③聘用单位被吊销或者撤回资质证书的；④已与聘用单位解除聘用合同关系的；⑤注册有效期满且未延续注册的；⑥年龄超过65周岁的；⑦死亡或不具有完全民事行为能力的；⑧其他导致注册失效的情形。

2. 注销注册

注册建造师有下列情形之一的，负责审批的部门应当办理注销手续，收回注册证书和执业印章或者公告其注册证书和执业印章作废：①有上述注册证书和执业印章失效所列情形发生的；②依法被撤销注册的；③依法被吊销注册证书的；④受到刑事处罚的；⑤法律、法规规定应当注销注册的其他情形。

注册建造师有上述所列情形之一的，注册建造师本人和聘用单位应当及时向注册机关提出注销注册申请；有关单位和个人有权向注册机关举报；县级以上地方人民政府建设主管部门或者有关部门应当及时告知注册机关。

3. 撤销注册

有下列情形之一的，注册机关依据职权或者根据利害关系人的请求，可以撤销注册建造师的注册：①注册机关工作人员滥用职权、玩忽职守作出准予注册许可的；②超越法定职权作出准予注册许可的；③违反法定程序作出准予注册许可的；④对不符合法定条件的

申请人颁发注册证书和执业印章的；⑤依法可以撤销注册的其他情形。

申请人以欺骗、贿赂等不正当手段获准注册的，应当予以撤销。

2.2.3　注册建筑师执业资格制度

注册建筑师，是指经考试、特许、考核认定取得中华人民共和国注册建筑师执业资格证书，或者经资格互认方式取得建筑师互认资格证书，并按照规定注册，取得中华人民共和国注册建筑师注册证书和中华人民共和国注册建筑师执业印章，从事建筑设计及相关业务活动的专业技术人员。

1995 年 9 月国务院发布的《中华人民共和国注册建筑师条例》和 2008 年 1 月建设部发布的《中华人民共和国注册建筑师条例实施细则》，对注册建筑师执业资格做出了具体规定。我国注册建筑师分为两级，即一级注册建筑师和二级注册建筑师。

2.2.3.1　注册建筑师的管理体制

我国的注册建筑师的管理体制分为中央和地方两级，是在建设主管部门和人事主管部门指导和监督下的专门委员会负责制。

国务院建设主管部门、人事主管部门按职责分工对全国注册建筑师考试、注册、执业和继续教育实施指导和监督。省、自治区、直辖市人民政府建设主管部门、人事主管部门按职责分工对本行政区域内注册建筑师考试、注册、执业和继续教育实施指导和监督。在中央，设立全国注册建筑师管理委员会，负责注册建筑师考试、一级注册建筑师注册、制定颁布注册建筑师有关标准及相关国际交流等具体工作。全国注册建筑师管理委员会委员由国务院建设主管部门会商人事主管部门聘任。

全国注册建筑师管理委员会由国务院建设主管部门、人事主管部门、其他有关主管部门的代表和建筑设计专家组成，设主任委员一名、副主任委员若干名。全国注册建筑师管理委员会秘书处设在建设部执业资格注册中心。全国注册建筑师管理委员会秘书处承担全国注册建筑师管理委员会的日常工作职责，并承担相应的法律责任。

在地方，设立省、自治区、直辖市注册建筑师管理委员会，负责本行政区域内注册建筑师考试、注册以及协助全国注册建筑师管理委员会选派专家等具体工作。省、自治区、直辖市注册建筑师管理委员会由省、自治区、直辖市人民政府建设主管部门会商同级人事主管部门参照全国在册建筑师管理委员会相关规定成立。

2.2.3.2　注册建筑师的考试

1. 考试的级别、时间和方式

注册建筑师考试分为一级注册建筑师考试和二级注册建筑师考试。两种考试在标准、内容和参加考试的条件等方面均有所不同。

注册建筑师考试实行全国统一考试，每年进行一次。遇特殊情况，经国务院建设主管部门和人事主管部门同意，可调整该年度考试次数。

注册建筑师考试由全国注册建筑师管理委员会统一部署，省、自治区、直辖市注册建筑师管理委员会组织实施。

2. 考试报名条件

申请参加注册建筑师考试，必须符合国家规定的教育标准和职业实践要求。

（1）一级注册建筑师考试报名条件。

符合下列条件之一者，可申请参加一级注册建筑师考试：①已取得建筑学硕士以上学位或者相近专业工学博士学位，并从事建筑设计或者相关业务 2 年以上；②已取得建筑学学士学位或者相近专业工学硕士学位，并从事建筑设计或者相关业务 3 年以上；③具有建筑学专业大学本科毕业学历，并从事建筑设计或者相关业务 5 年以上；或者具有建筑学相近专业大学本科毕业学历，并从事建筑设计或者相关业务 7 年以上；④取得高级工程师技术职称并从事建筑设计或者相关业务 3 年以上；或者取得工程师技术职称并从事建筑设计或者相关业务 5 年以上；⑤不具有前 4 项规定的条件，但设计成绩突出〔指获得国家或省部级优秀工程设计铜质或二等奖（建筑）及以上奖励〕，经全国注册建筑师管理委员会认定达到前 4 项的专业水平。

（2）二级注册建筑师考试报名条件。

符合下列条件之一者，可申请参加二级注册建筑师考试：①具有建筑学或者相近专业大学本科毕业以上学历，并从事建筑设计或者相关业务 2 年以上；②具有建筑设计技术专业或者相近专业大专毕业以上学历，并从事建筑设计或者相关业务 3 年以上；③具有建筑设计技术专业 4 年制中专毕业学历，并从事建筑设计或者相关业务 5 年以上；④具有建筑设计技术相近专业中专毕业学历，并从事建筑设计或者相关业务 7 年以上；⑤取得助理工程师以上技术职称，并从事建筑设计或者相关业务 3 年以上。

3. 考试内容及合格有效期

一级建筑师考试内容包括建筑设计前期工作、场地设计、建筑设计与表达、建筑结构、环境控制、建筑设备、建筑材料与构造、建筑经济、施工与设计管理、建筑法规等。上述内容分成若干科目进行考试。科目考试合格有效期为 8 年。

二级注册建筑师考试内容包括场地设计、建筑设计与表达、建筑结构与设备、建筑法规、建筑经济与施工等。上述内容分为若干科目进行考试。科目考试合格有效期为 4 年。

4. 考试合格证书的颁发

经一级注册建筑师考试，在有效期内全部科目考试合格的，由全国注册建筑师管理委员会核发国务院建设主管部门和人事主管部门共同用印的一级注册建筑师资格证书。

经二级注册建筑师考试，在有效期内全部科目考试合格的，由省、自治区、直辖市注册建筑管理委员会核发国务院建设主管部门和人事主管部门共同用印的二级注册建筑师执业资格证书。

自考试之日起，90 日内公布考试成绩；自考试成绩公布之日起，30 日内颁发职业资格证书。

注册建筑师职业资格证书由国务院人事主管部门统一制作；一级注册建筑师注册证书、职业印章和互认资格证书由全国注册建筑师管理委员会统一制作；二级注册建筑师自测证书和执业印章由省、自治区、直辖市注册建筑师管理委员会统一制作。

2.2.3.3　注册建筑师的注册

注册建筑实行注册执业管理制度。取得执业资格证书或者互认资格证书的人员，必须经过注册方可以注册建筑师的名义执业。建筑师的注册，根据注册内容的不同分为 3 种形式，即初始注册、延续注册和变更注册。

1. 注册管理办法

取得一级注册建筑师资格证书并受聘于一个相关单位的人员，应当通过聘用单位向单位工商注册所在地的省、自治区、直辖市注册建筑师管理委员会提出申请；省、自治区、直辖市注册建筑师管理委员会受理后提出初审意见，并将初审意见和申请材料报全国注册建筑师管理委员会审批；符合条件的，由全国注册建筑师管理委员会颁发一级建筑师注册证书和执业印章。

省、自治区、直辖市注册建筑师管理委员会在收到申请人申请一级注册建筑师注册的材料后，应当及时作出是否受理的决定，并向申请人出具书面凭证；申请材料不齐全或者不符合法定形式的，应当在 5 日内一次性告知申请人需要补正的全部内容。逾期不告知的，自收到申请材料之日起即为受理。

对申请初始注册的，省、自治区、直辖市注册建筑师管理委员会应当自受理申请之日起 20 日内审查完毕，并将申请材料和初审意见报全国注册建筑师管理委员会。全国注册建筑师管理委员会应当自收到省、自治区、直辖市注册建筑师管理委员会上报材料之日起，20 日内审批完毕并作出书面决定。审查结果由全国注册建筑师管理委员会予以公示，公示时间为 10 日，公示时间不计算在审批时间内。全国注册建筑师管理委员会自作出审批决定之日起 10 日内，在公众媒体上公布审批结果。

二级注册建筑师的注册办法由省、自治区、直辖市注册建筑师管理委员会依法制定。

2. 初始注册

（1）初始注册的条件。

初始注册者可以自执业资格证书签发之日起 3 年内提出申请。逾期未申请者，须符合继续教育的要求后方可申请初始注册。

建筑师申请初始注册，应当具备以下条件：①依法取得执业资格证书或者互认资格证书；②只受聘于中华人民共和国境内的一个建设工程勘察、设计、施工、监理、招标代理、造价咨询、施工图审查、城乡规划编制等单位；③近 3 年内在中华人民共和国境内从事建筑设计及相关业务一年以上；④达到继续教育要求。

（2）申请初始注册应当提交的材料。

申请建筑师初始注册，应当提交下列材料：①初始注册申请表；②资格证书复印件；③身份证明复印件；④聘用单位资质证书副本复印件；⑤与聘用单位签订的聘用劳动合同复印件；⑥相应的业绩证件；⑦逾期初始注册的，应当提交达到继续教育要求的证明材料。

（3）不予注册（包括初始注册、延续注册和变更注册）的情形。

申请人有下列情形之一的，不予初始注册：①不具备完全民事行为能力的；②申请在两个或者两个以上单位注册的；③未达到注册建筑师继续教育要求的；④受过刑事处罚，且自刑事处罚执行完毕之日起至申请注册之日不满 5 年的；⑤因在建筑设计或者相关业务中犯有错误受行政处罚或者撤职以上行政处分，自处罚、处分决定之日起至申请之日止不满 2 年的；⑥受吊销注册建筑师证书的行政处罚，自处罚决定之日起至申请注册之日止不满 5 年的；⑦申请人的聘用单位不符合注册单位要求的；⑧法律、法规规定不予注册的其他情形。

（4）初始注册的有效期。

注册建筑师初始注册的有效期限为 2 年。

3. 延续注册

注册建筑师注册有效期满需继续执业的，应在注册有效期届满 30 日内，按照规定的程序申请延续注册。延续注册有效期为 2 年。

延续注册需要提交下列材料：①延续注册申请表；②与聘用单位签订的聘用劳动合同复印件；③注册期内达到继续教育要求的证明材料。

4. 变更注册

注册建筑师变更执业单位，应当与原聘用单位解除劳动关系，并按照规定的程序办理变更注册手续。变更注册后，仍延续原注册有效期。

原注册有效期届满在半年以内的，可以同时提出延续注册申请。准予延续的，注册有效期重新计算。

变更注册需要提交下列材料：①变更注册申请表；②新聘用单位资质证书副本的复印件；③与新聘用单位签订的聘用劳动合同复印件；④工作调动证明或者与原聘用单位解除聘用劳动合同的证明文件、劳动仲裁机构出具的解除劳动关系的仲裁文件、退休人员的退休证明复印件；⑤在办理变更注册时提出延续注册申请的，还应当提交在本注册有效期内达到继续教育要求的证明材料。

5. 注册证书的补办

注册建筑师因遗失、污损注册证书或者执业印章，需要补办的，应当持在公众媒体上刊登的遗失声明的证明，或者污损的原注册证书和执业印章，向原注册机关申请补办。原注册机关应当在 10 日内办理完毕。

6. 重新申请注册

注销注册者或者不予注册的，在重新具备注册条件后，可以按照前述规定的程序重新申请注册。

2.2.3.4　注册建筑师的执业

取得资格证书的人员，应当受聘于中华人民共和国境内的一个建设工程勘察、设计、施工、监理、招标代理、造价咨询、施工图审查、城乡规划编制等单位，经注册后方可从事执业活动。

从事建筑工程设计执业活动的，应当受聘并注册于中华人民共和国境内一个具有工程设计资质的单位。

1. 注册建筑师的执业范围

注册建筑师的执业范围具体为：①建筑设计；②建筑设计技术咨询；③建筑物调查与鉴定；④对本人主持设计的项目进行施工指导和监督；⑤国务院建设主管部门规定的其他业务。

建筑设计技术咨询包括建筑工程技术咨询，建筑工程招标、采购咨询，建筑工程项目管理，建筑工程设计文件及施工图审查，工程质量评估，以及国务院建设主管部门规定的其他建筑技术咨询业务。

一级注册建筑师的执业范围不受工程项目规模和工程复杂程度的限制。二级注册建筑师的执业范围只限于承担工程设计资质标准中建设项目设计规模划分表中规定的小型规模的项目。

注册建筑师的执业范围不得超越其聘用单位的业务范围。注册建筑师的执业范围与其聘用单位的业务范围不符时，个人执业范围服从聘用单位的业务范围。

2. 注册建筑师执业中的职责

注册建筑师所在单位承担民用建筑设计项目，应当由注册建筑师任工程项目设计主持人或设计总负责人；工业建筑设计项目，须由注册建筑师任工程项目建筑专业负责人。

凡属工程设计资质标准中建筑工程建设项目设计规模划分表规定的工程项目，在建筑工程设计的主要文件（图纸）中，须由主持该项设计的注册建筑师签字并加盖其执业印章方为有效；否则设计审查部门不予审查，建设单位不得报建，施工单位不准施工。

修改经注册建筑师签字盖章的设计文件，应当由原注册建筑师进行；因特殊情况，原建筑师不能进行修改的，可以由设计单位的法人代表书面委托其他符合条件的注册建筑师修改，并签字、加盖执业印章，对修改部分承担责任。

3. 执业活动收费

注册建筑师从事执业活动，由聘用单位接受委托并统一收费。

2.2.3.5　注册建筑师的继续教育

注册建筑师在每一注册有效期内应当达到全国注册建筑师管理委员会制定的继续教育标准。继续教育作为注册建筑师逾期初始注册、延续注册、重新申请注册的条件之一。

继续教育分为必修课和选修课，在每一注册有效期内各为 40 学时。

2.2.3.6　注册建筑师的权利和义务

1. 注册建筑师的权利

（1）专有名称权。注册建筑师有权以注册建筑师的名义执行注册建筑师业务。非注册建筑师不得以注册建筑师的名义执行注册建筑师业务。二级注册建筑师不得以一级注册建筑师的名义执行业务，也不得超越国家规定的二级注册建筑师的执行范围执行业务。

（2）建筑设计主持权。国家规定的一定跨度、跨径和高度以上的房屋建筑，应当由注册建筑师主持设计并在文件上签字。

（3）独立设计权。任何单位和个人修改注册建筑师的设计图纸，应当征得该注册建筑师同意；但是，因特殊情况不能征得注册建筑师同意的除外。

2. 注册建筑师应当履行的义务

（1）遵守法律、法规和职业道德，维护社会公共利益。

（2）保证建筑设计的质量，并在其设计的图纸上签字。

（3）保守在执业中知悉的单位和个人的秘密。

（4）不得同时受聘于两个以上设计单位执行业务。

（5）不得准许他人以本人名义执行业务。

（6）按规定接受必要的继续教育，定期进行业务和法规培训。

2.2.3.7　注册建筑师的监督管理

1. 监督检查

国务院建设主管部门对注册建筑师注册执业活动实施统一的监督管理。县级以上地方人民政府建设主管部门负责对本行政区域内的注册建筑师注册执业活动实施监督管理。

建设主管部门履行监督检查职责时，有权采取下列措施：①要求被检查的注册建筑师提供资格证书、注册证书、执业印章、设计文件（图纸）；②进入注册建筑师聘用单位进行检查，查阅相关资料；③纠正违反有关法律、法规和本细则及有关规范和标准的行为。

建设主管部门依法对注册建筑师进行监督检查时，应当将监督检查情况和处理结果予以记录，由监督检查人员签字后归档。

建设主管部门在实施监督检查时，应当有两名以上监督检查人员参加，并出示执法证件，不得妨碍注册建筑师正常的执业活动，不得谋取非法利益。

注册建筑师和其聘用单位对依法进行的监督检查应当协助与配合，不得拒绝或者阻挠。

2. 注册证书失效

注册建筑师有下列情形之一的，其注册证书和执业印章失效：①聘用单位破产的；②聘用单位被吊销营业执照的；③聘用单位相应资质证书被吊销或者撤回的；④已与聘用单位解除聘用劳动关系的；⑤注册有效期满且未延续注册的；⑥死亡或者丧失民事行为能力的；⑦其他导致注册失效的情形。

3. 撤销注册

有下列情形之一的，全国注册建筑师管理委员会或者省、自治区、直辖市注册建筑师管理委员会可以撤销其注册：①全国注册建筑师管理委员会或者省、自治区、直辖市注册建筑师管理委员会的工作人员滥用职权、玩忽职守颁发注册证书和执业印章的；②超越法定职责颁发注册证书和执业印章的；③违反法定程序颁发注册证书和执业印章的；④对不符合法定条件的申请人颁发注册证书和执业印章的；⑤依法可以撤销注册的其他情形。

4. 注销注册

注册建筑师有下列情形之一的，由注册机关办理注销手续，收回注册证书和执业印章或公告注册证书和执业印章作废：①有注册证书失效所列情形发生的；②依法被撤销注册的；③依法被吊销注册证书的；④受刑事处罚的；⑤法律、法规规定应当注销注册的其他情形。

注册建筑师有前款所列情形之一的，注册建筑师本人和聘用单位应当及时向注册机关提出注销注册申请；有关单位和个人有权向注册机关举报；县级以上地方人民政府建设主管部门或者有关部门应当及时告知注册机关。

5. 注册建筑师信用档案信息的管理

注册建筑师及其聘用单位应当按照要求，向注册机关提供真实、准确、完整的注册建筑师信用档案信息。

注册建筑师信用档案应当包括注册建筑师的基本情况、业绩、良好行为、不良行为等内容。违法违规行为、被投诉举报处理、行政处罚等情况应当作为注册建筑师的不良行为记入其信用档案。注册建筑师信用档案信息按照有关规定向社会公示。

2.2.4 注册结构工程师执业资格制度

注册结构工程师是指取得中华人民共和国注册结构工程师执业资格证书和注册证书，从事房屋结构、桥梁结构及塔架结构等工程设计及相关业务的专业技术人员。1997 年 9

月 1 日建设部、人事部联合发布了《注册结构工程师执业资格制度暂行规定》，2005 年 2 月 4 日建设部又发布了《勘察设计注册工程师管理规定》（建设部令第 137 号），对注册结构工程师的执业资格作出了规定。我国注册结构工程师分为两级，即一级注册结构工程师和二级注册结构工程师。

2.2.4.1　注册结构工程师的管理体制

国务院建设主管部门对全国的注册结构工程师的注册、执业活动实施统一监督管理；国务院铁路、交通、水利等有关部门按照国务院规定的职责分工，负责全国有关专业工程注册结构工程师执业活动的监督管理，县级以上地方人民政府建设主管部门对本行政区域内的注册结构工程师的注册、执业活动实施监督管理；县级以上地方人民政府交通、水利等有关部门在各自的职责范围内，负责本行政区域内有关专业工程注册结构工程师执业活动的监督管理。

2.2.4.2　注册结构工程师的考试

1. 考试的级别、时间和方式

注册结构工程师考试分为一级注册结构工程师考试和二级注册结构工程师考试两级。两种考试在标准、内容和参加考试的条件等方面均有所不同。

注册结构工程师考试实行全国统一大纲、统一命题、统一组织的方法，原则上每年举行一次。

一级注册结构工程师资格考试由基础考试和专业考试两部分组成。通过基础考试的人员从事结构工程设计或相关业务满规定年限，方可申请参加专业考试。二级注册结构工程师资格考试只有专业考试。

注册结构工程师资格考试合格者，颁发注册结构工程师执业证书。

2. 考试报名条件

申请参加注册建筑师考试，必须符合国家规定的教育标准和职业实践要求。

（1）一级注册结构工程师考试报名条件。

1）基础考试报名条件。凡中华人民共和国公民，遵守国家法律、法规，恪守职业道德，并符合下列条件之一者，可申请参加一级注册结构工程师基础考试：①取得本专业（指结构工程、建筑工程专业，下同）或相近专业（指建筑工程的岩土工程、交通土建工程、矿井建设水利水电建筑工程、港口航道及治河工程、海岸与海洋工程、农业建筑与环境工程、建筑学、工程力学专业，下同）大学本科及以上学历或工学学士及以上学位；②取得本专业或相近专业大学专科学历，毕业职业实践年限不少于 1 年；③其他工科专业，获得大学本科及以上学历或工学学士及以上学位毕业，职业实践年限不少于 1 年。

2）专业考试报名条件。基础考试合格，并符合下列条件之一者，可申请参加一级注册结构工程师专业考试：①取得本专业大学本科及以上学历或工学学士及以上学位，职业实践最少年限为 4～5 年（未通过评估但拥有工学学士学位或本科毕业的为 5 年，通过评估且拥有以上学历学位的为 4 年）；或取得本专业专科学历职业实践最少年限为 6 年；②取得相近专业大学本科及以上学历或工学学士及以上学位，职业实践最少年限为 5～6 年（工学学士或本科毕业 6 年，以上学历学位 5 年）；或取得本专业专科学历职业实践最少年限为 7 年；③其他工科专业，获得大学本科及以上学历或工学学士及以上学位，职业实践年限不少于 8 年。

（2）二级注册结构工程师考试报名条件。

二级注册结构工程师资格考试只有专业考试。凡属中华人民共和国公民，遵守国家法律、法规，恪守职业道德，符合下列条件之一者，可申请参加二级注册结构工程师考试：①具有本专业（指工业与民用建筑专业，下同）本科及以上学历、普通大专毕业、成人大专毕业、普通中专毕业、成人中专毕业，其相应的职业实践最少年限分别达到 2、3、4、6、7 年；②具有相近专业（指建筑设计技术、村镇建设、公路与桥梁、城市地下铁道、铁道工程、铁道桥梁与隧道、小型土木工程、水利水电工程建筑、水利工程、港口与航道工程）本科及以上学历、普通大专毕业、成人大专毕业、普通中专毕业、成人中专毕业，其相应的职业实践最少年限分别达到 4、6、7、9、10 年。

2.2.4.3　结构工程师的注册

注册结构工程师实行注册执业管理制度。取得资格证书的人员，必须经过注册方能以注册结构工程师的名义执业。

1. 注册管理办法

取得资格证书的人员申请注册，由省、自治区、直辖市人民政府建设主管部门初审，国务院建设主管部门审批；其中涉及有关部门的专业注册工程师的注册，由国务院建设主管部门和有关部门审批。

取得资格证书并受聘于一个建设工程勘察、设计、施工、监理、招标代理、造价咨询等单位的人员，应当通过聘用单位向单位工商注册所在地的省、自治区、直辖市人民政府建设主管部门提出注册申请；省、自治区、直辖市人民政府建设主管部门受理后提出初审意见，并将初审意见和全部申报材料报审批部门审批；符合条件的，由审批部门核发由国务院建设主管部门统一制作、国务院建设主管部门或者国务院建设主管部门和有关部门共同用印的注册证书，并核发执业印章。

省、自治区、直辖市人民政府建设主管部门在收到申请人的申请材料后，应当及时作出是否受理的决定，并向申请人出具书面凭证；申请材料不齐全或者不符合法定形式的，应当在 5 日内一次性告知申请人需要补正的全部内容。逾期不告知的，自收到申请材料之日起即为受理。

省、自治区、直辖市人民政府建设主管部门应当自受理申请之日起 20 日内审查完毕，并将申请材料和初审意见报审批部门。

国务院建设主管部门自收到省、自治区、直辖市人民政府建设主管部门上报材料之日起，应当在 20 日内审批完毕并作出书面决定，自作出决定之日起 10 日内，在公众媒体上公告审批结果。其中，由国务院建设主管部门和有关部门共同审批的，审批时间为 45 日；对不予批准的，应当说明理由，并告知申请人享有依法申请行政复议或者提起行政诉讼的权利。

二级注册结构工程师的注册受理和审批，由省、自治区、直辖市人民政府建设主管部门负责。

2. 初始注册

（1）初始注册的条件。

初始注册者,可自资格证书签发之日起 3 年内提出申请。逾期未申请者,须符合本专业继续教育的要求后方可申请初始注册。

（2）申请初始注册应当提交的材料。

初始注册需要提交下列材料:①申请人的注册申请表;②申请人的资格证书复印件;③申请人与聘用单位签订的聘用劳动合同复印件;④逾期初始注册的,应提供达到继续教育要求的证明材料。

（3）不予注册（包括初始注册、延续注册和变更注册）的情形。

有下列情形之一的不予注册:①不具有完全民事行为能力的;②因从事勘察设计或者相关业务受到刑事处罚,自刑事处罚执行完毕起至申请注册之日止不满 2 年的;③法律、法规规定不予注册的其他情形。

3. 重新申请注册

被注销注册者或者不予注册者,在重新具备初始注册条件,并符合本专业继续教育要求后,可按照规定的程序重新申请注册。

2.2.4.4　注册结构工程师的执业

取得资格证书的人员,应受聘于一个具有建设工程勘察、设计、施工、监理、招标代理、造价咨询等一项或多项资质的单位,经注册后方可从事相应的执业活动。但从事建设工程勘察、设计执业活动的,应受聘并注册于一个具有建设工程勘察、设计资质的单位。

1. 注册结构工程师的执业范围

注册结构工程师的执业范围包括:①结构工程设计;②结构工程设计技术咨询;③结构工程招标、采购咨询;④结构工程项目管理;⑤对本人主持设计的项目进行施工指导和监督;⑥国务院有关部门规定的其他业务。

一级注册结构工程师的执业范围不受工程规模及工程复杂程度的限制。二级注册结构工程师执业范围按照国家规定执行。

2. 注册结构工程师执业中的职责

建设工程勘察、设计活动中形成的勘察、设计文件由相应专业注册结构工程师按照规定签字盖章后方可生效。

修改经注册结构工程师签字盖章的勘察、设计文件,应当由该注册结构工程师进行;因特殊情况使得该注册结构工程师不能进行修改,应由同专业其他注册结构工程师修改,并签字、加盖执业印章,对修改部分承担责任。

3. 执业活动收费

注册结构工程师从事执业活动,由所在单位接受委托并统一收费。

因建设工程勘察、设计事故及相关业务造成的经济损失,聘用单位应承担赔偿责任;聘用单位承担赔偿责任后,可依法向负有过错的注册结构工程师追偿。

注册结构工程师的继续教育、权利和义务、监督管理基本上同注册建筑师。其中,继续教育按照注册工程师专业类别设置,分为必修课和选修课,每注册期各为 60 学时。

2.3　违反建设从业主体行政许可的相关法律责任

1. 建设单位法律责任

建设单位有下列行为之一的，责令改正，并处以 20 万元以上 50 万元以下的罚款：

（1）明示或者暗示施工单位使用不合格的建筑材料、建筑构配件和设备的。

（2）明示或者暗示设计单位或者施工单位违反工程建设强制性标准，降低工程质量的。

2. 勘察、设计单位法律责任

勘察、设计单位违反工程建设强制性标准进行勘察、设计的，责令改正，并处以 10 万元以上 30 万元以下的罚款。

有上述行为，造成工程质量事故的，责令停业整顿，降低资质等级；情节严重的，吊销资质证书；造成损失的，依法承担赔偿责任。

3. 施工单位法律责任

施工单位违反工程建设强制性标准的，责令改正，处以工程合同价款 2％以上 4％以下的罚款；造成建设工程质量不符合规定的质量标准的，负责返工、修理，并赔偿因此造成的损失；情节严重的，责令停业整顿，降低资质等级或者吊销资质证书。

4. 工程监理单位法律责任

工程监理单位违反强制性标准规定，将不合格的建设工程以及建筑材料、建筑构配件和设备按照合格签字的，责令改正，处以 50 万元以上 100 万元以下的罚款，降低资质等级或者吊销资质证书；有违法所得的，予以没收；造成损失的，承担连带赔偿责任。

5. 主管部门法律责任

建设行政主管部门和有关行政主管部门工作人员玩忽职守、滥用职权、徇私舞弊的，给予行政处分；构成犯罪的，依法追究刑事责任。

6. 处罚规定

（1）违反工程建设强制性标准造成工程质量、安全隐患或者工程事故的，按照《建设工程质量管理条例》的有关规定，对事故责任单位和责任人进行处罚。

（2）有关责令停业整顿、降低资质等级和吊销资质证书的行政处罚，由颁发资质证书的机关决定；其他行政处罚，由建设行政主管部门或者有关部门依照法定职权决定。

建设工程勘察设计管理条例关于法律责任的规定不在此作阐述，请读者翻阅建设工程勘察设计管理条例条文。

【教学实践环节】

建设工程相关专业的大学生职业规划

作为建设工程相关专业的大学生，毕业后面临着行业的选择、专业技术资格、专业技术人员执业资格、学历（学力）提升、生活方式和职业生涯的平衡与选择等问题。职业规划包含了方方面面的内容，为了突出重点，请结合你的特点和条件，以时间为主线，就以上 5 个方面的内容作职业规划。

1. 简要介绍

行业的选择，主要从建设工程从业单位资格许可条件、资质管理、从业范围、行业前景和生活方式方面，进行综合平衡与选择。

专业技术资格，即俗称职称问题，包括助理工程师、工程师、高级工程师、教授级高级工程师等，具体见各省住房与建设厅及人事主管部门的相关规定。

注册执业资格，详见本讲专业技术人员执业资格许可相关规定。

学历（学力）提升，在职业选择的基础上，调整适合职业发展的专业知识结构，制定学历提升计划。

生活方式和职业生涯的平衡与选择。工作占用了每天 1/3 的时间，在这个意义上来说，职业选择本身就是生活方式的选择。选择什么样的生活方式对职业选择有着决定性的意义。

2. 要求

（1）规划内容仅限于行业的选择、专业技术资格、注册执业资格、学历（学力）提升、生活方式和职业生涯 5 个方面，并对这 5 个方面做统筹规划。注意"时间"、"精力"、"心态"的平衡调配，协调合理。刚毕业在没有更多应酬和业务时，多花点时间升学、调整知识结构、准备执业资格考试等一个人能完成的事情上，而不是苛求拓展人际圈、苛求赚多少钱（因为这时候忙赚钱效果差，当你年纪大一些就没时间提升学历或者调整知识结构了），总之别让自己闲着。力求营造一种积极阳光、全力以赴、意志坚定、充满信心的良性精神面貌。

（2）读者可以通过查阅从业企业资质许可和各执业注册资格许可相关的法律法规、相关省市专业技术资格评审有关的网络资源或文件、各院校学历提升相关的招生简章，或者通过咨询建设行业从业多年的前辈，了解行业的选择、专业技术资格、注册执业资格、学历（学力）提升、生活方式和职业生涯等问题。在收集大量、充分的与职业发展相关的信息或经验的前提下，才能够比较系统地做职业规划，对未来的生活才会有指导意义。

（3）建议以时间为主线，绘制职业规划图表，以便全面考虑规划内容之间的搭配，和时间、精力、心态调整之间的搭配。

（4）在绘制好职业规划图表的基础上，按照规划的不同板块和内容性质，详细介绍各方面的安排和想法。

【推荐阅读资料】

《中华人民共和国公司法》2006 年 1 月 1 日起施行

《中华人民共和国劳动法》1995 年 1 月 1 日起施行

《中华人民共和国劳动合同法》2008 年 1 月 1 日起施行

《建筑业企业资质管理规定》建设部令第 159 号

《建设工程勘察设计资质管理规定》建设部令第 160 号

《工程监理企业资质标准》（建市〔2007〕131 号）

《工程造价咨询企业管理办法》（建设部令第 149 号）

《施工总承包企业特级资质标准》（建市〔2007〕72 号）

《建筑业企业资质等级标准》（建建［2001］82号）

"关于印发《工程设计资质标准》的通知"及附件

《工程造价咨询企业管理办法》建设部2006年3月22日发布的第149号令

《造价工程师注册管理办法》（建设部令第75号）

《注册造价工程师管理办法》（建设部令第150号）

《建造师执业资格制度暂行规定》（人发［2002］111号）

《注册建造师执业工程规模标准》（试行）（建市［2007］171号）

《勘察设计注册工程师管理规定》（建设部令第137号）

《注册土木工程师（岩土）执业资格制度暂行规定》（人发［2002］35号）

《注册土木工程师（港口与航道工程）执业资格制度暂行规定》（人发［2003］27号）

《注册安全工程师执业资格制度暂行规定》（人发［2002］87号）

 复习思考题

1. 建筑活动从业单位应具备哪些条件？

2. 简述建筑勘察、设计、施工、监理、工程造价咨询企业的资质等级、资质标准及其业务范围。

3. 简述注册造价工程师、注册建造师、注册建筑师、注册结构工程师、注册土木工程师（岩土）、注册土木工程师（港口与航道工程）、注册监理工程师和注册安全工程师的考试、注册条件、执业范围、享有的权利和应履行的义务。

第二篇 建设工程立项决策、编制勘察设计文件阶段法规及应用

第❸讲 建设工程程序及土地使用权等行政审批专题

【教学目标】 本讲主要解决以下几大问题：①工程项目建设程序；②建设项目建议书；③建设项目的可行性研究；④建设工程项目环境影响评价和环境保护"三同时"制度；⑤建设项目的地震安全性评价；⑥建筑工程报建制度；⑦建设用地法律制度；⑧施工行政许可制度。通过本讲的学习，熟练掌握工程项目建设程序、建设项目的可行性研究、施工行政许可、建设用地法律制度。

【教学要求】

能力目标	知 识 要 点	权重	自测分数
了解相关知识	建设项目建议书、建设工程项目环境影响评价和环境保护"三同时"制度、建设项目的地震安全性评价、建筑工程报建制度	30%	
熟练掌握知识点	(1) 工程项目建设程序 (2) 建设项目的可行性研究 (3) 施工行政许可 (4) 建设用地法律制度	45%	
运用知识分析案例	办理施工行政许可等各种行政审批；建设用地使用权取得、拆迁等合法性判断及相关知识运用	25%	

【引例】

平地乡以乡党委、乡政府的名义向某市绿化委员会申请建设片林1400亩，并要求在规划绿地面积的同时，划出280亩别墅和公寓建设用地。该乡在办理立项用地许可证、建设规划许可证等手续未得到批准的情况下，成立了经贸发展有限公司进行房地产开发和销售工作，开始了大面积的违法建筑和非法土地转让。在建设过程中，该市、区有关部门曾多次下发"违章开发建设停工通知书"，但是违法开发及强行施工却从未停止过。后来，某市建设工程项目执法监察小组对该建设项目进行处罚：要求该建设项目补交土地转让金

和有关税费，按规定补办有关手续，并处以罚款。

我国现行工程项目建设程序包括哪几个阶段？需要办理哪些行政许可或者行政审批？

3.1　工程项目建设程序

工程项目建设程序是指从项目的投资意向和投资机会选择、项目决策、设计、施工到项目竣工验收投入生产整个基本建设全过程中各项工作必须遵循的法定顺序，是人们在认识工程建设客观规律的基础上总结出来的，是建设项目科学决策和顺利进行的重要保证。

我国现行的工程项目建设程序主要包括以下 4 个阶段：

（1）立项决策阶段。

（2）编制勘察设计文件阶段。

（3）建筑施工安装阶段。

（4）竣工验收交付使用阶段。

每个阶段都有其具体的内容和规定。凡国家、地方政府、国有企事业单位投资兴建的工程项目特别是大、中型项目，必须遵循此建设程序。

3.1.1　工程项目建设的阶段细分列表（见表 3 - 1）

表 3 - 1　　　　　　　　　工程项目建设的阶段细分列表

工程建设程序的阶段	细　分　环　节	具体任务（按顺序）
1. 立项决策、编制勘察设计文件阶段	投资意向、投资机会分析	投资意向、投资机会分析
	项目建议书	项目建议书
	可行性研究	选址意见书
		环境影响评价
		地震安全性评价
		可行性研究报告
	审批立项	审批立项
	规划审批 土地使用权审批	土地规划许可
		土地使用权许可
		办理拆迁许可证
		土地征收与拆迁
		办理建设工程规划许可证
	报建	报建（办理工程发包许可证）
	发包与承包	发包与承包
		建设工程招、投标
	工程勘察设计 施工准备	勘察设计
		开工许可、办理施工许可证

续表

工程建设程序的阶段	细　分　环　节	具体任务（按顺序）
2. 建筑施工安装阶段	工程施工	工程实施
		建设工程合同管理
		建设工程监理
		质量与安全管理
	生产准备	生产准备
3. 竣工验收交付使用阶段	工程竣工验收与保修	工程竣工验收
		保修与后期维护
	工程建设后评价	工程建设后评价

3.1.2　立项决策、编制勘察设计文件阶段

工程项目立项决策、编制勘察设计文件阶段是立项决策阶段和编制勘察设计文件阶段，为了编写教材方便而合放在一起的两个阶段，是进入工程施工安装的必经程序。立项决策分析阶段，是对工程项目投资的合理性进行考察和对工程项目进行选择的阶段。工程建设项目立项阶段的主要工作有编制项目建议书，进行可行性研究和编制可行性研究报告，进行建设场地的地震安全性评价（详见 3.5　建设项目的地震安全性评价）和工程项目的环境影响评价（详见 3.4　建设工程项目环境影响评价和环境保护"三同时"制度），作为国家主管部门对该项目作最后决策审批的依据。

1. 投资意向、投资机会分析

投资意向，是指投资主体发现社会存在合适的投资机会所产生的投资愿望，它是工程建设活动的起点。投资机会分析，是指投资主体对投资机会所进行的初步考察和分析，在认为机会合适、有良好的预期效益时，则可作进一步的行动。

2. 项目建议书（详见 3.2　建设项目建议书）

项目建议书，是指要求建设某一具体工程项目的建议文件，主要是从宏观上来分析项目建设的必要性，同时初步分析建设的可能性，看其是否具备建设条件、是否值得投资。大、中型和限额以上项目的投资项目建议书，由行业归口主管部门初审后，再由国家发展和改革委员会审批。小型项目的项目建议书，按隶属关系，由主管部门或地方发展和改革委员会审批。

3. 可行性研究（详见 3.3　建设项目的可行性研究）

项目建议书一经批准，即可着手进行可行性研究，对项目在技术上是否可行和经济上是否合理进行科学的分析和论证。承担可行性研究工作的单位应是经过资格审定的规划、设计和工程咨询单位。通过对建设项目在技术、工程和经济上的合理性进行全面分析论证和多种方案比较，提出评估意见。所有基础建设项目都要在可行性研究通过的基础上，选择经济效益最好的方案编制可行性研究报告。由于可行性研究报告是项目最终决策和进行初步设计的重要文件，因此要求它必须具有相当程度的深度和准确性。可行性研究报告必须经有资格的咨询机构评估确认后才能作为投资决策的依据。

4. 审批立项

审批立项是有关部门对可行性研究报告的审查批准程序。审查通过后即予以立项，正式进入工程项目建设准备阶段。《关于建设项目进行可行性研究的试行管理办法》对审批权作了具体规定：属中央投资、中央和地方合资的大中型和限额以上项目的可行性研究报告要报送国家发展和改革委员会审批；总投资 2 亿元以上的项目，不论是中央项目还是地方项目，都要经国家发展和改革委员会审查后报国务院审批；中央各部门所属小型和限额以下项目由各部门审批；地方投资 2 亿元以下项目，由地方发展和改革委员会审批。批准后的可行性研究报告不得随意修改和变更。如果在建设规模、产品方案、建设地区、主要协作关系等方面有变动及突破投资控制数时，应经原批准机关同意。经过批准的可行性研究报告，是确定建设项目、编制设计文件的依据。

5. 规划审批（详见 3.6　建设项目的"一书两证"制度）

在规划区内建设的工程，必须符合城市规划或村庄、集镇规划的要求。在城市规划区内进行工程建设的，要依法先后领取城市规划行政主管部门核发的"选址意见书"、"建设用地规划许可证"、"建设工程规划许可证"，方能进行获取土地使用权、设计、施工等相应建设活动。

6. 获取土地使用权（详见 3.7　建设用地法律制度）

《中华人民共和国土地管理法》规定"城市市区的土地归国家所有，农村和城市郊区的土地除由法律规定属国家所有者外，属于农民集体所有"。工程建设用地都必须通过国家对土地使用权的出让而取得，需在农民集体所有的土地上进行工程建设的，也必须先由国家征用农民土地，然后再将土地使用权出让给建设单位或个人。

7. 拆迁（详见 3.7　建设用地法律制度）

1991 年国务院颁发的《城市房屋拆迁管理条例》规定，任何单位和个人需要拆迁房屋，必须持国家规定的批准文件、拆迁计划和拆迁方案，向县级以上人民政府房屋拆迁主管部门提出申请，经批准并取得房屋拆迁许可证后方可拆迁。实施房屋拆迁不得超越经批准的拆迁范围和规定的拆迁期限。在规定拆迁期限内，拆迁人应当与被拆迁人就补偿、安置等问题签订书面协议。被拆迁人必须服从城市建设的需要，在规定的搬迁期限内完成搬迁，拆迁人对被拆迁人依法给予补偿，并对被拆迁房屋的使用人进行安置。

8. 报建（详见 3.8　建筑工程报建制度）

建设项目被批准立项后，建设单位或其代理机构必须持工程项目立项批准文件、银行出具的资信证明、建设用地的批准文件等资料，向当地建设行政主管部门或其授权机构进行报建。凡未报建的工程项目，不得办理招标手续和发放施工许可证。

9. 工程发包与承包（详见第 4 讲　建设工程项目发承包与招投标专题）

建设项目被批准立项并报建后，须对拟建工程进行发包。以择优选定工程勘察设计单位、施工单位、总承包单位和监理单位。工程发包与承包有招标投标发包和直接发包两种方式，国家提倡招标投标方式，并对许多工程强制进行招标发包。

10. 工程勘察设计（详见第 5 讲　工程勘察设计与标准化管理专题）

设计是工程项目建设的重要环节，设计文件是制定建设计划、组织施工和控制建设投资的依据，它直接关系着工程质量和将来的使用效果。设计与勘察是密不可分的，设计必须在进行工程勘察，取得足够的地质、水文等基础资料后才能进行。建设项目的设计过程一般划分为两个阶段，即初步设计和施工图设计。对重大项目和技术复杂项目，可根据不同行业的特点和需要，增加技术设计阶段。即分为初步设计、技术设计和施工图设计 3 个阶段。

未经原勘察设计单位同意，任何单位和个人不得擅自修改勘察设计文件。

11. 施工准备

施工准备包括施工单位在技术、物资方面的准备和建设单位取得开工许可两方面内容。

施工单位技术、物资方面的准备，是指施工单位在接到施工图后，必须做细致的施工准备工作，以确保工程顺利完成。它包括熟悉、审查图纸，编制施工组织设计，向下属单位进行计划、技术、质量、安全、经济责任的交底，下达施工任务书，准备工程施工所需的设备、材料等活动。

取得开工许可，是指建设单位具备申请施工许可证的条件后，可按国家有关规定向工程所在地县级以上人民政府建设行政主管部门申请领取施工许可证。未取得施工许可证的建设单位不得擅自组织开工（详见 3.9 施工行政许可制度）。

3.1.3　建筑施工安装阶段

1. 建筑施工

建筑施工是施工队伍具体配置各种施工要素，将工程设计物化为建筑产品的过程，也是投入劳动量最大、耗费时间较长的工作。其管理水平的高低、工作质量的好坏对建设项目的质量和所产生的效益起着十分重要的作用。建筑施工管理具体包括施工调度、施工安全、文明施工、环境保护等几方面的内容。

2. 生产准备

生产准备是指工程施工临近结束时，为保证建设项目能及时投产使用所进行的准备活动，它是基本建设程序中的重要环节，是建设阶段转入生产经营的必要条件。生产准备阶段主要工作有：组建管理机构，制定有关制度和规定；招聘并培训生产管理人员，组织有关人员参加设备安装、调试、工程验收；签订供货及运输协议；进行工具、器具、备品、备件等的制造或订货；其他需要做好的有关工作。

3.1.4　竣工验收交付使用阶段

1. 工程竣工验收（详见第 9 讲 建筑工程竣工验收及保修专题）

工程项目按设计文件规定的内容和标准全部建成，并按规定将工程内外全部清理完毕后称为竣工。竣工验收是工程建设过程的最后一环，是全面考核基本建设成果、检验设计和工程质量的重要步骤，也是基本建设转入生产或使用的标志。通过竣工验收，一是检验设计和工程质量，保证项目按设计要求的技术经济指标正常完成；二是建设单位对经验收合格的项目可以及时移交固定资产，使其转入生产系统或投入使用；三是有关部门和单位可以总结经验教训。工程验收合格后，方可交付使用。建设单位收到建设工程竣工报告后，应当组织设计、施工、监理等有关单位进行竣工验收。竣工验收的依据是已批准的可行性研究报告、初步设计或扩大初步设计、施工图和设备技术说明书，以及现行施工技术验收的规范和主管部门（公司）有关审批、修改、调整的文件等。

2. 建设工程实行质量保修

工程竣工验收交付使用后，在保修期内发生质量问题，施工单位应当履行保修义务，并对造成的损失承担赔偿责任。

3. 工程项目建设后评价阶段

工程项目建设后评价是工程项目竣工投产、生产运营一段时间后，再对项目的立项决策、设计施工、竣工投产、生产运营等全过程进行系统评价的一种技术经济活动，是固定资产投资管理的一项重要内容，也是固定资产投资管理的最后一个环节。通过建设项目后评价以达到肯定成绩、总结经验、研究问题、吸取教训、提出建议、改进工作、不断提高项目决策水平和投资效果的目的。我国目前开展的工程项目建设后评价一般是按3个层次组织实施，即项目单位的自我评价、项目所属行业（或地区）的评价和各级计划部门（或主要投资方）的评价。

对于不同的工程建设项目，由于其性质不同、复杂程度不同、规模大小不同，以至于在同一阶段内各环节的工作会有一些交叉，有些环节还可省略。因此，在具体执行时，根据各项目的特点，可在严格遵守工程项目建设程序的大前提下，灵活开展各项工作。

3.2　建设项目建议书

项目建议书是对投资机会和投资意向的初步估计即初步可行性进行研究，形成项目建设设想，并向国家有关部门提出申请建设该项目的建议文件。

3.2.1　项目建议书的作用

项目建议书是要求建设某一具体工程项目的建议文件，是基本建设程序中的最初阶段的工作，是投资决策对拟建项目轮廓的设想，主要是从宏观上来衡量分析项目建设的必要性，看其是否符合国家长远规划的方针和要求。同时初步分析建设的可能性，看其是否具备建设条件，是否值得投资。项目建议书经批准后，可以进行详细的可行性研究工作，但并不表明项目肯定要上，项目建议书不是项目的最终决策依据。

3.2.2　项目建议书的内容

项目建议书一般由建设单位（或项目法人、业主）委托具有相应资质条件的工程咨询单位或设计单位负责编制，其内容按项目的类别而有不同的侧重，以基本建设项目为例，其主要内容有以下几点：

（1）建设项目提出的必要性和依据。

（2）产品方案、拟建规模和建设地点的初步设想。

（3）资源情况、建设条件、协作关系和引进国别、厂商的初步分析。

（4）投资估算和资金筹措设想。

（5）项目进度安排。

（6）经济效益、社会效益和环境效益的初步估计。

3.2.3　项目建议书的审批

项目建议书按编制要求完成后，按项目建设总规模和建设性质的不同，由不同的机关进行审批。

（1）大、中型建设项目和限额以上更新改造项目的建议书的审批采用初审和终审两级审批制度。初审由行业归口或主管部门进行。初审通过后，上报国家发展和改革委员会（以下简称国家发改委）进行终审，其中投资额超过 2 亿元的项目，还需要报国务院审批。对行业归口部门初审未通过的项目，国家发改委不予立项。

（2）以中央投资或融资为主的小型和限额以下项目，具有一定规模的，由行业归口部门按产业政策、行业发展规划和投资总规模控制额度进行审批。

（3）地方投资为主的小型和限额以下项目的建议书审批权，由地方自行规定审批的程序。

送审的项目建议书如未按规定的内容和形式编制或不符合要求，缺少必要的材料，有权审批的机关可将项目建议书退回，由编报单位补充或重新编报。项目建议书一经批准，即可开展项目可行性研究。

3.3　建设项目的可行性研究

3.3.1　可行性研究概述

可行性研究是立项决策阶段非常重要的环节，它是对建设项目在技术上、经济上是否可行所进行的科学分析与论证，为决策提供可靠的依据。

建设项目可行性研究一般分为以下 3 个阶段：①投资机会研究阶段；②初步可行性研究阶段；③详细可行性研究阶段。

3.3.2　可行性研究报告的编制

可行性研究报告是确定建设项目，编制设计文件的重要依据。所有建设项目都要在可行性研究通过的基础上，选择经济效益、社会效益和环境效益最好的方案，编制可行性研究报告。由于可行性研究报告是项目最终决策和进行初步设计的重要文件，所以要求它必须具有相当程度的深度和准确性。

（1）大、中型建设项目的可行性研究报告内容包括：①总论；②需求预测、拟建规模和产品方案；③资源、原材料、燃料及公用设施情况；④建厂条件及选址意见书；⑤各种技术经济指标及设计方案；⑥环境影响评价、地震安全评价、社会及经济效益评价；⑦工程建设进度和工期；⑧企业组织、劳动定员和人员培训数目估算；⑨投资估算和资金筹措；⑩其他相关附件。

（2）外商投资项目的可行性研究报告内容包括：①项目基本情况；②产品生产安排及其依据；③物料供应安排；④建厂条件及选址意见书；⑤技术设备和工艺流程的选择；⑥生产组织安排；⑦环境污染治理、劳动安全、卫生设施、建设方式、建设进度安排；⑧总投资及资金筹措；⑨财务分析及外汇收支安排；⑩应包括的相关附件。

3.3.3　可行性研究报告的审批

可行性研究阶段包括国家的计划管理和规划管理两个方面。例如，可行性研究报告中的"建设项目选址意见书"，将计划管理和规划管理有机结合起来。国家发改委、财政部、建设部曾数次联合发文，要求在建设项目的可行性研究阶段，在当地城市规划部门的参与下共同选址，在审批可行性研究报告时，应征求同级城市规划主管部门的意见。

可行性研究报告的审批权限划分如下：

（1）所有大、中型及限额以上项目的可行性研究报告，按照项目隶属关系由行业主管部门或省、自治区、直辖市和计划单列市审查同意后，报国家发改委审批。

（2）地方投资安排的地方院校、医院及其他文教卫生事业、企业横向联合投资的大、中型建设项目，可行性研究报告由省、自治区、直辖市和计划单列市发改委审批，抄报国家发改委和有关部门备案。

（3）小型项目的可行性研究报告，按照项目隶属关系，分别由主管部门和省、自治区、直辖市、计划单列市发改委审批。

可行性研究报告经批准后，不得随意修改和变更。如果在建设规模、产品方案、建设地区、主要协作关系等方面有变动以及突破投资控制数额时，应经原批准机关同意。经过批准的可行性研究报告，是确定建设项目、编制设计文件的依据。

<h2>3.4　建设工程项目环境影响评价和环境保护"三同时"制度</h2>

3.4.1　建设工程项目环境影响评价

环境影响评价，是指对规划和建设项目实施后可能造成的环境影响进行分析、预测和评估，提出预防或者减轻不良环境影响的对策和措施，进行跟踪监测的方法与制度。2002年12月28日全国人民代表大会常务委员会发布了《环境影响评价法》，以法律的形式确立了规划和建设项目的环境影响评价制度。

1. 建设项目环境影响评价的分类管理

建设单位应当按照下列规定组织编制环境影响报告书、环境影响报告表或者填报环境影响登记表（以下统称环境影响评价文件）：

（1）可能造成重大环境影响的，应当编制环境影响报告书，对产生的环境影响进行全面评价。

（2）可能造成轻度环境影响的，应当编制环境影响报告表，对产生的环境影响进行分析或者专项评价。

（3）对环境影响很小、不需要进行环境影响评价的，应当填报环境影响登记表。

2. 环境影响报告书的基本内容

建设项目的环境影响报告书应当包括下列内容：

（1）建设项目概况。

（2）建设项目周围环境现状。

（3）建设项目对环境可能造成影响的分析、预测和评估。

（4）建设项目环境保护措施及其技术、经济论证。

（5）建设项目对环境影响的经济损益分析。

（6）对建设项目实施环境监测的建议。

（7）环境影响评价的结论。

涉及水土保持的建设项目，还必须经由水行政主管部门审查同意的水土保持方案。

3. 建设项目环境影响评价机构

接受委托为建设项目环境影响评价提供技术服务的机构，应当经国务院环境保护行政主管部门考核审查合格后，颁发资质证书，按照资质证书规定的等级和评价范围，从事环境影响评价服务，并对评价结论负责。为建设项目环境影响评价提供技术服务的机构的资质条件和管理办法，由国务院环境保护行政主管部门制定。

国务院环境保护行政主管部门对已取得资质证书的为建设项目环境影响评价提供技术服务的机构的名单，应当予以公布。

为建设项目环境影响评价提供技术服务的机构，不得与负责审批建设项目环境影响评价文件的环境保护行政主管部门或者其他有关审批部门存在任何利益关系。

环境影响评价文件中的环境影响报告书或者环境影响报告表，应当由具有相应环境影响评价资质的机构编制。任何单位和个人不得为建设单位指定对其建设项目进行环境影响评价的机构。

4. 建设项目环境影响评价文件的审批

建设项目的环境影响评价文件，由建设单位按照国务院的规定报有审批权的环境保护行政主管部门审批；建设项目有行业主管部门的，其环境影响报告书或者环境影响报告表应当经行业主管部门预审后，报有审批权的环境保护行政主管部门审批。

审批部门应当自收到环境影响报告书之日起 60 日内，收到环境影响报告表之日起 30 日内，收到环境影响登记表之日起 15 日内，分别作出审批决定并书面通知建设单位。

建设项目的环境影响评价文件经批准后，建设项目的性质、规模、地点、采用的生产工艺或者防治污染、防止生态破坏的措施发生重大变动的，建设单位应当重新报批建设项目的环境影响评价文件。

建设项目的环境影响评价文件自批准之日起超过 5 年，方决定该项目开工建设的，其环境影响评价文件应当报原审批部门重新审核；原审批部门应当自收到建设项目环境影响评价文件之日起 10 日内，将审核意见书面通知建设单位。

建设项目的环境影响评价文件未经法律规定的审批部门审查或者审查后未予批准的，该项目审批部门不得批准其建设，建设单位不得开工建设。建设项目建设过程中，建设单位应当同时实施环境影响报告书、环境影响报告表及环境影响评价文件审批部门审批意见中提出的环境保护对策措施。

5. 建设项目环境影响评价文件的重新报批、重新审核

建设项目环境影响报告书、环境影响报告表或者环境影响登记表批准后，建设项目的性质、规模、地点、采用的生产工艺或防治污染、防止生态破坏的措施发生重大变动的，建设单位应当重新报批建设项目环境影响报告书、环境影响报告表或者环境影响登记表。

建设项目环境影响报告书、环境影响报告表或者环境影响登记表自批准之日起超过 5 年，建设项目方决定开工建设的，其环境影响报告书、环境影响报告表或者环境影响登记表应当报原审批机关重新审核。原审批机关应当自收到建设项目环境影响报告书、环境影响报告表或者环境影响登记表之日起 10 日内，将审核意见书面通知建设单位，逾期未通知的，视为审核同意。

建设项目的环境影响评价文件未经法律规定的审批部门审查或者审查后未予批准的该项目审批部门不得批准其建设，建设单位不得开工建设。

6. 环境影响的后评价和跟踪

在项目建设、运行过程中产生不符合经审批的环境影响评价文件情形的，建设单位应当组织环境影响的后评价，采取改进措施，并报原环境影响评价文件审批部门和建设项目审批部门备案；原环境影响评价文件审批部门也可以责成建设单位进行环境影响的后评价，采取改进措施。

环境保护行政主管部门应当对建设项目投入生产或者使用后所产生的环境影响进行跟踪检查，对造成严重环境污染或者生态破坏的，应当查清原因、查明责任。对属于为建设项目环境影响评价提供技术服务的机构编制不实的环境影响评价文件的，或者属于审批部门工作人员失职、渎职，对依法不应批准的建设项目环境影响评价文件予以批准的，依法追究其法律责任。

3.4.2 环境保护"三同时"制度

所谓"三同时"制度，是指建设项目需要配套建设的环境保护设施，必须与主体工程同时设计、同时施工、同时投产使用。《建设项目环境保护管理条例》在"第三章环境保护设施建设"中，对"三同时"制度进行了规定。

（1）建设项目的初步设计，应当按照环境保护设计规范的要求，编制环境保护篇章，并依据经批准的建设项目环境影响报告书或者环境影响报告表，在环境保护篇章中落实防治环境污染和生态破坏的措施及环境保护设施投资概算。

（2）建设项目的主体工程完工后，需要进行试生产的，其配套建设的环境保护设施必须与主体工程同时投入试运行。

（3）建设项目试生产期间，建设单位应当对环境保护设施运行情况和建设项目对环境的影响进行监测。在建设项目建设期间，只有建设单位有条件和能力对环境保护设施运行情况和建设项目对环境的影响进行全方位的监测。

（4）建设项目竣工后，建设单位应当向审批该建设项目环境影响报告书、环境影响报告表或者环境影响登记表的环境保护行政主管部门，申请该建设项目需要配套建设的环境保护设施竣工验收。

（5）环境保护设施竣工验收，应当与主体工程竣工验收同时进行。需要进行试生产的建设项目，建设单位应当自建设项目投入试生产之日起 3 个月内，向审批该建设项目环境影响报告书、环境影响报告表或者环境影响登记表的环境保护行政主管部门，申请该建设项目需要配套建设的环境保护设施竣工验收。

（6）分期建设、分期投入生产或者使用的建设项目，其相应的环境保护设施应当分期验收，即分期建设、分期验收、分期投产使用。

（7）环境保护行政主管部门应当自收到环境保护设施竣工验收申请之日起 30 日内，完成验收。

（8）建设项目需要配套建设的环境保护设施经验收合格，该建设项目方可正式投入生产或者使用。

3.5　建设项目的地震安全性评价

3.5.1　地震安全性评价的概念

地震安全性评价是指对具体建设工程地区或场址周围的地震地质、地球物理、地震活动性、地形变化等研究，采用地震危险性概率分析方法，按照工程应采用的风险概率水准，科学地给出相应的工程规划和设计所需的有关抗震设防要求的地震动参数和基础资料。本条明确规定地震安全性工作的主要内容，即地震烈度复核、设计地震动参数的确定（加速度、设计反应谱、地震动时程曲线）、地震小区划、场区及周围地震地质稳定性评价、场区地震灾害预测等。经审定通过的地震安全性评价结果，即可确定为该具体建设工程的抗震设防要求。

建设工程地震安全性工作是一项比较新的工作，尚处在起步阶段。1997 年 12 月 29 日全国人大常务委员会第 29 次会议通过的《中华人民共和国防震减灾法》，国务院 2001 年 11 月 15 日颁布了《地震安全性评价管理条例》，保护人民生命和财产安全。

3.5.2　地震安全性评价的范围和要求

根据《中华人民共和国防震减灾法》和《地震安全性评价管理条例》，下列建设工程必须进行地震安全性评价：

（1）国家重大建设工程。

（2）受地震破坏后可能引发水灾、火灾、爆炸、剧毒或者强腐蚀性物质大量泄漏或者其他严重次生灾害的建设工程，包括水库大坝、堤防和储油、储气、储存易燃易爆、剧毒者强腐蚀性物质的设施以及其他可能发生严重次生灾害的建设工程。

（3）受地震破坏后可能引发放射性污染的核电站和核设施建设工程。

（4）省、自治区、直辖市认为对本行政区域有重大价值或者有重大影响的其他建设工程。

3.5.3　地震安全性评价的程序和内容

1. 地震安全性评价工作管理的基本程序

（1）建设单位将建设工程的地震安全性评价业务委托给具有相应资质的地震安全性评价单位，并与其订立书面合同，明确双方的权利和义务。

（2）从事地震安全性评价工作的单位将评价结果报市一级以上的地震安全性评定委员会评审。

（3）地震安全性评定委员会将评审通过的地震安全性评价结果报地震工作主管部门审批，并确定抗震设防要求。

（4）建设单位将评审通过的地震安全性评价结果和经地震工作主管部门审核批准的抗震设防要求列入建设工程项目的可行性研究报告。

（5）建设计划审批部门综合审批。

2. 地震安全性评价报告的内容

地震安全性评价单位对建设工程进行地震安全性评价后，应当编制该建设工程的地震安全性评价报告。

地震安全性评价报告应当包括下列内容：①工程概况和地震安全性评价的技术要求；②地震活动环境评价；③地震地质构造评价；④设防烈度或者设计地震动参数；⑤地震地质灾害评价；⑥其他有关技术资料。

3.5.4   地震安全性评价报告的审定

建设单位应当将地震安全性评价报告报送国务院地震工作主管部门或者省、自治区、直辖市人民政府负责管理地震工作的部门或者机构审定。

国务院地震工作主管部门负责下列地震安全性评价报告的审定：①国家重大建设工程；②跨省、自治区、直辖市行政区域的建设工程；③核电站和核设施建设工程。

其余建设工程地震安全性评价报告由省、自治区、直辖市人民政府负责管理地震工作的部门或者机构审定。

国务院地震工作主管部门和省、自治区、直辖市人民政府负责管理地震工作的部门或者机构，在收到地震安全性评价报告之日起 15 日内进行审定，确定建设工程的抗震设防要求，并以书面形式通知建设单位和建设工程所在地的市、县人民政府负责管理地震工作的部门或者机构。

县级以上人民政府负责项目审批的部门，要将抗震设防要求纳入建设工程可行性研究报告的审查内容。对可行性研究报告中未包含抗震设防要求的项目，不予批准。

国务院地震工作主管部门和县级以上地方人民政府负责管理地震工作的部门或者机构，应当会同有关专业主管部门，加强对地震安全性评价工作的监督检查。

3.6   建设项目的"一书两证"制度

一书，是指《建设项目选址意见书》；两证，是指《建设用地规划许可证》和《建设工程规划许可证》。工程项目建设的前期工作，从投资机会和初步可行性研究开始，经过《项目建议书》批准的预备立项，到《可行性研究报告》批准的立项；其中在《项目建议书》批准以后要向规划管理部门办理《建设项目选址意见书》；其后，在《可行性研究报告》批准以后要向规划管理部门办理《建设用地规划许可证》；再后，紧接着要向土地管理部门办理《建设用地批准书》；之后，要向规划管理部门办理《建设工程规划许可证》。建设项目的选址、用地和规划手续的办理，必须严格遵守《中华人民共和国城乡规划法》和《中华人民共和国土地管理法》的有关规定。

3.6.1   建设项目选址意见书制度

3.6.1.1   选址意见书的概念

选址意见书是指建设工程（主要是新建的大、中型工业与民用项目）在立项过程中，由城市规划行政主管部门依法核发的有关建设项目的选址和布局的法律凭证，目的是为了保障建设项目的选址和布局科学合理，符合城市规划的要求，实现经济效益、社会效益、环境效益的统一。

《中华人民共和国城乡规划法》（中华人民共和国主席令第 74 号，2007 年 10 月 28

日）的第 36 条规定，按照国家规定需要有关部门批准或者核准的建设项目，以划拨方式提供国有土地使用权的，建设单位在报送有关部门批准或者核准前，应当向城乡规划主管部门申请核发选址意见书。

3.6.1.2　建设项目选址意见书的内容

根据建设部、国家计划委员会 1991 年 8 月 23 日发布的《建设项目选址规划管理办法》，建设选址意见书主要包括项目基本情况和项目选址意见两部分。

（1）建设项目基本情况。包括建设项目的名称、性质、用地与建设规模；供水、能源的需求量、运输方式与运输量；废水、废气、废渣的排放方式和排放量等。

（2）建设项目选址意见。包括建设项目建在拟建地址与城市规划布局是否协调；与城市交通、通信、能源、市政、防灾规划是否衔接与协调；该建设项目对城市环境可能造成的污染，与城市生活居住及公共设施规划，城市环境保护规划和风景名胜、文物古迹保护是否协调等。

（3）选址意见书的核发权限。《建设项目选址规划管理办法》规定，建设项目选址意见书，按建设项目计划审批权限分级管理。

1）县人民政府行政主管部门审批的建设项目，由县人民政府城市规划行政主管部门核发选址意见书。

2）地级、县级市人民政府计划行政主管部门审批的建设项目，由该人民政府城市规划行政主管部门核发选址意见书。

3）直辖市、计划单列市人民政府计划行政主管部门审批的建设项目，由直辖市、计划单列市人民政府城市规划行政主管部门核发选址意见书。

4）省、自治区人民政府计划行政主管部门审批的建设项目，由项目所在地县、市人民政府城市规划行政主管部门提出审查意见，报省、自治区人民政府城市规划行政主管部门核发选址意见书。

5）中央各部门、各司审批的小型和限额以下的建设项目，由项目所在地县、市人民政府城市规划行政主管部门核发选址意见书。

6）国家审批的大、中型和限额以上的建设项目，由项目所在地县、市人民政府城市规划行政主管部门提出审查意见，报省、自治区、直辖市、计划单列市人民政府城市规划行政主管部门核发选址意见书，并报国务院城市规划行政主管部门备案。

3.6.1.3　申请《建设项目选址意见书》的程序

（1）建设单位填报《建设项目选址意见书申请表》并按规定附送经批准的《项目建议书》及有关文件及图纸。对大型建设项目应当事先委托有相应资质的规划设计单位作出选址论证。

（2）规划部门对审核同意的项目发给《建设项目选址意见书》并附核定设计范围图，同时提出规划设计要求。另外，规划管理部门对所申请选址经审核，认为建设项目不符合城乡规划的建设要求，对此种情况的项目建设可不予同意或要求另行选址，规划管理部门对此种情况的处理意见要给予书面答复。

（3）建设单位应将《建设项目选址意见书》作为编报建设项目可行性研究报告的规划管理依据，并作为附件一并上报可行性研究报告审批部门审批。

3.6.2　建设用地规划许可证制度

3.6.2.1　建设用地规划许可证的概念

建设用地规划许可证是城市规划行政主管部门依据城市规划的要求和建设项目用地的实际需要，向提出用地申请的建设单位或个人核发的确定建设用地的位置、面积、界限的证件。

《城乡规划法》第 37 条规定："在城市、镇规划区内以划拨方式提供国有土地使用权的建设项目，经有关部门批准、核准、备案后，建设单位应当向城市、县人民政府城乡规划主管部门提出建设用地规划许可申请，由城市、县人民政府城乡规划主管部门依据控制性详细规划核定建设用地的位置、面积、允许建设的范围，核发建设用地规划许可证。建设单位在取得建设用地规划许可证后，方可向县级以上地方人民政府土地主管部门申请用地，经县级以上人民政府审批后，由土地主管部门划拨土地。"

3.6.2.2　建设用地规划许可证的核发程序

（1）用地申请。由建设单位或个人，持国家批准建设项目的有关文件，向城市规划行政主管部门提出用地申请。

（2）现场踏勘、征求意见。城市规划行政主管部门在受理申请后，应会同有关部门与建设单位一起到选址现场进行调查、踏勘。同时，还应征求环境保护、消防安全、文物保护、土地管理等部门的意见。

（3）提供设计条件。在用地申请初审通过后，城市规划行政主管部门将向建设单位或个人提供建设用地地址与范围的红线图，并提出规划设计条件和要求。

（4）审查总平面图、核定用地面积。建设单位根据城市规划行政主管部门提供的设计条件完成总平面图设计后，应将总平面图及其相关文件报送城市规划行政主管部门以审查其用地性质、规模和布局方式、运输方式等是否符合城市规划的要求及合理用地、节约用地的原则，并根据城市规划设计用地定额指标和该地块具体情况，核审用地面积。

（5）核发建设用地规划许可证。经审查合格后，城市规划行政主管部门即向建设单位或个人核发建设用地规划许可证。

3.6.2.3　临时建设用地许可证

临时建设用地许可证是指由于建设工程施工、堆料或其他原因，需临时使用的土地。《中华人民共和国城乡规划法》第 44 条规定："在城市、镇规划区内进行临时建设的，应当经城市、县人民政府城乡规划主管部门批准。临时建设影响近期建设规划或者控制性详细规划的实施以及交通、市容、安全等的，不得批准。"

建设单位须持上级主管部门批准的申请临时用地文件，向城市规划行政主管部门提出临时用地申请，经审核批准后，可取得临时建设用地许可证。临时建设和临时用地规划管理的具体办法，由省、自治区、直辖市人民政府制定，其有效期限一般不超过 2 年。

3.6.3　建设工程规划许可证制度

3.6.3.1　建设工程规划许可证的概念

建设工程规划许可证制度是城市规划行政主管部门向建设单位或个人核发的确认其建设工程符合城市规划要求的证件，它也是领取施工许可证或申请工程开工的必备证件。

《中华人民共和国城乡规划法》第 40 条规定："在城市、镇规划区内进行建筑物、构筑物、道路、管线和其他工程建设的，建设单位或者个人应当向城市、县人民政府城乡规划主管部门或者省、自治区、直辖市人民政府确定的镇人民政府申请办理建设工程规划许可证。"

申请办理建设工程规划许可证，应当提交使用土地的有关证明文件、建设工程设计方案等材料。需要建设单位编制修建性详细规划的建设项目，还应当提交修建性详细规划。对符合控制性详细规划和规划条件的，由城市、县人民政府城乡规划主管部门或者省、自治区、直辖市人民政府确定镇人民政府核发建设工程规划许可证。

3.6.3.2　建设工程规划许可证核发程序

（1）认定建设工程申请。建设单位或个人应持设计任务书（可行性研究报告）、建设用地规划许可证、土地使用权证等有关批准文件向城市规划行政主管部门提出核发建设工程规划许可证申请。城市规划行政主管部门要严格审查建设工程有关文件，如果符合受理申请条件和要求，则予以受理，否则不予受理。受理后填写建设工程申请登记表。

（2）根据需要征求有关部门意见。城市规划行政主管部门认为必要时，需要征询有关部门的书面同意意见：①关于兴建高层建筑、大型公共建筑或锅炉房等易燃、易爆危险性工程的消防安全部门签署的意见；②关于有污染工程的环境保护部门的意见和环境质量影响鉴定书；③关于兴建配电房、变电站时经供电部门签署的意见；④关于涉及文物古迹、园林绿化和河道的保护范围时文物、园林、河道管理等部门签署的意见；⑤关于涉及航空、高压线走廊、无线电收发、人防时航空、电力、电信、人防等部门签署的意见；⑥关于涉及卫生防疫时经卫生防疫部门签署的意见。

（3）提出规划设计要求。城市规划行政主管部门可提供地形图、该建设工程建设地段规划道路红线图，并对该建设工程提出规划设计要点，征询有关部门的意见后，综合确定规划设计要求，核发规划设计要求通知书，以便建设单位按规划设计通知书的要求委托设计部门进行方案设计工作。

（4）审查设计方案。建设单位提供设计方案（一般报审的设计方案不应少于两个）文件、图纸（包括模型）后，城市规划行政主管部门对多个方案进行审查比较，审查其总平面布置与交通组织情况，工程周围环境关系，个体设计造型、色彩、风格等，进行方案选择和技术经济指标的分析，确定设计方案和提供规划设计修改意见，核发审定设计方案通知书，以便建设单位据此委托设计部门进行施工图设计，重要的设计方案应由市政府组织有关部门和专家进行审定。

（5）审查施工图后，核发建设工程规划许可证。建设单位持注明勘察设计证号的总平面图、单体建筑设计平面图、立面图、剖面图、基础图、地下室平面图、剖面图等施工图纸，交城市规划行政主管部门进行审查。经审查批准后，城市规划行政主管部门核发建设工程规划许可证。建设单位获得建设工程规划许可证后方可开工。

（6）放线验线。建设单位按照建设工程规划许可证和批准的施工图放线后，应向城市规划行政主管部门申请验线并报告开工日期，城市规划行政主管部门现场验线无误，做好验线记录，同意开工后，该建设工程方可破土动工。

3.6.3.3　建设工程审批后的管理

建设工程审查批准后，城市规划行政主管部门要加强监督检查工作，防止工程项目在建设过程中出现违法行为。监督检查的主要内容包括验线、现场检查和竣工验收。

（1）验线。建筑单位应按照建设工程规划许可证的要求放线，并经城市规划行政主管部门验线后方可施工。

（2）现场检查。它是指城市规划管理工作人员进入有关单位和施工现场，了解建设工程的位置、施工等情况是否符合规划设计条件。在检查中，任何单位和个人都不得阻挠城市规划管理人员进入现场或者拒绝提供与规划管理有关的情况。城市规划行政管理人员有为被检查者保守技术秘密或者业务秘密的义务。

检查内容主要有：①平面布局。建设工程的用地范围、位置、坐标、平面形式、建筑间距、管线走向及管位、出入口位置与周围建筑物、构筑物等的平面关系等是否符合城市规划设计要求；②空间布局。建设工程的地下设施与地面设施的关系、层数、建筑密度、容积率、建筑高度与周围建筑物或构筑物等的空间关系是否符合城市规划设计要求；③建筑造型。建筑物和构筑物的建筑形式、风格、色彩、体量与周围环境的协调等是否符合城市规划设计要求；④工程质量与标准。建筑工程有关技术经济指标、建设标准和工程质量是否符合城市规划设计要求；⑤室外设施。室外工程设施，如道路、绿化、花台、围墙、大门、停车场、雕塑、水池等是否按照规划要求施工。检查其所有的施工用临时建筑是否按规定的期限拆除，并清理现场。

（3）竣工验收。《中华人民共和国城乡规划法》第45条规定："县级以上地方人民政府城乡规划主管部门按照国务院规定对建设工程是否符合规划条件予以核实。未经核实或者经核实不符合规划条件的，建设单位不得组织竣工验收。"

竣工验收是工程项目建设程序中的最后一个阶段。规划部门参加竣工验收，是对建设工程否符合规划设计条件的要求进行最后把关，以保证城市规划区内各项建设符合城市规划。

城市规划区内的建设工程竣工验收后，建设单位应当在6个月内将竣工资料报送城市规划行政主管部门。

3.6.3.4　临时建设的管理

临时建设是指企事业单位或者个人因生产、生活的需要临时搭建的结构简易并在规定期限内必须拆除的建设工程或者设施。临时建设应当办理临时建设工程许可证。临时建设期限由各地规划行政主管部门根据实际情况确定，一般不得超过2年。在城乡规划区内进行临时建设，必须在批准的使用期限内自行拆除。

3.7　建设用地法律制度

3.7.1　建设用地的概念

建设用地包括土地利用总体规划中已确定的建设用地和因经济和社会发展的需要，由规划中的非建设用地转成的建设用地。前者称为规划内建设用地，后者则称为规划外建设用地。

1. 规划内建设用地

土地利用总体规划内的建设用地，可用于进行工程项目建设。我国土地分属国家和农民集体所有，所以又有国家所有的建设用地和农民集体所有的建设用地。

《中华人民共和国土地管理法》和《土地管理法实施条例》规定：

（1）农民集体所有的建设用地只可用于村民住宅建设、乡镇企业建设和乡（镇）村公共设施及公益事业建设等与农业有关的乡村建设，不得出让、转让或出租给他人用于非农业建设。非农业建设确需占用农民集体所有的土地时，必须先由国家将所需土地征为国有，再依法交由用地者使用。

（2）对于规划为建设用地，而现在实为农用地的土地，在土地利用总体规划确定的规模范围内，由原批准土地利用总体规划的机关审批，按土地利用年度计划，分批次将农用地批转为建设用地。在为实施城市规划而占用土地时，必须先由市、县人民政府按土地利用年度计划拟订农用地转用方案、补充耕地方案、征用土地方案，分批次上报给有批准权的人民政府，由其土地行政主管部门先行审查，提出意见，再经其批准后，方可实施为实施村庄集镇规划而占用土地的，也需按上述规定报批，但报批方案中没有征用土地方案。在已批准的农用地转为建设用地的范围内，具体建设项目用地可由市、县人民政批准。

（3）具体建设项目需占用国有城市建设用地的，其可行性论证中的用地事项，须交土地行政主管部门审查并给出具体预审报告；其可行性报告报批时，必须附具该预审报告。在项目批准后，建设单位需持有关批准文件，向市、县人民政府土地行政主管部门提出用地申请，由该土地性质主管部门审查通过后，再拟订用地方案，报市、县人民政府批准，然后由市、县人民政府向建设单位颁发建设用地批准书。

2. 规划外建设用地

土地利用总体规划中，除建设用地外，土地还分为农用地和未利用土地。将国有未利用土地转为建设用地，按各省、自治区、直辖市的相关规定办理，但国家重点建设项目、军事设施和跨省、自治区、直辖市的建设项目以及国务院规定的其他建设项目用地，需要报国务院批准。将农用地转为建设用地，对于耕地稀缺的我国来说，将会严重影响国民经济的发展和社会的稳定，也与我国切实保护耕地的基本国策不符。因此，《中华人民共和国土地管理法》对此作了严格的限制，也规定了严格的审批程序。

3.7.2　农用地转用审批制度

严格控制农用地转为建设用地，是土地用途管制的基本要求。为此，《中华人民共和国土地管理法》设立了农用地转用审批制度。《中华人民共和国土地管理法》第 44 条规定："建设占用土地，涉及农用地转为建设用地的，应当办理农用地转用审批手续。"设立该项制度的目的，主要是为了防止用地者随意将耕地转为建设用地，或者将耕地转为其他农用地后再转为建设用地，以有效地保护我们的生命线——耕地。

农用地转为建设用地，原则上采取国务院和省、自治区、直辖市人民政府两级审批：①国务院批准的建设项目、省级人民政府批准的道路、管线工程和大型基础设施建设项目，涉及农用地转为建设用地的，由国务院批准；②其他建设项目，涉及农用地转为建设用地的，由省、自治区、直辖市人民政府批准。

但是，农用地转用审批情况非常复杂，如果将所有的农用地转为建设用地，包括农用住宅基地占用少量农用地都要按项目由省级人民政府批准，不仅实践中很难执行，而且容易造成上下管理脱节，顾此失彼，审批周期长，给广大农民带来不便，增加农民负担，并容易造成违法用地现象反而增多。所以，《中华人民共和国土地管理法》中又增加了这样的规定："在土地利用总体规划确定的城市和村庄、集镇建设用地规模范围内，为实施该规划而将农用地转为建设用地的，按土地利用年度计划分批次由原批准土地利用总体规划的机关批准。在已批准的农用地转用范围内，具体建设项目用地可以由市、县人民政府批准。"有些情况下的审批权下放到了市、县人民政府，但是必须严格按照土地利用总体规划的要求审批，而且对于具体项目仍然要单独报批，只是不需要再单独报经省级以上人民政府批准。

3.7.3 土地征收制度

1. 土地征收的概念和特征

随着国民经济的发展和社会进步的需要，一些原属于某些农民集体所有的土地要用于基础设施建设和社会公益事业。所以，《中华人民共和国土地管理法》规定，国家为公共利益需要，可以依法对土地实行征收或者征用并给予补偿。为了防止滥征土地和保护农民集体的利益，《中华人民共和国土地管理法》对征收土地的审批程序及补偿办法作出了具体规定。

土地征收属于国家或政府行为，具有以下特征：①土地征收权由代表国家的政府享有；②土地征收权的行使不需要征得土地所有人的同意；③土地征收权只能为公共利益的需要而行使；④征收土地必须给予原所有人以公平补偿。

2. 征收土地的审批

（1）下列土地的征收必须报经国务院批准。

1）基本农田。具体包括：①经国务院有关主管部门或者县级以上地方人民政府批准确定的粮、棉、油生产基地内的耕地；②有良好的水利与水土保持设施的耕地，正在实施改造计划及可以改造的中、低产田；③蔬菜生产基地；④农业科研、教学试验田；⑤国务院规定应当划入基本农田保护区的其他耕地。

2）基本农田以外的耕地超过 $35hm^2$（$1hm^2 = 10^4 m^2$）的。

3）其他土地耕地超过 $70hm^2$ 的。

（2）征收上述规定以外的土地的，由省、自治区、直辖市人民政府批准，并报国务院备案。

（3）农用地的征收比较复杂，必须先办理农用地转用审批手续，然后才能办理土地征收审批手续。依照《土地管理法实施条例》，办理农用地的征收审批手续时，须遵照下列规定：

1）进行可行性论证时，由土地行政主管部门对其用地有关事项进行审查，并提出预审报告，该预审报告必须随可行性研究报告一同报批。

2）建设单位持建设项目的有关批准文件，向市、县人民政府土地行政主管部门提出建设用地申请，由市、县人民政府土地行政主管部门审查，拟定农用地转用方案、补充耕地方案、征用土地方案和供地方案，经市、县人民政府审核同意后，逐级上报有批准权的人民政府批准；其中，补充耕地方案由批准农用地转用方案的人民政府在批准农用地转用方案时一并批准；供地方案由批准征用土地的人民政府在批准征用土地方案时一并批准。

3）农用地转用方案、补充耕地方案、征用土地方案和供地方案经批准后，由市、县人民政府组织实施，向建设单位颁发建设用地批准书。有偿使用国有土地的，由市、县人民政府土地行政主管部门与土地使用者签订国有土地有偿使用合同；划拨使用国有土地的，由市、县人民政府土地行政主管部门向土地使用者核发国有土地划拨决定书。

4）建设项目确需使用土地利用总体规划确定的城市建设用地范围外的土地，涉及农民集体所有的未利用土地的，只报批征用土地方案和供地方案。

抢险救灾等急需使用土地的，可以先行使用。其中，属于临时用地的，灾后应恢复原状并交给原土地使用者使用，不再办理用地审批手续；属于永久性建设用地的，建设单位应在灾情结束后 6 个月内申请补办建设用地审批手续。

3．征收土地的实施

征收土地方案经依法批准后，由被征收土地所在的市、县人民政府组织实施，并将批准征地机关、批准文号、征收土地的用途、范围、面积以及征地补偿标准、农业人员安置办法和办理征地补偿的期限等，在被征收土地所在的乡（镇）、村予以公告。

被征收土地的所有权人、使用权人应当在公告规定的期限内，持土地权属证书到公告指定的人民政府土地行政主管部门办理征地补偿登记。市、县人民政府土地行政主管部门根据经批准的征用土地方案，会同有关部门拟订征地补偿、安置方案，在被征用土地所在的乡（镇）、村予以公告，听取被征收土地的农村集体经济组织和农民的意见。征地补偿、安置争议不影响征用土地方案的实施。

征收土地的各项费用应当自征地补偿、安置方案批准之日起 3 个月内全额支付。

4．征收土地的补偿

《中华人民共和国土地管理法》规定，征收土地的，用地单位应按照被征收土地的原用途给予补偿。

并具体规定征收耕地的补偿费应包括土地补偿费、安置补助费以及地上附着物和青苗的补偿费，其补偿标准为：

（1）土地补偿费。为该耕地被征用前 3 年平均年产值的 6～10 倍。

（2）安置补助费。按需要安置的农业人口数计算，需要安置的农业人口数，等于被征用耕地的数量除以征地前被征用单位平均每人占有的耕地数。每一个需要安置的农业人口的安置补助费标准，为该耕地被征用前 3 年每亩平均年产值的 4～6 倍。但每公顷被征用耕地安置补助费，最高不得超过被征用前 3 年平均年产值的 15 倍。

（3）地上附着物和青苗补偿费的补偿标准，由省、自治区、直辖市规定。

（4）新菜地开发建设基金。征用的耕地为城市郊区的菜地时，用地单位还应按国家的有关规定缴纳新菜地开发建设基金。

征收其他土地的补偿费标准，由省、自治区、直辖市参照征用耕地的补偿标准另行规定。

按照上述标准支付的土地补偿费和安置补助费，尚不能使需要安置的农民保持原有生活水平的，经省、自治区、直辖市按照上述标准支付的土地补偿费和安置补助费，尚不能使需要安置的农民保持原有生活水平的，经省、自治区、直辖市人民政府批准，可以增加安置补助费，但安置补助费和土地补偿费的总和，不得超过土地被征用前3年平均年产值的30倍。经人民政府批准，可以增加安置补助费，但安置补助费和土地补偿费的总和，不得超过土地被征迁3年平均年产值的30倍。

被征土地的补偿费用，除属于个人的地上附着物和青苗的补偿费付给本人外，其余均在单位统一管理、使用。法律规定，统一管理的征地补偿费用只能用于发展生产和安排多余劳动力的就业以及作为不能就业人员的生活补助，不得移作他用。任何单位和个人不得侵占、挪用被征收土地单位的征地补偿费用。被征地的农村集体经济组织应当将征用土地的补偿费用的收支情况向本集体经济组织的成员公布，接受监督。市、县和乡（镇）也应加强对安置补助费使用情况的监督。

5. 征收土地后多余劳动力的安置

（1）征收土地后造成的多余劳动力，由县以上土地管理部门组织被征地单位、用地单位，通过扩大农、副业生产和乡镇企业等途径加以安置。

（2）安置不完的，可以安排符合条件的人员到用地单位或其他全民、集体所有制单位就业。需要安置的人员由农村集体经济组织安置的，安置补助费支付给农村集体经济组织，由农村集体经济组织管理和使用；由其他单位安置的，安置补助费支付给安置单位；不需要统一安置的，安置补助费发放给被安置人员个人或征得被安置人员同意后用于支付给被安置人员的保险费用。

（3）被征地单位的土地被全部征用的，经省、自治区、直辖市人民政府审查批准，原有的农业户口可以转为非农业户口。原有的集体所有的财产和所得的土地补偿费、安置补助费，由县级以上地方人民政府与有关乡（镇）村商定处理办法，用于组织生产和就业人员的生活补助。

（4）大、中型水利、水电工程建设征用土地的补偿费标准和移民安置办法，由国务院另行规定。

3.7.4　国有建设用地的使用制度

国有建设用地包括属国家所有的建设用地和国家征用的原属于平民集体所有的土地。

经批准的建设项目需要使用国有建设用地的，建设单位应持法律、行政法规规定的有关文件，向有批准权的县级以上人民政府土地行政主管部门提出建设用地申请，经土地行政主管部门审查，报本级人民政府批准，国有建设用地可通过有偿使用和划拨两种方式交由建设单位使用。

1. 国有建设用地使用权的划拨

国家从全社会利益出发，进行经济、文化、国防建设及兴办社会公共事业时，经县级以上人民政府的批准，建设单位可通过划拨的方式取得国有建设用地的使用权。《中华人民共和国土地管理法》规定，具体可以划拨的建设用地为：①国家机关用地和军事用地；②城市基础设施用地和公益事业用地；③国家重点扶持的能源、交通、水利等基础设施用地；④法律、行政法规规定的其他用地。

国务院颁发的《土地管理法实施条例》中对以划拨方式取得的国家建设用地的审批程序，作出了具体规定。建设单位必须按批准文件的规定使用土地。

2. 国有建设用地使用权的出让

除上述国家建设项目可通过划拨方式取得国家建设用地的使用权外，其他建设项目均须通过有偿使用的方式来取得国有建设用地的使用权，具体包括：国有土地使用权的出让；国有土地租赁；国有土地使用权作价出资或入股。这时，建设单位应按照国务院规定实施办法，缴纳土地使用权出让金等土地有偿使用费和其他费用后，方可使用土地。建设单位必须按土地使用权出让合同或其他有偿使用合同的约定使用土地；确需改变该幅土地建设用途的，应经有关人民政府土地行政主管部门同意，报原批准用地的人民政府批准。在城市规划区内改变土地用途的，在报批前，应先经有关城市规划行政主管部门同意。

3. 国家建设用土地使用权的收回

《中华人民共和国土地管理法》规定，出现下列情况时，有关人民政府土地行政主管部门在报经原批准用地的人民政府或有批准权的人民政府批准后，可以将国有建设用地的使用权收回：①为公共利益需要使用土地的；②为实施城市规划进行旧城区改建，需要调整使用土地的；③土地出让等有偿使用合同约定的使用期限届满，土地使用者未申请续期或申请续期未获批准的；④因单位撤销、迁移等原因，停止使用原划拨的国有土地的；⑤公路、铁路、机场、矿场等经核准报废的。

因上述①、②项原因而收回国有土地使用权的，国家对土地使用权人应给予适当补偿。

3.7.5　乡（镇）村建设用地制度

1. 乡（镇）村建设用地的要求

乡镇企业、乡（镇）村公共设施、公益事业、农村村民住宅等乡（镇）村建设，应当按照村庄和集镇规划，合理布局、综合开发、配套建设，尽可能利用荒坡地、废弃地。农村村民一户只能拥有一处宅基地，其面积不得超过省、自治区、直辖市规定的标准。农村村民建筑宅基地，要尽量使用原有的宅基地和村内空闲地，有条件的地方，提倡将农村村民的住宅相对集中建成公寓式楼房。通过村镇改造，将适宜耕种的土地调整出来复垦还耕。

乡镇企业的建设用地，必须严格控制。各省、自治区、直辖市可按乡镇企业的不同行业和经营规模，分别规定用地标准。乡（镇）村建设用地，应当符合乡（镇）土地利用总体规划和土地利用年度计划，并依法办理审批手续。

2. 乡（镇）村建设用地的审批

农村集体经济组织使用乡（镇）土地利用总体规划确定的建设用地兴办企业或以土地使用权入股、联营等方式与其他单位、个人共同兴办企业的，应持有关批准文件，向县级以上地方人民政府土地行政主管部门提出申请，按省、自治区、直辖市规定的批准权限和用地标准，由县级以上地方人民政府批准。

乡（镇）村公共设施、公益事业建设，需要使用土地的，经乡（镇）人民政府审核，向县级以上地方人民政府土地行政主管部门提出申请，按省、自治区、直辖市规定的批准权限和用地标准，由县级以上地方人民政府批准。

农村村民住宅用地，经乡（镇）人民政府审核，由县级人民政府批准。农村村民出卖、出租住房后，再申请宅基地的，不予批准。

乡（镇）村建设用地中，如涉及占用农用地的，则需依照农用地转为建设用地的有关规定办理。

3. 乡（镇）土地使用权的收回

出现下述情况之一时，农村集体经济组织报经原批准用地的人民政府批准，可以收回土地使用权：①为乡（镇）村公共设施和公益事业建设需用土地的，可以收回土地使用权，但对土地使用人应给予适当补偿；②不按批准的用途使用土地的；③因撤销、迁移等原因而停止使用土地的。

3.7.6　工程建设用地的具体管理

1. 工程建设用地的预审

各项工程建设项目用地都必须严格按照法定权限和程序报批。在建设项目可行性研究报告评审阶段，土地行政主管部门就要对项目用地进行预审，并提出意见。预审的内容包括：项目用地是否符合土地利用总体规划和年度土地利用计划；是否符合建设用地标准；是否符合根据国家产业政策确定的鼓励性、限制性和禁止性项目的供地目录。符合条件的，土地行政主管部门应当提出同意建设项目用地的意见，建设项目方可立项。

2. 工程建设用地的审批

建设项目立项后，凡需要使用国有土地的，都必须由建设单位向有审批权的县级以上人民政府土地行政主管部门提出申请；同时，建设单位须持建设项目的批准文件，包括项目建议书、可行性研究报告、建设用地规划许可证等；最后，经土地行政主管部门审查同意后，报本级人民政府批准。

3. 工程建设用地的取得方式

建设用地的取得，是指取得土地的使用权，而非所有权。取得的方式主要有两种：一种是有偿使用方式，一般是通过签订土地使用权出让合同，并缴纳土地出让金取得；另一种是行政划拨方式，由县级以上人民政府依法批准后无偿取得。其中，以出让等有偿使用方式为原则，只有在特殊情况下才考虑行政划拨。

4. 工程建设用地的用途变更

工程建设用地，必须按照批准文件的规定或出让合同约定的用途来使用，如果确需改变该幅土地的建设用途，建设单位必须报经有关人民政府土地行政主管部门同意，并报原批准用地的人民政府批准。其中，在城市规划区内改变土地用途的，在报批前，应当先经有关城市规划行政主管部门同意。

5. 工程建设临时用地

所谓临时用地，是指建设项目施工和地质勘察需要使用的国有土地或者农民集体所有的土地。

临时用地也需报批，批准权在县级以上人民政府土地行政主管部门。其中，在城市规划区内的临时用地，在报批前，应当先经有关城市规划行政主管部门同意。临时用地的使用期限一般不得超过两年。

临时用地者报批后，还应当与该土地的产权代表签订临时使用土地合同或协议。如果该土地为国有土地，则临时用地者应当与有关土地行政主管部门签订临时使用土地合同；如果该土地为集体所有的土地，则临时用地者应当与经营、管理该临时用地的农村集体经济组织或村民委员会或个人签订临时使用土地合同。同时，还应当缴纳临时使用土地补偿费。至于补偿费的数量，完全由双方当事人约定，法律未作强制性规定。

临时用地的使用者应按临时使用土地合同约定的用途使用土地，并不得修建永久性建筑。临时用地为耕地的，临时用地的使用者应自临时用地期满之日起 11 年内恢复种植条件。

3.8　建筑工程报建制度

工程报建制度，是指建设单位在工程项目通过建设立项、可行性研究、项目评估、选址定点、立项审批、建设用地、规划许可等前期筹备工作结束后，向建设行政主管部门报告工程前期筹备工作结束，申请转入工程建设的实施阶段；建设行政主管部门依法对建筑工程是否具备发包条件进行审查，对符合条件的，准许该工程进行发包的一项制度。

工程报建标志着工程建设的前期准备工作已经结束，工程项目可以进入建筑市场，转入工程建设的实施阶段。为了防止不具备条件的工程项目进入建筑市场，有效地控制建筑规模，规范工程建设实施阶段的程序管理，建设部于 1994 年 8 月 13 日发布了《工程建设项目报建管理办法》，就报建的内容、程序、时间、范围等做出了规定。

3.8.1　建筑工程报建的范围和时间

1. 报建的范围

所有的工程建设项目都必须报建。工程建设项目是指各类房屋建筑、土木工程、设备安装、管道线路敷设、装饰装修等固定资产投资的新建、扩建、改建及技改等建设项目，统称为工程建设项目。凡在我国境内投资兴建的项目，包括外国独资、合资、合作的工程项目，都必须实行报建制度，接受当地建设行政主管部门或其授权机构的监督管理。

2. 报建的时间

报建的时间是在工程建设项目的可行性研究报告或其他立项文件批准后、建筑工程发包前，由建设单位或其代理机构、向工程所在地建设行政主管部门或其授权机构进行报建。报建时要交验工程项目立项的批准文件，包括银行出具的资信证明、批准的建设用地等文件。

3.8.2　建筑工程报建的内容和程序

1. 报建的内容

工程建设项目报建的主要内容有：①工程名称；②建设地点；③投资规模；④资金来源；⑤当年投资额；⑥工程规模；⑦开工、竣工日期；⑧发包方式；⑨工程筹建情况。

2. 报建程序

工程项目的报建按照下列程序进行：

（1）建设单位或项目法人以及工程管理的代理机构，要到有相应管辖权的工程所在地的建设行政主管部门或其授权机构领取《工程建设项目报建表》。

（2）工程项目的报建单位按《工程建设项目报建表》的内容及要求认真填写，不得马虎、漏填或虚报。

（3）工程项目的报建单位向接受报建的建设行政主管部门或其授权机构报送已填好的《工程建设项目报建表》，并按照要求进行招标准备。

（4）接受报建的建设行政主管部门或其授权机构，对报建的文件、资料进行认真核验、审查，合格后，发给《工程发包许可证》。

在建设过程中，工程建设的投资和建设规模发生变化时，建设单位或项目法人应及时到原接受报建的建设行政主管部门或其授权机构进行补充登记。筹建负责人变更时，应重新登记。凡未报建的工程建设项目，不得办理招标手续和发放施工许可证，设计、施工单位不得承接该项工程的设计和施工任务。

3.8.3   建筑工程报建的审批权限

工程报建、招标、投标、施工许可、质量监督是工程建设实施阶段的几个重要的管理环节。这几个环节都涉及分级管理的规定。为了使这几个环节的前后管理相衔接，应该实行统一的分级管理规定。由于全国各地的实际情况不同，《建筑法》对分级管理没有作统一的具体规定。1999 年 10 月 15 日建设部第 71 号令发布的《建筑工程施工许可管理办法》第 2 条对申请办理施工许可证的范围作了原则性的规定，也没有对分级管理作统一的具体规定，而是授权予各地政府权限。各地政府可以根据当地的实际情况制定具体的管理办法。

3.9   施 工 行 政 许 可 制 度

建筑工程施工许可，是指由立法授权的行政主管部门，在建筑工程施工开始以前，对该项工程是否符合法定的开工必备条件进行审查，对符合条件的建筑工程发给施工许可证，允许该工程开工建设的一项制度。

建筑工程实行施工许可制度，有利于保证开工建设的工程符合法定条件，在开工后能够顺利进行，避免不具备条件的建筑工程盲目开工而给相关当事人造成损失和社会财富的浪费，同时也便于有关行政主管部门全面掌握和了解其管辖范围内有关建筑工程的数量、规模施工队伍等基本情况，及时对各个建筑工程依法进行监督和指导，保证建筑活动依法进行。

3.9.1   建筑工程施工许可证的申领时间与范围

1. 施工许可证的申领时间

根据《建筑法》第 7 条的规定，施工许可证应在建筑工程开工前申请领取。

开工日期是指建设项目或单项工程设计文件中规定的永久性工程计划开始施工的时间，以永久性工程正式破土开槽开始施工的时间为准，在此之前的准备工作，如地质勘探、平整场地、拆除旧有建筑物、临时建筑、施工用临时道路、水、电等工程都不算正式开工。建设单位未依法在开工前申请领取施工许可证便开工建设的，属于违法行为，应当按照《建筑法》第 64 条的规定追究其行政法律责任。

建筑工程的新建、改建、扩建应当按立项批准、勘察设计、施工安装、竣工验收、交付使用的程序进行。施工安装阶段又可分为施工准备和组织施工两个阶段。建筑工程施工许可证应当在施工准备工作就绪之后、组织施工之前领取。

2. 申领施工许可证的范围

并不是所有的建筑工程都必须申请领取施工许可证，而只是对投资额较大、结构较复杂的工程，才领取施工许可证。根据《建筑法》第7条的规定，除国务院建设行政主管部门确定的限额以下的小型工程，以及按照国务院规定的权限和程序批准开工报告的建筑工程外，其余所有在我国境内的建筑工程均应领取施工许可证。根据《建筑工程施工许可管理办法》第2条的规定，工程投资额在30万元以下或者建筑面积在300m² 以下的建筑工程，可以不必申请办理施工许可证。省、自治区、直辖市人民政府建设行政主管部门可以根据当地的实际情况，对限额进行调整，并报国务院建设行政主管部门备案。

按照国务院规定的权限和程序批准开工报告的建筑工程，开工报告的审批内容和施工许可证的内容基本相同，同时又经过了国家机关的批准，所以不再领取施工许可证。水利工程建设作为基础设施建设，一般都是通过批准开工报告开始施工的，特别需要注意有关开工报告的规定。这里的"国务院规定"，应当是包括具有行政法律效力的行政法规、规定、通知等。例如，国务院颁布的行政法规《楼堂馆所建设管理条例》规定：进行楼堂馆所建设必须报批项目开工报告。楼堂馆所的项目开工报告，按下列程序审批：建设总投资3000万元以上的项目，由国家发改委每年7、8月统一审查、平衡、汇总后报国务院审批；建设总投资在3000万元以下的项目，按隶属关系分别由主管部门或者省、自治区、直辖市和计划单列市人民政府每年7、8月统一审批，并报国家发改委备案。国家发改委对不同意建设的项目，在收到备案文件两个月内提出处理意见；北京地区的项目，由首都规划建设委员会统一报国务院审批。

3.9.2　建筑工程施工许可证的申领条件

施工许可证申领条件的确定是为了保证建筑工程开工后，组织施工能够顺利进行。根据《建筑法》，建设部于1999年10月15日颁布了《建筑工程施工许可管理办法》（2001年7月4日修订），明确规定必须具备下述条件，才可以领取施工许可证。

1. 已经办理该建筑工程用地批准手续

根据我国《中华人民共和国城市房地产管理法》和《中华人民共和国土地管理法》的规定，建设单位取得建筑工程用地使用权，可以通过两种方式，即出让和划拨。土地使用权出让，是指国家将国有土地使用权在一定年限内出让给土地使用者，由土地使用者向国家支付土地使用权出让金的行为。土地使用权划拨，是指县级以上人民政府依法批准，在土地使用者缴纳补偿、安置等费用后将该幅土地交付其使用，或者将土地使用权无偿交付土地使用者使用的行为。建设单位依法以出让或划拨方式取得土地使用权，应当向县级以上地方人民政府土地管理部门申请登记，经县级以上地方人民政府土地管理部门核实，由同级人民政府颁发土地使用权证书。建设单位取得土地使用权证书表明已经办理了该建筑工程用地批准手续。

2. 在城市规划区的建筑工程，已经取得建设工程规划许可证

这是在城市规划区的建筑工程开工建设的前提条件。所谓城市规划区，根据我国《中华人民共和国城乡规划法》的有关规定，是指城市市区、近郊区及城市行政区域内因城市建设和发展需要实行规划和控制的区域。城市规划区的具体范围由城市人民政府在编制的

城市总体规划中划定。城市规划区所讲的城市，是指国家按行政建制设立的直辖市、市、镇。所谓规划许可证，是指建设单位在向土地管理部门申请征用或划拨土地前，持有关批准文件向城市规划行政主管部门提出申请，由城市规划行政主管部门颁发的允许工程建设的证件。规划许可证包括建设用地规划许可证和建设工程规划许可证。

3. 施工场地已经基本具备施工条件，需要拆迁的，其拆迁进度符合施工要求

这里的拆迁一般是指房屋拆迁。房屋拆迁是指根据城市规划和国家专项工程的拆迁计划及当地政府的用地文件，拆除和迁移建设用地范围内的房屋及附属物，并由拆迁人对原房屋及其附属物的所有人或使用人进行补偿和安置的行为。对在城市旧区进行建筑工程的新建、扩建和改建，拆迁是施工准备的一项重要任务。对成片进行综合开发的，应根据建筑工程建设计划，在满足施工要求的前提下，分期分批进行拆迁。拆迁必须按计划和施工进度要求进行，过迟或过早，都会造成损失和浪费。

4. 已经确定建筑施工企业

建筑工程的施工必须由具备相应资质的建筑施工企业来承担。在建筑工程开工前，建设单位必须确定承包该建筑工程的建筑施工企业，否则建筑工程施工就无法进行。建设单位确定建筑施工企业时要按《中华人民共和国招标投标法》的有关规定进行。按照规定应该招标的工程没有招标，应该公开招标的工程没有公开招标，或者肢解发包工程，以及将工程发包给不具备相应资质条件的，所确定的施工企业无效。在依法确定建筑施工企业后，双方应当签订建筑安装工程承包合同，明确双方的责任、权利和义务。

5. 有满足施工需要的施工图纸及技术资料

施工图设计文件已按规定进行了审查这一项包含3层意思：一是要有满足施工需要的施工图纸；二是要有满足施工需要的技术资料；三是施工图设计文件已按规定进行了审查。

6. 有保证工程质量和安全的具体措施，并按照规定办理了工程质量、安全监督手续

施工企业在编制的施工组织设计中要有根据建筑工程特点制定的相应质量、安全技术措施，专业性较强的工程项目要编制专项质量、安全施工组织设计。施工组织设计由建筑施工企业负责编制，按照其隶属关系及工程的性质、规模、技术繁简程度实行分级审批。施工组织设计必须在建筑工程开工前编制完毕。施工安全技术措施内容详见第8讲建设工程安全生产与质量管理专题。

要求按照规定办理工程质量、安全监督手续是为了使工程一开工就置于质量、安全部门的监督之下，确保建筑工程的施工质量和安全。

7. 按照规定应该委托监理的工程已委托监理

工程建设监理是针对工程项目建设，社会化、专业化的工程建设监理单位接受业主的委托和授权，根据国家批准的工程项目建设文件、工程建设法规和工程建设监理合同以及其他工程建设合同所进行的旨在实现项目投资目的的微观监督管理活动。工程项目实行监理制对提高我国的投资效益和建设水平，确保国家建设计划和工程合同的实施，逐步建立起建设领域社会主义市场经济的新秩序具有重大意义。因此，凡是按照规定应该委托监理的工程必须委托监理，否则，将不予颁发施工许可证。

8. 建设资金已经落实

根据《建筑工程施工许可管理方法》第 4 条的规定，建设工期不足 1 年的，到位资金原则上不得少于工程合同价的 50%，建设工期超过 1 年的，到位资金原则上不得少于工程合同价的 30%。建设单位应当提供银行出具的到位资金证明，有条件的可以实行银行付款保函或者其他第三方担保。计划、财政、审计等部门应严格审查建设项目开工前和年度计划中的资金来源，据实出具资金证明。

9. 法律、行政法规规定的其他条件

这是指单行法律、行政法规对施工许可证申领条件的特别规定。我国对建筑活动的管理正在不断完善，施工许可证的申领条件也会发生变化。法律、行政法规可以根据实践的需要，发展和完善施工许可证的申领条件。

3.9.3　申请办理施工许可证的程序

1. 建设单位要取得施工许可证，必须先提出申请

建设单位，又称业主或项目法人，是指建设项目的投资者。做好各项施工准备工作，是建设单位应尽的义务。因此，施工许可证的申领，应当由建设单位来承担，而不是施工单位或其他单位。

2. 申请办理施工许可证的程序

根据《建筑法》和《建筑工程施工许可管理办法》的规定，建设单位在提出申请办理施工许可证时，应当按照下列程序进行：

（1）建设单位向有权颁发施工许可证的建设行政主管部门领取《建筑工程施工许可证申请表》。

（2）建设单位持加盖单位及法定代表人印鉴的《建筑工程施工许可证申请表》，并附上述规定的证明文件，向发证机关提出申请。

（3）发证机关在收到建设单位报送的《建筑工程施工许可证申请表》和所附证明文件后，要对申请进行认真全面的审查。对于符合条件的，应当自收到申请之日起 15 日内颁发施工许可证；对于证明文件不齐全或者失效的，应当限期要求建设单位补正，审批时间可以自证明文件补正齐全后作相应顺延；对于不符合条件的，应当自收到申请之日起 15 日内书面通知建设单位，并说明理由。

建筑工程在施工过程中，建设单位或者施工单位发生变更的，应当重新申请领取施工许可证。

3.9.4　施工许可证争议的解决

对建设行政主管部门不批准施工许可证申请，或长期无故拖延不作决定的，建设单位可以根据《行政复议条例》的规定，向复议机关申请行政复议，对复议决定不服的，可以根据《中华人民共和国行政诉讼法》的规定，向人民法院起诉；建设单位也可以根据《中华人民共和国行政诉讼法》的规定，直接向人民法院起诉。

行政复议、行政诉讼相关问题详见第 11 讲建设工程纠纷处理及程序专题。

3.9.5　施工许可证的有效期与延期

根据《建筑法》第 9 条和《建筑工程施工许可管理办法》第 8 条的规定，施工许可证

的有效期与延期有以下几层含义：

（1）建设单位应当自领取施工许可证之日起3个月内开工。所谓领取施工许可证日，应当是以建设行政主管部门通知领取之日。

（2）工程因故不能开工的，可以申请延期。申请时间是在施工许可证期满前由建设单位向发证机关提出，并说明理由。理由应当是合理的，比如不可抗力的原因，"三通一平"没有完成，材料、构件等没有按计划进场等。

（3）延期以两次为限，每次不超过3个月。也就是说，延期最长为6个月，再加上领取之日起的3个月，建设单位有理由不开工的最长期限可达9个月。如果超过9个月仍不开工，该许可证即失去效力。

（4）施工许可证的自行废止。所谓自行废止，即自动失去法律效力。施工许可证失去法律效力后，建设单位如组织开工，还必须重新领取新的施工许可证。施工许可证自动废止情况有两种，一种是既不在3个月内开工，又不向发证机关申请延期；另一种是超过延期的次数和时限，即建设单位在申请的延期内仍没有开工。

3.9.6　中止施工与恢复施工

《建筑法》第10条和《建筑工程施工许可管理办法》第9条对中止施工与恢复施工做了明确的规定。

1. 中止施工

中止施工，是指建筑施工开工后，在施工过程中，因特殊情况的发生而中途停止施工的一种行为，中止施工的时间一般都较长，恢复施工的日期难以在中止时确定。

中止施工的原因，由于情况复杂，法律未作具体明确的规定。在施工过程中，造成中止施工的特殊情况有：地震、洪水等不可抗力；宏观调控压缩基建规模；停建、缓建、在建工程等。

中止施工后，建设单位应做好两方面工作：一是向发证机关报告中止施工的情况，包括中止施工的时间、原因、施工部位、维护管理措施等，此报告应在中止施工起一个月内完成；二是按照规定做好建筑工程的维护和管理工作。根据1989年9月14日建设部发出的《关于认真做好停缓建工程善后工作的通知》的要求，建筑工程的维护和管理工作主要有：①对于中止施工，工程建设单位和施工单位应确立合理的停工部位；②建设单位和施工单位应提出善后处理的具体方案，方案要明确双方的职责，确定各自的义务，提出明确的中止施工日期；③建设单位要与施工单位共同做好中止施工工程的现场安全、防火、防盗、维护等项工作，并保管好工程技术档案资料。

2. 恢复施工

恢复施工是指建筑工程中止施工后，造成中止施工的情况消除，而继续进行施工的一种行为。在恢复施工时，中止施工不满一年的，建设单位应当向该建筑工程的发证机关报告恢复施工的有关情况；中止施工满一年的，建筑工程恢复施工前，建设单位应当报发证机关核验施工许可证。建设行政主管部门对中止施工满一年的建筑工程进行审查，重新确定其是否仍具备组织施工的条件。符合条件的，应允许恢复施工，施工许可证继续有效；对不符合条件的，不许恢复施工，施工许可证收回，待具备条件后，建设单位重新申领施工许可证。

3.9.7　建筑工程开工报告的管理

开工报告的审批也是一种政府行政许可的行为。开工报告批准后，建设单位也应按照开工报告规定的期限尽快开工，不得随意改变和拖延时间。为了维护政府的权威和政府许可行为的严肃性，《建筑法》第 7、11 条对此做出了规定。

（1）按照国务院有关规定批准开工报告的建筑工程，因特殊情况发生，不能按照开工报告规定期限开工的，建设单位应尽快向批准该开工报告的机关报告情况。

（2）按照国务院有关规定批准开工报告的建筑工程已经按照开工报告规定的期限开始施工，在施工过程中，因特殊情况发生，而中途停止施工的，建设单位应尽快向批准该开工报告的机关报告中止施工的有关情况。

（3）因特殊情况不能按照开工报告规定的期限开工时间超过 6 个月的，开工报告自行失效。建设单位应当按照国务院有关规定重新向批准开工报告的机关办理开工报告的批准手续。

本讲引例的建设工程项目之所以定性为违法建设项目，其主要原因是该工程建设项目违反建设程序，在没有办理国有土地使用权证和建设工程规划许可证的条件下强行施工。凡是不具备开工证的建设工程就属于违法建设项目，违法建设项目当然应依法给予查处。

【推荐阅读资料】

《关于建设项目进行可行性研究的试行管理办法》

《中华人民共和国城乡规划法》（中华人民共和国主席令第 74 号，2007 年 10 月 28 日）

《中华人民共和国土地管理法》

《中华人民共和国城市房地产管理法》

《城市房屋拆迁管理条例》

《环境影响评价法》

《建设项目环境保护管理条例》

《中华人民共和国防震减灾法》

《地震安全性评价管理条例》

《建设项目选址规划管理办法》

《工程建设项目报建管理办法》建设部，1994 年 8 月 13 日

《建筑工程施工许可管理办法》

《楼堂馆所建设管理条例》

《关于认真作好停缓建工程善后工作的通知》

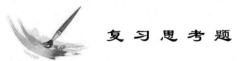

复 习 思 考 题

1. 我国现行工程项目建设程序包括哪几个阶段？

2. 建设项目建议书的作用和内容有哪些？

3. 建设项目可行性研究有哪几个阶段？可行性研究报告的内容主要有哪些？

4. 简述建设项目的环境影响评价制度。

5. 简述建设项目的地震安全性评价制度。

6. 简述建设项目的一书两证制度。

7. 简述建设项目报建的时间、范围、内容和程序。

8. 简述建设用地法律制度。

9. 简述施工许可证的申领时间、申领范围、申领条件和申领程序。

10. 施工许可证争议的解决途径有哪些？

11. 施工许可证的有效期与延期的含义是什么？

12. 中止施工后，建设单位应做好哪些工作？恢复施工时建设单位要办理哪些手续？

第④讲 建设工程项目发承包与招投标专题

【教学目标】   本讲主要解决以下几大问题：①建设工程招投标概述；②建设工程承发包；③建设工程招投标程序；④建设工程招投标实务。通过本讲的学习，熟练掌握建设工程承发包方式、招投标代理制度、建设工程招标的主要形式问题。

【教学要求】

能力目标	知　识　要　点	权重	自测分数
了解相关知识	招投标的目的、原则和特点	20%	
熟练掌握知识点	（1）建设工程承发包规范 （2）招投标代理制度 （3）建设工程招标的主要形式	50%	
运用知识分析案例	建设工程招投标的主要工作内容、程序	30%	

【引例】

业主招标制造两台 50t 的塔吊，招标文件包括 98 页的技术规范，详细规定了设计要求，投标人的负责人在读过 2~3 页，了解主要的要求后，认为所有要求的塔吊属于投标人公司的轻型塔吊，只要将投标人公司的相应塔吊加以改造就可以了，实际上后 90 多页的内容有对塔吊的更具体的要求，所要求的塔吊根本不是轻型塔吊而是重型塔吊。投标人的报价低于 400 万美元，而次低报价超过 700 万美元。由于差距太大，业主要求投标人确认自己报价。投标人对标价进行了书面确认。业主对确认还不放心，在投标以前召开了会议，以进一步确定投标人是否理解了技术规范的要求，以及能否完成该要求，业主审查了技术和设计要求，但没有就巨大的报价差距进行磋商。业主要求投标人提供费用分析资料，投标人没有提供，但声称除了一个微不足道的错误外，没有其他错误，错误对总报价没有影响。考虑到投标人一再表示保证按照技术规范的要求履行合同，业主将合同授予投标人。

在进行初步设计时，业主意识到履约存在问题并决定开会讨论。这时投标人才发觉价格上的巨大差距。投标人要求修改合同，延长工期并增加费用。投标人认为如果合同价格远远偏离实际成本是由于双方的错误造成的，那么业主无权要求投标人履行合同；如果业主坚持要求履行合同，那就得对合同的价格和工期进行公平的调整，以使合同价格反映实际成本。

法院认为，投标人只读了部分技术规范，根据部分技术规范进行的投标属于判断错误，而不属于错读技术规范，因此驳回了投标人修改合同或撤销合同的投诉请求。

4.1   建设工程发承包

4.1.1   建设工程承发包含义

工程承发包属于一种商业交易行为，是指交易的一方负责为交易的另一方完成某项工作、供应某些货物或者提供某项服务，并按照一定的价格取得一定报酬的一种交易。委托任务并且负责支付报酬的一方称为发包人；接受任务并负责按时完成任务的一方为承包人。明确相互之间的权利和义务关系的合同或者协议具有法律效力，双方必须遵守和履行。

建筑工程承发包制度，是建筑业适应市场经济的产物。建筑工程勘察、设计、施工、安装单位要通过参加市场竞争来承揽建设工程项目。这样，可以激发企业活力，改变计划经济体制下建筑活动僵化的体制，有利于建筑业健康发展，有利于建筑市场的活跃和繁荣。本讲将对建筑工程发包与承包的原则，建筑工程发包的条件与方式，建筑工程总承包制度、联合承包制度、分包制度以及建筑工程发包与承包行为的规范分别加以阐明。

4.1.2   建设工程承发包原则

1. 承发包双方依法订立书面合同和全面履行合同义务的原则

这是国际通行的原则。这里所称的书面合同是指建筑工程承包合同。由于建筑工程承包合同所涉及的内容特别复杂，合同履行期较长，为便于明确各自的权利与义务，减少纷争，《建筑法》和《合同法》都明确规定，建筑工程承包合同应当采用书面形式。这包括建筑工程合同的订立、合同条款的变更，均应采用书面形式。全部或者部分使用国有资金投资，或者国家融资的建筑工程应当采用国家发布的建设工程示范合同文本。

2. 建筑工程发包、承包实行以招标投标为主、直接发包为辅的原则

工程发包可以分为招标发包与直接发包两种形式。招标发包是一种科学先进的发包方式，也是国际通用的形式，受到社会和国家的重视。因此，《建筑法》规定：建筑工程依法实行招标发包，对不适于招标发包的可以直接发包。我国已于 2000 年 1 月 1 日起，开始实施《中华人民共和国招标投标法》（以下简称《招标投标法》），对于符合该法要求招标范围的建筑工程，必须依照《招标投标法》实行招标发包。招标投标活动，应该遵循公开、公正、公平的原则，择优选择承包单位。

3. 禁止承发包双方采取不正当竞争手段的原则

发包单位及其工作人员在建筑工程发包中不得收受贿赂、回扣或者索取其他好处。承包单位及其工作人员不得利用向发包单位及其他工作人员行贿、提供回扣或者给予其他好处等不正当手段承揽工程。

4. 建筑工程确定合同价款的原则

建筑工程合同价款应当按照国家有关规定，由发包单位与承包单位在合同中约定。全部或者部分使用国有资金投资或者国家融资的建设工程，应当按照国家发布的计价规则和标准编制招标文件、进行评标定标、确定工程承包合同价款。

4.1.3 建设工程承发包方式及相关规定

1. 建筑工程承发包的方式

建筑工程承发包方式，是指发包人与承包人之间的经济关系形式。建筑工程承发包方式的种类是多种多样的，按照不同的标准可以做出不同的分类，通常其主要的分类如下。

（1）按照承发包范围划分。

按照承发包的范围划分，工程的承发包方式可以分为建筑全过程承发包、阶段承发包、专项承发包和建筑—经营—转让承发包 4 种。

（2）按照承发包表现形式划分。

按照表现形式可分为招标发包和直接发包两种。招标发包，是指建设单位通过招标确定承包单位的一种发包方式。招标发包又有两种方式：一种方式是公开招标发包，即由建设单位按照法定程序，在规定的公开的媒体上发布招标公告，公开提供招标文件，使所有潜在的投标人都可以平等参加投标竞争，从中择优选定中标人；另一种方式是邀请招标发包，即招标人根据自己所掌握的情况，预先确定一定数量的符合招标项目基本要求的潜在投标人并发出邀请，从中确定承包单位。直接发包，是指发包方直接与承包方签订承包合同的一种发包方式。如建设单位直接同一个有资质证书的建筑施工企业商谈建筑工程的事宜，通过商谈来确定承包单位。采用特定专利技术、专有技术，或者建筑艺术造型有特殊要求的建设工程的勘察、设计、施工，经省、自治区、直辖市建设行政主管部门或有关部门批准，可以直接发包。

2. 建筑法规定建筑工程发包的行为规范

《建筑法》第 22 条规定，实行招标发包的建筑工程，发包人应当将建筑工程发包给依法中标的承包人；实行直接发包的建筑工程，发包人应将建筑工程发包给具有相应资质的承包人。第 18 条第 2 款规定，发包单位应当按照合同的约定，及时拨付工程款项。第 17 条规定，发包单位及其工作人员不得在发包过程中收受贿赂、回扣或者索取其他好处。第 21 条规定，建筑工程实行公开招标的，发包单位应当依照法律程序和方式发布招标公告，提供载有招标工程的主要技术要求、主要的合同条款、评标的标准和方法以及开标、评标、定标的程序等内容的招标文件。第 24 条规定，禁止发包人将建筑工程肢解发包。第 28 条明确规定禁止转包工程，禁止以分包名义将工程肢解后分别转包给他人。第 26 条规定，承包建筑工程的单位应当持有依法取得的资质证书，并在其资质等级许可的业务范围内承包工程。第 26 条还规定："禁止建筑施工企业超越本企业资质等级许可的业务范围或者以任何形式用其他建筑施工企业的名义承揽工程。""禁止建筑施工企业以任何形式允许其他单位或个人使用本企业的资质证书、营业执照，以本企业的名义承揽工程。"第 24 条规定，国家提倡建筑工程实行总承包制度。即提倡将一个建筑工程由一个承包单位负责组织实施，由其统一指挥协调，并向发包单位承担统一的经济法责任的承包形式。第 27 条规定："大型建筑工程或者结构复杂的建筑工程，可以由两个以上的单位联合共同承包。

共同承包的各方对承包合同的履行承担连带责任。""两个以上不同资质等级的单位实行联合承包的，应当按照资质等级低的单位的业务许可范围承揽工程。"

【案例 4 - 1】

2000 年 10 月，建筑商刘某通过招投标承建了某单位家属楼，后经这家发包单位同意，刘某又将该家属的一些附属工程分包给杨某，并就工程质量要求、交付时间等内容分别签订了承包、分包书面合同。一年后，工程按期完成，可经工程质量监督检验，发现该家属楼附属工程存在严重的质量问题。发包单位便要求刘某承担责任，刘某却称该附属工程系经发包单位同意后分包给他人，与自己无关。发包单位于是又找到分包人杨某，杨某亦以种种理由拒绝承担责任。无奈，发包单位于今年 3 月将承包人刘某、分包人杨某共同告至法庭，要求二被告对质量不合格的附属工程返工，并赔偿损失 1 万元。

法院经审理认为，建筑商刘某与发包单位签订的建筑承包合同及刘某与杨某签订的分包合同均为有效合同，承包人刘某、分包人杨某均应按照合同约定全面履行义务。现分包人杨某承建的该家属楼附属工程完工后，经检验发现存在严重的质量问题，实际上就是分包人杨某不按照合同约定的质量要求施工的违法行为，故杨某应承担返工及赔偿损失的责任。同时总承包人刘某应就整个中标项目向发包单位负责，这其中也包括要承担分包公司违约造成的连带责任。据此，法院依法判决该建筑工程总承包人刘某对分包人杨某承建有严重质量问题的附属工程返工重做，并赔偿损失 1 万元，分包人杨某承担连带责任。

【案例分析】

我国《合同法》对建筑上的总包与分包双方要承担的责任其实有很详细的规定："总承包人或者勘察、设计、施工承包人经发包人同意，可以将自己承包的部分工作交第三人完成。第三人就其完成的工作成果与总承包人或者勘察、设计、施工承包人向发包人承担连带责任……"作为总承包商来说，并不认为分包出去的工程是泼出去的水，就可以不管不问了。法律规定总包方要对分包工程的质量和完成情况负连带责任的。因此，总承包商在管理好自己的工程进度和质量的同时也要对分包工程严加监督，以免承担不必要的责任。

4.2　建设工程招投标概述

4.2.1　建设工程招标投标含义

1. 招投标的概念

建设工程招标投标是指建设单位或个人（即业主或项目法人）通过招标方式，将工程建设项目的勘察设计、施工、材料设备供应、监理等业务一次或分步发包，由具有相应资质的承包单位通过投标竞争的方式承接。招标投标是指招标人对工程、货物和服务事先公开招标文件，吸引多个投标人提交投标文件参加竞争，并按招标文件的规定选择交易对象的行为。

工程建筑招标，是指建筑单位（业主）就拟建的工程发布通告，用法定方式吸引建筑项目的承包单位参加竞争，进而通过法定程序从中选择条件优越者来完成工程建筑任务的一种法律行为。

工程建筑投标，是指经过特定审查而获得投标资格的建筑项目承包单位，按照招标文件的要求，在规定的时间内向招标单位填报投标书，争取中标的法律行为。

2. 建设工程招投标的分类及特点

(1) 分类。

按照工程建设程序分类：建设项目可行性研究招标；工程勘察设计招标；施工招标；材料设备采购招标。

按行业分类：勘察设计招标；设备安装招标；土建施工招标；货物采购招标；工程咨询和建设监理招标。

按建设工程项目组成分类：建设项目招标、单项工程招标、单位工程招标、分部分项工程招标。

按工程发包范围分类：工程总承包招标；工程分包招标。

按有无涉外分类：国内工程承包招标；境内国际工程承包招标；国际承包招标。

(2) 特点。

通过竞争机制，实行公平交易；鼓励竞争，防止垄断，优胜劣汰，实现投资效益；通过科学、合理和规范化的监管机制与运作程序有效杜绝不正之风，保证交易的公正和公平。

4.2.2　建设工程招标投标的适用范围

1. 工程建设项目招标的范围

大型基础设施、公用事业等关系社会公共利益、公众安全的项目；全部或者部分使用国有资金投资或者国家融资的项目；使用国际组织或者外国政府贷款、援助资金的项目。前款所列项目的具体范围和规模标准，由国务院发展计划部门会同国务院有关部门制订，报国务院批准。

2. 招标的限额规定

施工单项合同估算价在 200 万元人民币以上；重要设备、材料等货物的采购，单项合同估算价在 100 万元人民币以上；勘察、设计、监理等服务的采购，单项合同估算价在 50 万元人民币以上；单项合同估算价低于上述 3 项规定的标准，但项目总投资额在 3000 万元人民币以上的。

3. 建设工程招标的条件

按照国家有关需要履行项目审核手续的，已履行审核手续；工程资金或者资金来源已落实；有满足施工招标需要的设计文件及其他技术资料；法律、法规、规章制度的其他条件。

4.2.3　建设工程招标投标的主体

1. 招标人

招标人是依法提出施工招标项目、进行招标的法人或者其他组织。重点注意招标人资质，施工招标的招标人应具备的条件，招标人的权益和职责。

2. 投标人

投标人是响应招标、参加投标竞争的法人或者其他组织。招标人的任何不具独立法人资格的附属机构（单位），或者为招标项目的前期准备或者监理工作提供设计、咨询服务的任何法人及其任何附属机构（单位），都无资格参加该招标项目的投标。

3. 建设工程招标代理机构

建设工程招标代理，是指建设工程招标人，将建设工程招标事务委托给相应中介服务机构，由该中介服务机构在招标人委托授权的范围内，以委托的招标人的名义，向他人独立进行建设工程招投标活动，由此产生的法律效果直接归属于委托的招标人的一种制度。建设工程招标代理机构是指受招标人的委托，代为从事招标组织活动的中介组织。建设工程招标代理机构必须是法人或依法成立的经济组织并取得建设行政主管部门核发的资质证书。中介服务机构是指受当事人的委托，向当事人提供有偿服务，以代理人的身份，为委托方（即被代理人）与第三方进行某种经济行为的社会组织。其中资质、招标代理机构条件、招标代理机构的权益和职责需引起足够的重视。

4. 招标投标行政监管机构

建设部作为全国最高招标投标管理机构，实行3级建设行政主管部门分级属地管理。监管机构是指经政府或者政府主管部门批准设立的隶属于同级建设行政主管部门的省、市、县建设工程招投标办公室，他是代表政府行使行政监管职能的事业单位。建设行政主管部门与建设工程招投标监管机构之间是领导与被领导关系。监管机构职权可以分为两个方面：承担具体负责招投标管理工作；在招投标管理活动中可以以自己的名义行使管理职权。

【案例 4 - 2】

在一次招标活动中，招标指南写明投标不能口头附加材料，也不能附加条件投标。但是业主将合同授予了这样一个投标人甲。业主解释说，如果考虑到该投标人的口头附加材料，则该投标人的报价最低。另一个报价低的投标人乙起诉业主，请求法院判定业主将该合同授予自己。法院经过调查发现，该投标人是业主早已内定的承包商。法院最后判决将合同授予合格的最低价的投标人乙。

【案例分析】

招标投标是国际和国内建筑行业广泛采用的一种方式。其目的旨在保护公共利益和实现自由竞争。招标法规有助于在公共事业上防止欺诈、串通、倾向性和资金浪费，确保政府部门和其他业主以合理的价格获得高质量的服务。从本质上讲，招标法规是保护公共利益的，保护投标人并不是它的出发点。为了更好地保护公共利益，确保自由、公正的竞争是招标法规的核心内容。禁止违反招标法规的实质性内容，即使这种违反是出于善意也不允许违反有关招标法规的强制性规定。

保证招标活动的竞争性是有关招标法规最重要的原则。《建筑法》第16条规定，建筑工程发包与承包的招标投标活动，应当遵循公开、公正、平等竞争的原则，择优选择承包单位。这就从法律上确立了保障招标投标活动竞争性这一最高原则。

在本案中业主私下内定了承包商，这就违反了招标法规的有关竞争性原则。况且本案中的招标文件明确规定投标不能口头附加材料，也不能附加条件投标。法院判决将合同授予合格的最低价的投标人乙是正确的。对于投标人甲，由于他违反了招标法规的竞争性原则，当然不能取得合同，也不能要求返还他的合理费用。

4.3　建设工程招投标程序

4.3.1　建设工程招标投标条件和种类

1．工程项目施工招标条件

《房屋建筑和市政基础设施工程施工招标投标办法》中规定，工程施工招标应当具备下列条件：

（1）按照国家有关规定需要履行项目审批手续的，已经履行审批手续。

（2）工程资金或者资金来源已经落实。

（3）有满足施工招标需要的设计文件及其他技术资料。

（4）法律、法规、规章规定的其他条件。

2．工程招标的方式

从竞争程度进行分类，可以分为公开招标和邀请招标；从招标的范围进行分类，可以分为国际招标和国内招标。

（1）公开招标（无限竞争性招标），是指招标人以招标公告的方式邀请不特定的法人或者其他组织投标。

（2）邀请招标（有限竞争性招标或选择性招标），是指招标人以投标邀请书的方式邀请特定的法人或者其他组织投标。可以采用邀请招标的范围：国务院发展计划部门确定的国家重点建设项目和各省、自治区、直辖市人民政府确定的地方重点建设项目，以及全部使用国有资金投资或者国有资金投资占控股或者主导地位的工程建设项目，应当公开招标；有下列情形之一的，经国务院发展计划部门批准（国家重点）；或经各省、自治区、直辖市人民政府批准（地方重点建设项目），可以进行邀请招标。

4.3.2　建设工程招标投标程序

《中华人民共和国招标投标法》规定的招标投标的程序为招标、投标、开标、评标、定标和订立合同等 6 个程序。建设工程招标过程参照国际招标投标惯例，整个招标程序划分为招标的准备、招标的实施和定标签约阶段 3 个阶段。招标准备阶段主要工作是办理工程报建手续、落实所需的资金、选择招标方式、编制招标有关文件和标底、办理招标备案等。招标投标实施阶段包括发布招标公告或发出投标邀请书、资格预审、发放招标文件、踏勘现场、标前会议和接收投标文件等。定标签约阶段工作是开标、评标、定标和签订合同。

【案例 4－3】

某办公楼工程全部由政府投资兴建。该项目为该市建设规划的重要项目之一，且已列入地方年度固定投资计划，概算已经主管部门批准，征地工作尚未全部完成，施工图纸及有关技术资料齐全。现决定对该项目进行施工招标。因估计除本市施工企业参加投标外还可能有外省市施工企业参加投标，帮招标人委托咨询单位编制了两个标底，准备分别用于对本市和外省市施工企业投标价的评定。招标人于 2000 年 3 月 5 日向具备承担该项目能力的 A、B、C、D、E 这 5 家承包商发出投标邀请书，其中说明，3 月 10～11 日 9～16 时在招标人员总工程师室领取招标文件，4 月 5 日 14 时为投标截止时间。该 5 家承包商均接受邀请，并领取了招标文件。3 月 18 日招标人对投标单位就招标文件提出的所有问题统一作了书面答复，随后组织各投标单位进行了现场踏勘。4 月 5 日这 5 家承包商均按规定的时间提交了投标文件。但承包商 A 在送出投标文件后发现报价估算有较严重的失误，遂赶在投标截止时间前 10 分钟递交了一份书面声明，撤回已提交的投标文件。

开标时，由招标人委托的市公证处人员检查投标文件的密封情况，确认无误后，由工作人员当众拆封。由于承包商 A 已撤回投标文件，故招标人宣布有 B、C、D、E 这 4 家承包商投标，并宣读该 4 家承包商的投标价格、工期和其他主要内容。按照招标文件中确定的综合评标标准，4 个投标人综合得分从高到低的依次顺序为 B、C、D、E，故评标委员会确定承包商 B 为中标人。由于承包商 B 为外地企业，招标人于 4 月 8 日将中标通知书寄出，承包商于 4 月 12 日收到中标通知书。最终双方于 5 月 12 日签订了书面合同。

问题：

1. 从招标投标的性质看，本案例中的要约邀请、要约和承诺的具体表现是什么？

2. 招标人对投标单位进行资格预审应包括哪些内容？

3. 在该项目的招标投标程序中哪些方面不符合《中华人民共和国招标投标法》的有关规定？

【案例分析】

问题 1：

答：在本案例中，要约邀请是招标人的投标邀请书，要约是投标人提交的投标文件，承诺是招标人发出的中标通知书。

问题 2：

答：招标人对投标单位进行资格预审应包括以下内容：投标单位组织与机构和企业概况，近 3 年完成工程的状况，目前正在履行的合同情况，资源方面，如财务状况、管理人员情况、劳动力和施工机械设备等方面的情况及其他情况（各种奖励和处罚等）。

问题 3：

答：该项目招标投标程序中以下几个方面不符合《中华人民共和国招标投标法》的有关规定，分述如下：

（1）本项目征地工作尚未完成，不具备施工招标的必要条件，因此尚不能进行施工招标。

（2）不应编制两个标底，因为根据规定，一个工程只能编制一个标底，不能对不同的投标单位采用不同的标底进行评标。

（3）现场踏勘应安排在书面答复投标单位提问之前，因为投标单位对施工现场条件也可能提出问题。

（4）招标人不应只宣布 4 家承包商参加投标。按国际惯例，虽然承包商 A 在投标截止时间前撤回投标文件，但仍应作为投标人宣读其名称，但不宣读其投标文件的其他内容。

（5）评标委员会委员不应全部由招标人直接确定。按规定，评标委员会中的技术、经济专家，一般招标项目应采取（从专家库中）随机抽取方式，特殊招标项目可以由招标人直接确定。本项目显然属于一般招标项目。

（6）订立书面合同的时间不符合法律规定。招标人和投标人应当自中标通知书发出之日（不是中标人收到中标通知书之日）起 30 日内订立书面合同，而本案例为 34 日，已经违反了法律规定。

4.4　建设工程招投标实务

4.4.1　建设工程招标

1. 投标者的资格预审或资格后审

资格预审，是指在投标前对潜在投标人进行的资格审查。进行资格预审的，一般不再进行资格后审，但招标文件另有规定的除外。资格审查应主要审查潜在投标人或者投标人是否符合下列条件：

（1）具有独立订立合同的权利。

（2）具有履行合同的能力，包括专业、技术资格和能力，资金、设备和其他物质设施状况，管理能力，经验、信誉和相应的从业人员。

（3）没有处于被责令停业，投标资格被取消，财产被接管、冻结，破产状态。

（4）在最近 3 年内没有骗取中标和严重违约及重大工程质量问题。

（5）法律、行政法规规定的其他资格条件。

资格审查时，招标人不得以不合理的条件限制、排斥潜在投标人或者投标人，不得对潜在投标人或者投标人实行歧视待遇。任何单位和个人不得以行政手段或者其他不合理方式限制投标人的数量。资格预审的程序如下：

（1）编制资格预审文件。

（2）刊登资格预审通告或招标公告。

（3）出售资格预审文件。

（4）资格预审文件答疑。

（5）投送资格预审文件。

（6）澄清投标人的资格预审文件。

（7）评审资格预审文件。

（8）通知评审结果。

资格后审，是指在开标后对投标人进行的资格审查。使用范围为工期紧、工程简单的项目。

2. 招标文件和标底的编制

招标文件的主要内容如下：

（1）投标邀请书。

（2）投标人须知。

（3）合同主要条款。

（4）投标文件格式。

（5）采用工程量清单招标的，应当提供工程量清单。

（6）技术条款。

（7）设计图纸。

（8）评标标准和方法。

（9）投标辅助材料。

招标标底是指建设工程招标人对招标工程项目在方案、质量、价格、方法、措施等方面的理想控制目标和预期要求。在国外被称为"估算成本"、"合同估价"或"投标估值"。招标标底的编制方法如下：

（1）工料单价法。

（2）综合单价法。

4.4.2 建设工程投标

1. 投标的主要工作

获取投标项目信息的主要渠道有：我国国民经济建设计划；投资规划信息；大型企业的新、扩建和改建项目计划；同行业对工程建设项目的意向；有关项目的新闻报道。

开标前的投标技巧有不平衡报价、零星用工、多方案报价法、联保法。其中多方案报价法是利用工程说明书或合同条款不够明确之处，以争取达到修改工程说明和合同为目的的一种报价方法。开标后的投标技巧有降低投标价格和补充投标优惠条件。

2. 投标文件的编制和内容

投标文件的内容由技术标、经济标和附件3大部分内容组成，技术标注意结合项目编制的施工组织设计，经济标注意结合工程和企业实现编制的投标报价，附件注意投标人相关证明材料。编制投标文件的步骤如下：

（1）编制投标文件的准备工作。

（2）实质性相应条款的编制。

（3）复核、计算工程量。

（4）编制施工组织设计，确定施工方案。

（5）装订成册。

3. 投标文件经济标的编制

经济标投标文件由以下部分组成：投标函、投标书附录、投标保证金、法定代表人资格证书、授权委托书、具有标价的工程量清单与报价表、施工图预算和计算书、承包价让利条件。工程量清单由承包单位计量，并由监理工程师核准工程量。工程量清单报价表有两个方面：其一为综合单价，包括人工费、材料费、机械费、管理费、利润、风险费；其二为工料单价，包括人工费、材料费、机械费，主要由以下表格构成：

（1）标价汇总表。

（2）工程量清单报价表。

（3）设备清单及报价表。

（4）现场因素、施工技术措施及赶工措施费用报价表。

（5）材料清单及材料差价。

4.4.3　建设工程招投标的开标、评标和定标

4.4.3.1　开标、评标、定标的内容和组织

评标和定标的内容有以下几点：

（1）组建评标、定标组织。

（2）制定评标、定标具体方法。

（3）确定中标单位。

评标、定标组织是评标委员会对所有投标文件进行评定、提出评标报告、推荐或确定中标候选人。其人员构成是招标人或招标代理机构熟悉相关业务的代表，以及有关技术、经济等方面的专家。成员人数为 5 人以上单数，技术、经济等方面的专家不少于总人数的 2/3。评标专家的确定方式——随机抽取。

评标专家条件：从事相关领域工作满 8 年并具有高级职称或者具有同等专业水平，由招标人从国务院有关部门或者省、自治区、直辖市人民政府有关部门提供的专家名册或者招标代理机构的专家库内的相关专业的专家名单中确定；评标委员会成员应当客观、公正地履行职务，遵守职业道德，对所提出的评审意见承担个人责任。评标委员会成员不得私下接触投标人，不得收受投标人的财物或者其他好处。与投标人有利害关系的人不得进入相关项目的评标委员会。

4.4.3.2　开标、评标、定标的程序及要求

1. 开标

投标截止时间的同一时间开启投标文件，公开宣布投标人名称、标价、工期等主要内容。开标地点应当为招标文件中预先确定的地点，由招标人或招标代理机构担任开标主持人，应当通知所有投标人参加开标会。

开标程序主要如下：

（1）检查密封情况。

（2）密封无误后，由工作人员当众拆封，宣读其主要内容。

（3）记录在案，主持人、工作人员签字，以备存档。

2. 评标

（1）评标委员会对所提出的评审意见承担个人责任。

（2）评标委员会不得透露评审和目标候选人情况及与评标有关的其他情况。

（3）评标委员会不得私下接触投标人收受好处。

（4）投标人对投标文件的澄清不得超出投标文件范围或改变投标文件实质性要求。

（5）评标委员会应按招标文件确定和评标标准和方法。

（6）接受依法实施监督。

3. 评标程序和标准

（1）评标的准备：评标委员研究招标文件，招标人提供评标人所需的重要资料、相关信息。

（2）初步评审内容包括：符合性评审；投标文件的有效性；投标文件的完整性；与招标文件的一致性。

（3）技术性评审。

（4）商务性评审。

（5）投标文件的澄清和说明。

当废标处理的情况：弄虚作假，报价低于个别成本，投标人不具备条件或投标文件不符合形式要求，建设部规定废标的情况，未实质的响应投标，投标偏差，重大偏差，细微偏差。

4. 评标报告的主要内容

（1）招标情况：工程概况、招标范围、招标主要过程。

（2）开标情况：时间、地点、参加开标会议的单位和人员及开标等情况。

（3）评标情况：评标委员会成员名单，评标方法、内容、依据，对各投标文件的分析论证和评审意见。

（4）对投标单位评标结果排序，提出中标候选人名单。

5. 建设工程评标的具体方法

经评审的最低投标价法（最低投标价法），它是将某些评标因素测算为价格，再以此价格评定投标文件次序，确定价格最低为中标候选人。它既不是最低投标价也不是中标价，适用于小型工程。

【综合应用案例】

某大学第四教学大楼招标文件实例

1. 某大学第四教学大楼工程开标程序

（1）开标前通知监察局、投标人、建设单位、评标专家及招标办公室有关人员。

（2）开标时先递交经济标书和技术标书及法人证章或法人委托书。

（3）建设方和监察局检验标书的密封性。

（4）施工单位退场，评标专家对已编号的施工组织设计进行的暗标评分。

（5）评分完毕，在监察部门、建设单位及评分专家在场时，对施工组织设计查封，确定各投标人得分。

（6）依次开启投标文件第一部分，当面对技术标其他部分评分。

（7）依次开启投标文件第二部分，审核投标报价，对审核无误的经济评分。

（8）经济标和技术标累计分值最高者为中标单位。

2. 某大学第四教学大楼工程现场踏勘记录

（1）现场踏勘时间：2003 年 11 月 19 日。

（2）现场踏勘地点：略。

（3）现场踏勘详细记录：施工场地已"三通一平"，土地尺寸与规划尺寸一致，场地上无大障碍物。

（4）某大学第四教学工程现场踏勘简图。

3. 某大学第四教学大楼工程施工招标公告

（1）招标项目内容。

1）资金来源：学校自筹。

2）招标代理机构：某工程咨询有限公司。

3）业主名称：某大学。

4）所属地区：某市。

5）工程名称：某大学第四教学大楼。

6）工程地址：某大学院内。

7）工程规模：约 20000m²。

8）招标范围：施工图所示土建、装饰（除二装）、水电安装工程。

9）招标方式：分开招标。

（2）报名条件及报名须知。

1）企业资格：房屋建筑施工总承包一级及一级资质以上的企业。

2）本工程按规定时间发售招标文件，每份招标文件及施工图售价为人民币 1900 元整，售后不退。投标保证金为人民币 50 万元。具体事宜见投标资格预审须知。

3）报名须带材料：单位介绍信、企业法人营业执照副本、法人授权委托书、经办人身份证、企业资质等级证书副本，所带资料必须具备一份原件和一份复印件。

报名时间：2003 年 11 月 14 日上午 9：00～12：00，下午 14：00～17：00。

报名地址：

1）某某工程咨询有限公司（某市建设工程交易中心院内）。

联系人（联系电话）：略

邮编：略

2）某大学。

联系人（联系电话）：略

邮编：略

（3）投标报名企业须按照资格预审通告、须知要求编制资格预审文件和递交相关材料。

（4）发放资格预审通告、须知时间：2003 年 11 月 14 日上午 9：00～12：00，下午 14：00～17：00。

（5）发放资格预审通告、须知地点：某工程咨询有限公司（某市建设工程交易中心院内）。

（6）递交资格预审申请书时间：2003 年 11 月 17 日 17：00 前。

（7）递交资格预审申请书地点：某工程咨询有限公司（某市建设工程交易中心院内）。

（8）发放资格预审合格通知书的时间：2003 年 11 月 18 日 11：00 前。

（9）发放资格预审合格通知地点：某工程咨询有效公司（某市建设工程交易中心院内）。

招标人：（盖章）

法人代表人：（签字、盖章）

地址：略

招标代理人：（盖章）

招标代表人：（签字、盖章）

地址：某市洋河街东段（某省某市建设工程交易中心院内）

招标管理机构：（备案盖章）

负责人：略

地址：略

【推荐阅读资料】

《中央投资项目招标代理机构资格认定管理办法》（国家发改委第 36 号令，2006 年 12 月）

《建设工程招标代理合同（示范文本）》2005 年

中国招投标网 http：//www.infobidding.com/

《工程建设项目招标范围和规模标准规定》（国家原计委第 3 号令 2000 年 5 月 1 日）

《工程建设项目招标代理机构资格认定办法》（原建设部令第 79 号 2000 年 6 月 26 日）

《建筑工程施工发包与承包计价管理办法》

《广东省实施"中华人民共和国招标投标法"办法》

《广东省建设工程造价管理规定》

 复 习 思 考 题

1. 公开招标的主要工作程序包括哪些？

2. 招标投标制度在我国大体经历了哪些发展阶段？

3. 我国《中华人民共和国招标投标法》中规定哪些工程建设项目必须招标？

4. 公开招标与邀请招标相比较，各自存在哪些优、缺点？

5. 建筑工程发包、承包的特征和原则是什么？

6. 建筑工程发包有哪些方式？各适用于什么情况？发包前应做好哪些准备工作？

7. 建筑工程的承包单位应当具备哪些条件？

8. 何谓违法分包？何谓转包？法律为什么要禁止违法分包和转包？

第 5 讲 工程勘察设计与标准化管理专题

【教学目标】 本讲主要解决以下几大问题：①工程勘察设计的概念、立法概况；②工程勘察设计标准；③工程设计文件的编制；④中外合作设计。通过本讲的学习，熟练掌握工程勘察设计标准、工程设计文件的编制问题。

【教学要求】

能力目标	知 识 要 点	权重	自测分数
了解相关知识	工程勘察设计的概念、立法概况；中外合作设计	15%	
熟练掌握知识点	(1) 工程勘察设计标准 (2) 工程设计文件的编制	50%	
运用知识分析案例	工程建设标准、执行工程建设强制性条文的规定、工程设计文件的编制、工程设计依据、工程设计阶段和内容、工程抗震设防、工程设计文件的审批及知识判断及运用	35%	

5.1 概　　述

5.1.1 工程勘察设计的概念

工程勘察是指为满足工程建设的规划、设计、施工、运营及综合治理等方面的需要，对地形、地质及水文等情况进行测绘、勘探、测试，并提供相应成果和资料的活动。岩土工程中的勘察、设计、处理、监测活动也属于工程勘察范畴。《建设工程勘察设计管理条例》则定义为根据建设工程的要求，查明、分析、评价建设场地的地质地理环境特征和岩土工程条件，编制建设工程勘察文件的活动。

工程设计是指运用工程技术理论及技术经济方法，按照现行技术标准，对新建、扩建、改建项目的工艺、土建、公用设施、环境保护等进行综合性设计及技术经济分析，并提供作为建设依据的设计文件和图纸的活动。《建设工程勘察设计管理条例》定义为根据建设工程的要求，对建设工程所需要的技术、经济、资源、环境等条件进行综合分析、论证，编制建设工程设计文件的活动。

在工程建设的各个环节中，勘察是基础，而设计是整个工程建设的灵魂，它们对工程的质量和效益都起着至关重要的作用。从事工程勘察设计活动，应当坚持先勘察，后设计，再施工的原则。

为缩短设计和建设周期、节约材料和减少能耗、提高工程质量和综合经济效益，国家积极提倡和推广标准设计。国家鼓励在建设工程勘察设计活动中采用先进技术、先进工艺、先进设备、新型材料和现代管理方法。

5.1.2   工程勘察设计法规立法概况

工程勘察设计法规是指调整工程勘察设计活动中所产生的各种社会关系的法律规范的总称。

目前，我国工程勘察设计方面的立法层次逐渐完善，主要由建设部及相关部委的规章、地方性法规、地方政府规章和规范性文件组成。例如，1978 年国家建委颁发《设计文件的编制和审批办法》，1983 年国家计委颁发《基本建设设计工作管理暂行办法》和《基本建设勘察工作管理暂行办法》，1986 年国家计委和对外经济贸易部联合颁发《中外合作设计工程项目暂行规定》，1986 年国家计委颁发《优秀工程设计奖评选办法》和《优秀工程勘察奖评选办法》，1992 年建设部和对外经济贸易部联合颁发《成立中外合营工程设计机构审批管理的规定》。各地方性法规也逐步完善，如 2007 年 3 月省十届人大常委会第 30 次会议审议并表决通过了《广东省建设工程勘察设计管理条例》。

工程设计标准管理和标准设计方面：1980 年国家建委颁发《工程建设标准规范管理办法》，1981 年国家建委颁发《全国工程建设标准设计管理办法》，1992 年建设部颁发《工程建设国家标准管理办法》和《工程建设行业标准管理办法》，1999 年建设部颁发《建设工程勘察设计市场管理规定》，2000 年先后颁发《关于加强勘察设计市场准入管理的补充通知》、《建设工程勘察设计合同管理办法》、《建筑工程施工图设计文件审查暂行办法》、《建设工程勘察设计管理条例》、《建筑工程设计事务所管理办法》，2001 年颁发《建设工程勘察设计企业资质管理规定》、《公路工程勘察设计招标投标管理办法》，2002 年颁发《工程勘察设计收费管理规定》、《建设工程勘察质量管理办法》，2003 年颁发《工程建设项目勘察设计招标投标办法》等。国家正在积极制定《中华人民共和国工程勘察设计法》，届时它将成为我国第一部工程勘察设计方面的法律，对工程勘察设计的法制建设将有极大的推进作用。

5.2   工程勘察设计标准

5.2.1   工程建设标准

5.2.1.1   工程建设标准的概念

1. 标准的概念

标准，是指对重复性事物和概念所做的统一规定，它以科学技术和实践经验的综合成果为基础，经有关方面协商一致，由主管机关批准，以特定形式发布，作为共同遵守的准则和依据。1988 年 12 月 29 日第七届全国人民代表大会常务委员会第 5 次全体会议正式通过了《中华人民共和国标准化法》（以下简称《标准化法》），自 1989 年 4 月 1 日起施行。1994 年 4 月 6 日，国务院颁布了《中华人民共和国标准化法实施条例》（以下简称《标准化法实施条例》），自 1990 年 4 月 6 日起施行。这些法律和法规的颁布和实施对规范我国的标准化工作起到了重要的指导作用。

2. 工程建设标准的概念

工程建设标准是指建设工程设计、施工方法和安全保护的统一的技术要求及有关工程建设的技术术语、符号、代号、制图方法的一般原则。

5.2.1.2　工程建设标准的种类

1. 根据标准的约束性划分

（1）强制性标准。保障人体健康、人身财产安全的标准和法律、行政性法规规定强制执行的国家和行业标准是强制性标准；省、自治区、直辖市标准化行政专管部门制定的涉及工业产品的安全、卫生要求的地方标准，在本行政区域内是强制性标准。对工程建设业来说，下列标准属于强制性标准：

1）建设勘察、规划、设计、施工（包括安装）及验收等通用的综合标准和重要的通用的质量标准。

2）工程建设通用的有关安全、卫生和环境保护的标准。

3）工程建设重要的术语、符号、代号、计量与单位，建筑模数和制图方法标准。

4）工程建设重要的通用的试验、检验和评定等标准。

5）工程建设重要的通用的信息技术标准。

6）国家需要控制的其他工程建设通用的标准。

（2）推荐性标准。其他非强制性的国家和行业标准是推荐性标准，推荐性标准国家鼓励企业自愿采用。

2. 根据标准的内容划分

（1）设计标准。设计标准是指从事工程设计所依据的技术文件。

（2）施工及验收标准。施工标准是指施工操作程序及其技术要求的标准。验收标准是指检验、验收竣工工程项目的规程、办法与标准。

（3）建设定额。建设定额是指国家规定的消耗在单位建筑产品上活劳动和物化劳动的数量标准，以及用货币表现的某些必要费用的额度。

3. 按标准的属性划分

（1）技术标准。技术标准是指对标准化领域中需要协调统一的技术事项所制定的标准。

（2）管理标准。管理标准是指对标准化领域中需要协调统一的管理事项所制定的标准。

（3）工作标准。工作标准是指对标准化领域中需要协调统一的工作事项所制定的标准。

4. 按照标准制定的主体划分

（1）国家标准。国家标准是对需要在全国范围内统一的技术要求制定的标准。

（2）行业标准。行业标准是对没有国家标准而又需要在全国某个行业范围内统一的技术要求所制定的标准。

（3）地方标准。地方标准是对没有国家标准和行业标准而又需要在该地区范围内统一的技术要求所制定的标准。

（4）企业标准。企业标准是对企业范围内需要协调、统一的技术要求、管理事项和工作事项所制定的标准。

5.2.1.3　工程勘察设计标准

《建设工程勘察设计管理条例》（2000 年 9 月 25 日国务院令）（简称《管理条例》）规定：工程勘察设计标准包括工程建设勘察设计规范和标准设计两种。

（1）工程建设勘察设计规范。它是强制性勘察设计标准，"一经颁发，就是技术法规，在一切工程勘察、设计工作中都必须执行"。勘察设计规范分为国家、部、省（自治区、直辖市）、设计单位 4 级。

（2）标准设计。它是推荐性设计标准，"一经颁发，建设单位和设计单位要因地制宜地积极采用，凡无特殊理由的不得另行设计"。标准设计分为国家、部、省（自治区、直辖市）3 级。

5.2.2　执行工程建设强制性条文的规定

2000 年 1 月 30 日，国务院令第 279 号颁布了《建设工程质量管理条例》，对执行强制性标准，对工程项目的建设单位以及勘察、设计、施工、监理等单位执行强制性标准作出了严格的规定。同时，根据违反强制性技术标准所造成后果的严重程度，规定了相应的处罚措施。

根据《建设工程质量管理条例》的要求，2000 年 4 月，国务院建设行政主管部门会同国务院有关行政主管部门组织专家起草了国家《工程建设标准强制性条文》。2002 年 8 月 21 日建设部颁布了《实施工程建设标准强制性监督规定》，2002 年 8 月 18 日建设部再次颁布了经修订的 2002 版的《工程建设标准强制性条文》（房屋建筑部分）的内容。

5.2.2.1　《工程建设标准强制性条文》的实施

《工程建设标准强制性条文》的实质是工程建设强制性标准。但它还不是真正意义上的技术法规。它只是一个向技术法规与技术标准体制过渡的过渡性成果。《工程建设标准强制性条文》是《建设工程质量管理条例》的配套文件，它是工程建设强制性标准实施监督的依据，设计、施工人员进行设计、施工时，必须绝对遵守。对监理人员来讲，是实施工程监理时首先要进行监理的内容，也是政府监督人员重要的、可操作的处罚依据。因此，在确保工程建设质量的实践中，强制性标准的实施将贯穿于整个建设过程，对保证工程质量必将起到关键性的作用。

5.2.2.2　工程建设强制性标准的监督管理

1. 监督检查的内容

（1）对建设单位、设计单位、施工单位和监理单位组织有关工程技术人员学习和考核工程建设强制性标准情况进行监督检查。

（2）对建设工程项目，根据其实施的不同阶段，分别进行规划、勘察、设计、施工、验收等阶段监督检查，对一般工程的重点环节或重点工程项目，应加大监督检查力度。

（3）对建设工程项目采用的建筑材料、设备，必须按强制性标准的规定进行进场验收，以符合合同约定和设计要求。

（4）在建设工程项目的整个建设过程中，严格执行工程建设强制性标准，确保工程项目的工期和质量，建设单位作为责任主体，负责对工程建设各个环节的综合管理工作。

（5）为了便于设计和施工的实施，社会上编制了各专业工程的准则、指南、手册、计算软件等，它们为工程设计和施工提供了具体、辅助的操作方法和手段。但是，它们应遵照而不得擅自修改工程建设强制性标准和有关技术标准中的相关规定。

2. 监督检查方式

（1）重点检查，一般是指对于某项重点工程，或工程中某些重点内容进行检查。

（2）抽查，一般是指采用随机方法，在全体工程或某类工程中抽取一定数量进行检查。

（3）专项检查，是指对建设项目在某个方面或某个专项执行强制性标准情况进行的检查。

在具体实施中，建设项目规划审查机关应对工程建设规划阶段执行强制性标准情况实施监督。施工图设计文件审查单位应当对工程建设勘察、设计阶段执行强制性标准的情况实施监督。建筑安全监督管理机构应当对工程建设阶段执行施工安全强制性标准的情况实施监督。工程质量监督机构应对工程建设施工、监理、验收等阶段执行强制性标准的情况实施监督。

5.3　　工程设计文件的编制

5.3.1　工程设计的原则和依据

5.3.1.1　工程设计的原则

（1）贯彻经济、社会发展规划和产业政策、城乡规划。经济、社会发展规划及产业政策，是国家某一时期的建设目标和指导方针，工程设计必须贯彻其精神。城市规划、村庄和集镇规划一经批准公布，即成为工程建设必须遵守的规定，工程设计活动也必须符合其要求。

（2）综合利用资源，满足环保要求。工程设计中，要充分考虑矿产、水和农、林、牧、渔等资源的综合利用。因地制宜，提高土地利用率，尽量利用荒地、劣地，不占或少占耕地。工业项目中选用耗能少的生产工艺和设备；民用项目中，要采取节约能源的措施，提倡区域集中供热，重视余热利用。城市的新建、扩建和改建项目，应配套建设节约用水设施。在工程设计时，还应积极改进工艺，采取行之有效的技术措施，防止粉尘、毒物、废水、废气、废渣、噪声、放射性物质及其他有害因素对环境的污染，要进行综合治理和利用，使设计符合国家环保标准。

（3）遵守工程建设技术标准。工程建设中有关安全、卫生和环境保护等方面的标准都是强制性标准，工程设计时必须严格遵守。

（4）采用新技术、新工艺、新材料、新设备。工程设计应当广泛吸收国内外先进的科研和技术成果，结合我国的国情和工程实际情况，积极采用新技术、新工艺、新材料、新设备，以保证建设工程的先进性和可靠性。

（5）重视技术和经济效益的结合。采用先进的技术，可提高生产效率，增加产量，降低成本，但往往会增加建设成本和延长建设工期。因此，要注重技术和经济效益的结合，从总体上全面考虑工程的经济效益、社会效益和环境效益。

（6）公共建筑和住宅要注意美观、适用和协调。建筑既要有实用功能，又要能美化城市，给人们提供精神享受。公共建筑和住宅设计应巧于构思，使其造型新颖、独具特色，但又与周围环境相协调，保护自然景观。同时还要满足功能适用、结构合理的要求。

5.3.1.2　工程设计的依据

项目建议书是进行工程设计、编制设计文件的主要依据。设计单位应尽量积极参加项目建议书的编制、建设地址的选择、建设规划的制定及试验研究等设计的前期工作。对大型水利枢纽、水电站、大型矿山、大型工厂等工程项目，在项目建议书批准前，可根据长远规划的要求，进行必要的资源调查、工程地质和水文勘察、经济调查和多种方案的技术经济比较等工作，从中了解情况，收集必要的设计基础资料，为编制设计文件做准备。

5.3.2　工程设计阶段和内容

5.3.2.1　根据《管理条例》的规定，不同复杂程度的建设项目，其设计阶段也不同

（1）一般建设项目。可按初步设计和施工图设计两个阶段进行。

（2）技术复杂的建设项目。可增加技术设计阶段，即按初步设计、技术设计、施工图设计3个阶段进行。

（3）存在总体部署问题的建设项目。一些牵涉面广的项目，如大型矿区、油田、林区、垦区、联合企业等，存在总体开发部署等重大问题。在进行一般设计前还要进行总体规划设计或总体设计。

5.3.2.2　各设计阶段的内容与深度

（1）总体设计。总体设计一般由文字说明和图纸两部分组成。其内容包括建设规模、产品方案、原料来源、工艺流程概况、主要设备配备、主要建筑物及构筑物、公用和辅助工程、"三废"治理及环境保护方案、占地面积估计、总图布置及运输方案、生活区规划、生产组织和劳动定员估计、工程进度和配合要求、投资估算等。总体设计的深度应满足开展下述工作的要求：初步设计；主要大型设备、材料的预先安排；土地征用谈判。

（2）初步设计。初步设计一般应包括以下文字说明和图纸：设计依据、设计指导思想、产品方案、各类资源的用量和来源、工艺流程、主要设备选型及配置、总图运输、主要建筑物和构筑物、公用及辅助设施、新技术采用情况、主要材料用量、外部协作条件、占地面积和土地利用情况、综合利用和"三废"治理、生活区建设、抗震和人防措施、生产组织和劳动定员、各项技术经济指标、建设顺序和期限、总概算等。初步设计的深度应满足以下要求：设计方案的比较选择和确定、主要设备和材料的订货、土地征用、基建投资的控制、施工图设计的编制、施工组织设计的编制、施工准备和生产准备等。

（3）技术设计。技术设计的内容，由有关部门根据工程的特点和需要自行制定。其深度应能满足确定设计方案中重大技术问题和有关实验、设备制造等方面的要求。

（4）施工图设计。施工图设计应根据已批准的初步设计进行。其深度应能满足以下要求：设备、材料的安排和非标准设备的制作、施工图预算的编制、施工要求等。

5.3.3　工程抗震设防

1. 抗震设防范围

地震烈度为 6 度及 6 度以上地区和今后有可能发生破坏性地震地区的所有新建、改建、扩建工程都必须进行抗震设防。抗震设防地区村镇建设中的公共建筑、统建的住宅及乡镇企业的生产、办公用房，必须进行抗震设防。其他建设工程应根据当地经济发展水平，按因地制宜、就地取材的原则，采取抗震措施，提高村镇房屋的抗震能力。

2. 抗震设防设计

工程勘察设计单位应按规定的业务范围承担工程项目的抗震设计，严格遵守现行抗震设计和规范的有关规定。工程项目的设计文件应有抗震设防的内容，包括设防的依据、设防标准、方案论证等。新建工程采用新技术、新材料和新结构体系，均应通过相应级别的抗震性能鉴定，符合抗震要求方可采用。工程项目抗震设计质量由建设行政主管部门会同有关部门进行审查、监督。

5.3.4　工程设计文件的审批与修改

1. 设计文件的审批

在我国，建设项目设计文件的审批实行分级管理、分级审批的原则。《建筑工程施工图设计文件审查暂行办法》和《管理条例》对设计文件具体审批权限规定如下：

（1）大型建设项目的初步设计和总概算，按隶属关系，由国务院主管部门或省、直辖市、自治区审查，提出审查意见，报建设部批准，特大、特殊项目，由国务院批准。技术设计按隶属关系由国务院主管部门或省、市、自治区审批。

（2）中型建设项目的初步设计和总概算，按隶属关系，由国务院主管部门或省、市、自治区审查批准。批准文件抄送建设部备案。国家指定的中型项目的初步设计和总概算要报建设部审批。

（3）小型建设项目初步设计的审批权限，由主管部门或省、市、自治区自行规定。

（4）总体规划设计（或总体设计）的审批权限与初步设计的审批权限相同。

（5）各部直接代管的下放项目的初步设计，以国务院主管部门为主，会同有关省、市、自治区审查或批准。

（6）施工图设计的审查应按建设部颁发的《建筑工程施工图设计文件审查暂行办法》执行。国务院建设行政主管部门负责全国的施工图审查管理工作。省、自治区、直辖市人民政府建设行政主管部门负责组织本行政区域内的施工图审查工作的具体实施和监督管理工作。

2. 设计文件的修改

设计文件是工程建设的主要依据，经批准后，就具有一定的严肃性，不得任意修改和变更，如必须修改，则需经有关部门批准，其批准权限，视修改的内容所涉及的范围而定。根据《管理条例》，修改设计文件应遵守以下规定：

（1）设计文件是工程建设的主要依据，经批准后不得任意修改。

（2）凡涉及计划任务书的主要内容，如建设规模、产品方案、建设地点、主要协作关系等方面的修改，需经原计划任务书审批机关批准。

（3）凡涉及初步设计的主要内容，如总平面布置、主要工艺流程、主要设备、建筑面积、建筑标准、总定员、总概算等方面的修改，需经原设计审批机关批准。修改工作需由原设计单位负责进行。

（4）施工图的修改，需经原设计单位同意。

随着我国经济体制改革的深化和社会主义市场经济体制的建立，政府职能开始转化，投资主体趋向多元化，我国设计文件的审批和修改将进一步改革。政府对设计文件的审批将侧重于规划、安全和职业卫生、环境保护等内容（属国家投资的项目，审批内容中应有投资规模），其他内容将由建设单位自行审查。

5.4　中外合作设计

自改革开放以来，中外合作设计项目越来越多。而加入世贸组织后，我国工程建设领域将更加开放。加强外国设计机构在我的勘察设计活动及中外合作设计活动的管理，已成为我国面临的重要问题之一，这方面的主要法规主要有 1986 年国家计委、对外经济贸易部联合颁发的《中外合作设计工程项目暂行规定》，2002 年建设部、对外贸易经济合作部联合颁发的《外商投资建设工程设计企业管理规定》、《外商投资建筑企业管理规定》，以及上述两规定的补充规定。

5.4.1　中外合作设计工程项目的承包范围

中国投资或中外合资、外国贷款工程项目的设计，需要委托外国设计机构承担时，应有中国的设计机构参加，进行合作设计。

中国投资的工程项目，中国设计机构能够设计的，不得委托外国设计机构承担设计，但可以引进与工程有关的部分设计技术或向外国设计机构进行技术经济咨询。

外国在中国境内投资的工程项目，原则上也应由中国设计机构承担设计，如果投资方要求由外国设计机构承担设计，应有中国设计机构参加，进行合作设计。

5.4.2　中外合作设计工程项目的审批

需要进行合作设计的工程项目（包括合作设计所需的外汇），按照项目管理权限，由主管部门或建设单位在上报项目建议书或设计任务书的时候提出申请，经批准后方可对外开展工作。小型项目，按照隶属关系由主管部门或省、自治区、直辖市计划委员会批准。大、中型项目，按隶属关系由主管部门或省、自治区、直辖市提出审查意见，报国家计委审批；其中特大型项目，由国家计划组织初审，提出审核意见，报国务院批准。

项目的主管部门或建设单位在择优选定外国设计机构的同时，应选定中国的合作设计机构。

5.4.3　外国设计机构资格审查

外国设计机构的设计资格经审查合格者，方可承担中国工程项目的设计任务。外国设计机构的资格是否合格，由项目的主管部门进行审查。

审查设计资格是否合格的主要内容包括：

（1）外国设计机构所在国家或地区出具的设计资格注册证书。

（2）技术水平、技术力量和技术装备状况。

（3）承担工程设计的资历和经营管理状况。

（4）社会信誉。

5.4.4 中外合作设计的合同管理

合作设计双方必须签订合作设计合同，明确双方的权利和义务。合作设计合同应包括以下内容：

（1）合作设计双方的名称、国籍、主营业场所和法定代表人的姓名、职务、国籍、住所。

（2）合作的目的、范围和期限。

（3）合作的形式，对设计内容、深度、质量和工作进度的要求。

（4）合作设计双方对设计收费的货币构成、分配方法和分配比例。

（5）合作设计双方工作联系的方法。

（6）违反合同的责任。

（7）对合同发生争议的解决方法。

（8）合同生效的条件。

（9）合同签订的日期、地点。

在签订合作合同时，被选定为合作设计的主设计方应与项目委托方签订设计承包合同。

合作设计可以包括从工程项目的勘察到工程设计的全过程，也可以选择其中一阶段进行合作；合作设计应采用先进的、适用的标准规范，合作设计双方应互相提供拟采用的范本；合作设计双方要进行设计文件会审，并对设计质量负责；合作设计双方按合同完成设计后，送项目委托方审查认可。

在合作设计中，外国设计机构需要的地形、地质、水文、气象、环境调查等基础资料，由项目委托方按类别向各主管部门办理审批手续，实行有偿提供。使用资料者，不得向第三方转让。

在合作设计的过程中，合作设计双方应按合同要求严格履行自己的义务，如未达到合同要求，应按合同规定承担责任。

合作设计双方设计所得收入，应按中国有关税法规定纳税。

建设工程勘察设计合同管理相关的内容将在第 6 讲建设工程合同管理部分进行详细阐述。

【推荐阅读资料】

《中华人民共和国标准化法》

《中华人民共和国标准化法实施条例》

《建设工程勘察设计管理条例》（2000 年 9 月 25 日国务院令）

《建设工程质量管理条例》国务院令第 279 号，2000 年 1 月 30 日

《实施工程建设标准强制性监督规定》建设部，2002 年 8 月 21 日

《工程建设标准强制性条文》（房屋建筑部分）建设部，2002 年 8 月 18 日

《建筑工程施工图设计文件审查暂行办法》2000 年

《外商投资建设工程设计企业管理规定》

《建设工程勘察设计企业资质管理规定》2001

《公路工程勘察设计招标投标管理办法》2001

《工程勘察设计收费管理规定》2002

《建设工程勘察质量管理办法》2002

《工程建设项目勘察设计招标投标办法》2003 年

《广东省建设工程勘察设计管理条例》省十届人大常委会，2007 年 3 月

 复 习 思 考 题

1. 什么是工程勘察？什么是工程设计？

2. 我国现行的工程勘察设计法规主要有哪些？

3. 何谓工程建设标准？它是如何分类的？

4. 工程建设标准由什么部门审批发布？

5. 简述建设工程标准强制性条文的概念和主要内容。

6. 工程设计的原则是什么？

7. 工程设计分几个阶段进行？对其内容和深度都有什么要求？

8. 哪些工程必须进行抗震设防？

9. 哪些项目可以进行中外合作设计？各方所承担的责任有哪些？

第三篇 建筑施工安装阶段 法规及合同管理

第 6 讲 建设工程合同管理专题

【教学目标】 本讲主要解决以下几大问题：①合同法的基础知识；②合同的概念、类型、订立、履行、变更、转让；③建设工程施工合同的内容及管理；④建设工程索赔的起因、程序、费用构成、索赔的概念；⑤建设工程常见的索赔问题、索赔分析；⑥费用索赔的计算方法。通过本讲的学习，熟练掌握建设工程施工合同的内容及管理、工程索赔及索赔分析、费用索赔的计算方法等问题。

【教学要求】

能 力 目 标	知 识 要 点	权重	自测分数
了解相关知识	合同的概念；合同的形式；合同的订立；合同的内容；合同的变更、履行	20%	
熟练掌握知识点	建设工程施工合同示范文本的主要内容、发包人或工程师违约索赔、不可预见性因素的索赔、国家政策和法规变化的索赔、合同变更与合同缺陷的索赔、合同中止与解除的索赔	40%	
运用知识分析案例	施工合同的风险管理、施工合同的担保、索赔的依据、索赔的证据、索赔费用计算原则、索赔费用的计算方法	40%	

【引例】

某外贸公司委派 A 代表甲方对其办公楼工程进行施工监督管理工作。乙方（某工程局工程公司）开槽后发现一输气管道影响施工。A 代表察看现场后，认为乙方放线有误，提出重新复查定位线。乙方配合复查，没有查出问题。一天后，A 代表认为前一天复测时仪器有问题，要求更换测量仪器再次复测。乙方只好停工配合复测，最后证明测量无错误。乙方向 D 公司提出了合同中未确定输气管道技术处理费及甲方代表反复检查两次的配合费用的索赔要求。

在办公楼施工阶段，A 代表对乙方施工的框架梁、柱钢筋工程的隐蔽检查更加"认真"，对主筋表面浮锈要求进行全面除锈（按当时情况，钢筋表面的浮锈无脱皮现象，允许不除锈）。对绑扎箍筋间距误差小于 0.5cm 的规范允许情况都要求返工，不予签办隐检手续。乙方在取得有关证据及证明的情况下，向 D 公司提出了所委派代表苛刻检查的事实和索赔要求。

经双方多次协商，甲方同意付给乙方因其代表苛刻检查所发生的相关费用。

6.1 合 同 与 合 同 法

6.1.1 合同的概念与分类

1. 合同的概念

合同是平等主体的自然人、法人、其他组织之间设立、变更、终止民事权利和义务关系的协议。

合同作为一种协议，其本质是一种合意，必须是两个以上意思表示一致的民事法律行为。合同当事人作出的意思表示必须合法，这样才能具有法律约束力。

合同是当事人合法的行为。合同中所确立的权利和义务，必须是当事人依法可以享有的权利和能够承担的义务，这是合同具有法律效力的前提。如果在订立合同的过程中有违法行为，当事人不仅达不到预期的目的，还应根据违法情况承担相应的法律责任。

2. 合同法的概念

合同法是调整平等主体的自然人、法人、其他组织之间在设立、变更、终止合同时所发生的社会关系的法律规范总称。为了满足我国发展社会主义市场经济的需要，消除市场交易规则的分歧，1999 年 3 月 15 日，第九届全国人大第二次会议通过了《中华人民共和国合同法》（以下简称《合同法》），于 1999 年 10 月 1 日起施行，原有的 3 部合同法（《中华人民共和国经济合同法》、《中华人民共和国技术合同法》和《中华人民共和国涉外经济合同法》）同时废止。

3. 合同的分类

从不同的角度可以对合同做不同的分类。

1. 合同法的基本分类

《合同法》分则部分将合同分为 15 类：买卖合同；供用电、水、气、热力合同；赠与合同；借款合同；租赁合同；融资租赁合同；承揽合同；建设工程合同；运输合同；技术合同；保管合同；仓储合同；委托合同；行纪合同；居间合同。这可以认为是合同法对合同的基本分类，合同法对每一类合同都作了较为详细的规定。

2. 其他分类

合同的其他分类是侧重学理分析的，虽然合同法中也有涉及。合同的其他分类主要有以下几种：

（1）计划与非计划合同。

计划合同是依据国家有关计划签订的合同；非计划合同则是当事人根据市场需求和自己的意愿订立的合同。

（2）双务合同与单务合同。

双务合同是当事人双方相互享有权利和相互负有义务的合同。单务合同是指合同当事人双方并不相互享有权利、负有义务的合同。

（3）诺成合同与实践合同。

诺成合同是当事人意思表示一致即可成立的合同。实践合同则要求在当事人意思表示一致的基础上，还必须交付标的物或者其他给付义务的合同。

（4）主合同与从合同。

主合同是指不依赖其他合同而独立存在的合同。从合同是以主合同的存在为存在前提的合同。主合同的无效、终止将导致从合同的无效、终止，但从合同的无效、终止不能影响主合同。担保合同是典型的从合同。

（5）有偿合同与无偿合同。

有偿合同是指合同当事人双方任何一方均须给予另一方相应权益方能取得自己利益的合同。而无偿合同的当事人一方无须给予相应权益即可从另一方取得利益。在市场经济中，绝大部分合同都是有偿合同。

（6）要式合同与不要式合同。

如果法律要求必须具备一定形式和手续的合同，称为要式合同；反之，法律不要求具备一定形式和手续的合同，称为不要式合同。

6.1.2　合同的订立

6.1.2.1　合同的形式

一般认为，合同的形式可分为书面形式、口头形式和其他形式，公证、审批、登记等则是书面合同的特殊形式。书面形式是指合同书、信件和数据电文（包括电报、电传、传真、电子数据交换和电子邮件）等可以有形地表现所载内容的形式。合同法颁布前，我国有关法律对合同形式的要求是以要式为原则的，对合同的形式和手续要求比较严格。而合同法规定，当事人订立合同，有书面形式、口头形式和其他形式。在下列两种情况下应当采用书面形式：

（1）法律、行政法规规定采用书面形式。

（2）当事人约定采用书面形式的。可以认为，合同法在合同形式上的要求是以不要式为原则的。这种合同形式的不要式原则符合市场经济的要求。原因有以下几点：

1）合同本质对合同形式不作要求。现代市场经济中，合同自由原则成为合同一切制度的核心。反映在合同订立形式上不再要求具有严格的形式。从合同的本质上看，合同是一种合意，合同内容及法律效力的确定应当以当事人内在的真实意思为准，不能以其表观于外部的意志为准。

2）市场经济要求不应对合同形式进行限制。现代市场交易活动要求商品的流转迅速、方便。而“要式原则”无法做到这一点。

3）国际公约要求不应对合同形式进行限制。虽然目前许多国家对合同形式有要式要求，但大多数市场经济国家并未改变“不要式为主”的状况，要式仅是对不要式合同的一种例外要求。在国际公约中也存在着“不要式为主”的原则，如《联合国国际货物买卖合同公约》。虽然我国对国际公约的这方面规定声明保留，但从有利于国际贸易的角度考虑，我国也应建立起合同形式以不要式为主的立法体系。

6.1.2.2　要约与承诺

合同的订立需要经过要约和承诺两个阶段，这是民法学界的共识，也是国际合同公约和世界各国合同立法的通行做法。

1. 要约

要约是希望和他人订立合同的意思表示。提出要约的一方为要约人，接受要约的一方为被要约人。要约应当符合以下规定：

（1）内容具体确定。

（2）表明经过要约人承诺，要约人接受意思表示约束。

具体地讲，要约必须是特定人的意思表示，必须是以缔结合同为目的。要约必须是对相对人发出的行为，必须由相对人承诺，虽然相对人的人数可能为不特定的多数人。另外，要约必须具备合同的主要条款。

有些合同在要约之前还会有要约邀请行为。要约邀请是希望他人向自己发出要约的意思表示。要约邀请并不是合同成立过程中的必经过程，它是当事人订立合同的预备行为，在法律上无须承担责任。这种意思表示的内容往往不确定，不含有合同得以成立的主要内容，也不含相对人同意后受其约束的表示。比如价目表的寄送、招标公告、商业广告（如果商业广告的内容符合要约规定的，视为要约）、招股说明书等，即是要约邀请。

要约撤销，是指要约在发生法律效力之前，欲使其不发生法律效力而取消要约的意思表示。要约人可以撤回要约，撤回要约的通知应当在要约到达受要约人之前或同时到达受要约人。

要约撤销，是要约在发生法律效力之后，要约人欲使其丧失法律效力而取消该项要约的意思表示。要约可以撤销，撤销要约的通知应当在受要约人发出承诺通知之前到达受要约人。但有下列情形之一的，要约不得撤销：第一，要约人确定承诺期限或者以其他形式明示要约不可撤销；第二，受要约人有理由认为要约是不可撤销，并已经为履行合同做了准备工作。可以认为，要约的撤销是一种特殊的情况，且必须在受要约人发出承诺通知之前到达受要约人，因为承诺发出，合同即告成。

2. 承诺

承诺是受要约人作出的同意要约的意思表示。承诺具有以下特征：

（1）承诺必须由受要约人作出。

（2）承诺只能向要约人作出。

（3）承诺的内容应当与要约的内容一致。

（4）承诺必须在承诺期限内发出。

受要约人在承诺期限内发出承诺，按照通常情形能够及时到达要约人，但因其他原因承诺到达要约人时超过承诺期限的，除要约人及时通知受要约人因承诺超过期限不接受该承诺的以外，该承诺有效。

承诺的撤回是承诺人阻止或者消灭承诺发生法律效力的意思表示。承诺可以撤回。撤回承诺的通知应当在承诺通知到达要约人之前或者与承诺通知同时到达要约人。

3. 要约和承诺的生效

对于要约和承诺的生效，世界各国有不同的规定，但主要有投邮主义、到达主义和了解主义。投邮主义，在现代信息交流方式中可作广义的理解：要约和承诺发出以后，只要要约和承诺已处于要约人和受承诺人控制范围之外，要约、承诺即生效。到达主义则要求要约、承诺到达受要约人、要约人时生效。了解主义则不但要求对方收到要约、承诺的意思表示，而且要求真正了解其内容时，该意思表示才生效。目前，世界上大部分国家和《联合国国际买卖合同公约》都采用了到达主义。我国也采用了到达主义。要约、承诺的生效与合同成立的许多规定都有关联性。例如，只有到达主义可以允许承诺撤回，而投邮主义则不可能撤回承诺。

我国合同法规定，要约到达受要约人时生效。采用数据电文形式订立合同，收件人指定特定系统接收数据电文的，该数据电文进入该特定系统的时间，视为到达时间；未指定特定系统的，该数据电文进入收件人任何系统的首次时间，视为到达时间。承诺应当以通知的方式作出，根据交易习惯或者要约表明可以通过行为作出承诺的除外。承诺的通知送达给要约人时生效。

6.1.2.3　合同的内容

　　合同的内容由当事人约定，这是合同自由的重要体现。合同法规定了合同一般应当包括的条款，但具备这些条款不是合同成立的必备条件。

　　（1）当事人的名称或者姓名和住所。

　　明确合同主体，对了解合同当事人的基本情况、合同的履行和确定诉讼管辖具有重要的意义。合同当事人包括自然人、法人、其他组织。

　　（2）标的。

　　标的是合同当事人双方权利和义务共同指向的对象。标的的表现形式为物、劳务、行为、智力成果、工程项目等。

　　（3）数量。

　　数量是衡量合同标的多少的尺度，是以数字和其他计量单位表示的尺度。

　　（4）质量。

　　质量是标的的内在品质和外观形态的综合指标。合同对质量标准的约定应当是准确而具体的，对于技术上较为复杂的和容易引起歧义的词语、标准，应当加以说明和解释。对于强制性的标准，当事人必须执行，合同约定的质量不得低于该强制性标准。对于推荐性的标准，国家鼓励采用。

　　（5）价款或者报酬。

　　价款或者报酬是当事人一方向交付标的的另一方支付的货币。标的物的价款由当事人双方协商，但必须符合国家的物价政策，劳务酬金也是如此。合同条款中应写明有关银行结算和支付方法的条款。

　　（6）履行的期限、地点和方式。

　　履行的期限是当事人各方依照合同规定全面完成各自义务的时间。包括合同的签订期、有效期和履行期。履行的地点是指当事人交付标的和支付价款或酬金的地点。包括标的的交付、提取地点；服务、劳务或工程项目建设的地点；价款或劳务的结算地点。履行的方式是指当事人完成合同规定义务的具体方法，包括标的的交付方式和价款或酬金的结算方式。

　　（7）违约责任。

　　违约责任是任何一方当事人不履行或者不适当履行合同规定的义务而应当承担的法律责任。当事人可以在合同中约定，一方当事人违反合同时，向另一方当事人支付一定数额的违约金；或者约定违约损害赔偿的计算方法。

　　（8）解决争议的方法。

　　在合同履行过程中不可避免地会产生争议，为使争议发生后能够有一个双方都能接受的解决办法，应当在合同条款中对此作出规定。解决争议的方法是指有关解决争议运用什么程序、适用何种法律、选择哪家检验或鉴定机构等内容。当事人双方在合同中约定的仲裁条款、选择诉讼法院的条款、选择检验或鉴定机构的条款、涉外合同中的法律适用条款及协商解决争议的条款等，均属解决争议的方法的条款。

6.1.2.4　缔约过失责任

在合同的订立过程中，可能由于种种原因，合同最终没有成立。但不论合同成立与否，当事人如果违背诚实信用原则，在合同订立过程中有过错，给对方造成损失的，也应承担相应的赔偿责任。当事人在订立合同过程中有下列情形之一，给对方造成损失的，应当承担损害赔偿责任：

（1）假借订立合同，恶意进行磋商。

（2）故意隐瞒与订立合同有关的重要事实或提供虚假情况。

（3）有其他违背诚实信用原则的行为。

（4）订约保密责任，当事人在订立合同过程中知悉的商业秘密，无论合同是否成立，均不得泄露或者不正当使用。泄露或者不正当使用该商业秘密给对方造成损失的，应当承担损害赔偿责任。

【知识链接 6-1】　关于格式条款

格式条款是指当事人为了重复使用而预先拟定，并在订立合同时未与对方协商的条款。格式条款又被称为标准条款，提供格式条款的相对人只能在接受格式条款和拒签合同两者之间进行选择。格式条款既可以是合同的部分条款为格式条款，也可以是合同的所有条款为格式条款。在现代经济生活中，格式条款适应了社会化大生产的需要，提高了交易效率，在日常工作和生活中随处可见。但这类合同的格式条款提供人往往利用自己的有利地位，加入一些不公平、不合理的内容。因此，各国立法都对格式条款提供人进行一定的限制。

提供格式条款的一方应当遵循公平的原则确定当事人之间的权利和义务关系，并采取合理的方式提请对方注意免除或限制其责任的条款，按照对方的要求，对该条款予以说明。提供格式条款一方免除其责任、加重对方责任、排除对方主要权利的，该条款无效。

对格式条款的理解发生争议的，应当按照通常的理解予以解释，对格式条款有两种以上解释的，应当作出不利于提供格式条款的一方的解释。在格式条款与非格式条款不一致时，应当采用非格式条款。

6.1.3　合同的效力

6.1.3.1　合同的生效

1. 合同生效应当具备的条件

合同生效是指合同对双方当事人的法律约束力的开始。合同生效应当具备下列条件：

（1）当事人具有相应的民事权利能力和民事行为能力。

（2）意思表示真实。

（3）不违反法律或者社会公共利益。

2. 合同的生效时间

一般说来，依法成立的合同，自成立时生效。具体地讲，口头合同自受要约人承诺时生效；书面合同自当事人双方签字或者盖章时生效；法律规定应当采用书面形式的合同，当事人虽然未采用书面形式但已经履行全部或者主要义务的，可以视为合同有效。当事人可以对合同生效约定附条件或者约定附期限。附条件的合同，包括附生效条件的合同和附解除条件的合同两类。附生效条件的合同，自条件成熟时生效；附解除条件的合同，自条件成熟时失效。附条件的合同一经成立，在条件成熟前，当事人对于所约定的条件是否成熟，应当顺其自然发展。

6.1.3.2　无效合同和可变更、可撤销的合同

1. 无效合同的概念和无效的情形

无效合同是指当事人违反了法律规定的条件而订立的，国家不承认其效力，不给予法律保护的合同。

无效合同从订立之时起就没有法律效力。有下列情形之一的合同无效：

(1) 一方以欺诈、胁迫的手段订立合同，损害国家利益。

(2) 恶意串通，损害国家、集体或第三人利益的。

(3) 以合法活动掩盖非法目的。

(4) 损害社会公共利益。

(5) 违反法律、行政法规的强制规定。

合同当事人约定免除或者限制其未来责任的下列免责条款无效：

(1) 造成对方人身伤害的。

(2) 因故意或者重大过失造成对方财产损失的。

上述两种免责条款具有一定的社会危害性，双方即使没有合同关系也可追究对方的侵权责任。因此这两种免责条款无效。

无效合同的确认权归人民法院或者仲裁机构，其他任何机构均无权确认合同无效。

2. 可变更、可撤销合同的概念和种类

可变更、可撤销的合同，是指欠缺生效条件，但一方当事人可依照自己的意思使合同的内容变更或者使合同的效力归于消灭的合同。可变更、可撤销的合同不同于无效合同，当事人提出请求是合同被变更、撤销的前提。当事人如果只要求变更，人民法院或者仲裁机构不得撤销其合同。有下列情形之一的，当事人一方有权请求人民法院或者仲裁机构变更或者撤销其合同：

(1) 因重大误解而订立的。

(2) 在订立合同时显失公平的。

一方以欺诈、胁迫等手段或者乘人之危，使对方在违背真实意思的情况下订立的合同，受损害方有权请求人民法院或者仲裁机构变更或者撤销。

由于可撤销的合同只是涉及当事人意思表示不真实的问题，因此法律对撤销权的行使有一定的限制。

有下列情形之一的，撤销权消灭：

(1) 具有撤销权的当事人自知道或者应当知道撤销事由之日起 1 年内没有行使撤销权。

(2) 具有撤销权的当事人知道撤销事由后明确表示或者以自己的行为放弃撤销权。

3. 合同无效和被撤销后的法律后果

无效合同或者被撤销的合同自始没有法律约束力。合同部分无效，不影响其他部分效

力的，其他部分仍然有效。合同无效、被撤销或者终止的，不影响合同中独立存在的有关解决争议方法的条款的效力。

合同被确认无效和被撤销后，合同规定的权利和义务即为无效。履行中的合同应当终止履行，尚未履行的不得继续履行。对因履行无效合同和被撤销合同而产生的财产后果应当依法进行处理：

（1）返还财产。

由于无效合同或者被撤销的合同自始没有法律约束力，因此，返回财产是处理无效合同和可撤销合同的主要方式。合同被确认无效和被撤销后，当事人依据该合同所取得的财产，应当返还给对方。

（2）赔偿损失。

合同被确认无效或者被撤销后，有过错的一方应赔偿对方因此而受到的损失。如果双方都有过错，应当根据过错的大小各自承担相应的责任。

（3）追缴财产，收归国有。

双方恶意串通，损害国家或者第三人利益的，应将双方取得的财产收归国库或者返还第三人。无效和可撤销合同不影响善意第三人取得合法权益。

【知识链接 6-2】涉及代理的合同效力

当合同具备生效条件，代理行为符合法律规定，授权代理人在授权范围内订立的合同当然有效。但在有些情况下，涉及代理的合同效力则十分复杂。

（1）限制民事行为能力人订立的合同。

无民事行为能力人不能订立合同，限制行为能力人一般情况下不能独立订立合同。限制民事行为能力的人订立的合同，经法定代理人追认以后合同有效。

（2）无权代理。

无权代理的行为人以被代理人的名义订立的合同，未经被代理人追认，对被代理人不发生效力，由行为人承担责任。相对人可以催告被代理人在一个月内予以追认。被代理人未作表示的，视为拒绝追认。

（3）表见代理。

表见代理是善意相对人通过被代理人的行为足以相信无权代理人具有代理权的代理。基于此项信赖，该代理行为有效。善意第三人与无权代理人进行的交易行为（订立合同），其后果由被代理人承担。表见代理的规定，其目的是保护善意的第三人。表见代理一般应当具备以下条件：

1）表见代理人并未获得被代理人的授权，是无权代理。

2）客观上存在让相对人相信行为人具备代理权的理由。

3）相对人善意且无过失。

【案例 6-1】

A 施工企业与 B 建筑设备租赁站订立了一年的脚手架书面租赁合同，合同到期后，A

继续使用，并向 B 缴纳租金，B 也接收了 A 缴纳的脚手架设备租金。

问题：A、B 的行为在法律上有何效力？

【分析】

A、B 的行为属于有效的法律行为，即属于有效的后续合同行为，它属于合同形式中的其他形式之一。

6.1.4　合同的履行

6.1.4.1　合同履行的概念

合同履行，是指合同各方当事人按照合同的规定，全面履行各自的义务，实现各自的权利，使各方的目的得以实现的行为。合同依法成立，当事人就应当按照合同的约定，全部履行自己的义务。签订合同的目的在于履行，通过合同的履行而取得某种权益。合同的履行以有效的合同为前提和依据，因为无效合同从订立之时起就没有法律效力，不存在合同履行的问题。合同履行是该合同具有法律约束力的首要表现。

6.1.4.2　合同履行的原则

1. 全面履行的原则

当事人应当按照约定全面履行自己的义务，即按合同约定的标的、价款、数量、质量、地点、期限、方式等全面履行各自的义务。按照约定履行自己的义务，既包括全面履行义务，也包括正确适当履行合同义务。

合同生效后，当事人就质量、价款或者报酬、履行地点等内容没有约定或者约定不明的，可以协议补充，不能达成补充协议的，按照合同有关条款或者交易习惯确定，一般只能适用于部分常见条款欠缺或者不明确的情况，因为只有这些内容才能形成一定的交易习惯。如果按照上述办法仍不能确定合同如何履行的，适用下列规定进行履行：

（1）质量要求不明的，按国家标准、行业标准履行，没有国家、行业标准的，按通常标准或者符合合同目的的特定标准履行。

（2）价款或报酬不明的，按订立合同时履行地的市场价格履行；应当依法执行政府定价或政府指导价的，按规定履行。

（3）履行地点不明确的，给付货币的，在接收货币一方所在地履行；交付不动产的，在不动产所在地履行；其他标的在履行义务一方所在地履行。

（4）履行期限不明确的，债务人可以随时履行，债权人也可以随时要求履行，但应当给对方必要的准备时间。

（5）履行方式不明确的，按照有利于实现合同目的的方式履行。

（6）履行费用的负担不明确的，由履行义务一方承担。

合同在履行中既可能是按照市场行情约定价格，也可能执行政府定价或政府指导价。如果是按照市场行情约定价格履行，则市场行情的波动不应影响合同价，合同仍执行原价格。

如果执行政府定价或政府指导价的，在合同约定的交付期限内政府价格调整时，按照交付时的价格计价。逾期交付标的物的，遇价格上涨时按照原价格执行；遇价格下降时，按新价格执行。逾期提取标的物或者逾期付款的，遇价格上涨时，按新价格执行；价格下降时，按原价格执行。

2. 诚实信用原则

当事人应当遵循诚实信用原则，根据合同性质、目的和交易习惯履行通知、协助和保密的义务。当事人首先要保证自己全面履行合同约定的义务，并为对方履行创造条件。当事人双方应关心合同履行情况，发现问题应及时协商解决。一方当事人在履行过程中发生困难，另一方当事人应在法律允许的范围内给予帮助。在合同履行过程中应信守商业道德，保守商业秘密。

6.1.4.3　第三人履行合同

第三人履行合同包括债务人向第三人履行债务和第三人向债权人履行债务两种情况。

1. 债务人向第三人履行债务

债务人向第三人履行债务，是指债务人本应向债权人履行义务，但由于债权人与债务人经过约定由债务人向第三人履行债务，但原债权人的地位不变。这类合同往往被称为"为第三人利益订立的合同"。当事人约定由债务人向第三人履行债务，债务人未向第三人履行债务或者履行债务不符合约定，应当向债权人承担违约责任。

债务人向第三人履行债务，但第三人仍不是合同的当事人。合同当事人需协商同意由第三人接受履行，向第三人的履行原则上不能增加履行难度和履行费用。

2. 第三人向债权人履行债务

第三人向债权人履行债务，是指经当事人约定由第三人代替债务人履行债务。当事人约定由第三人向债权人履行债务的，第三人不履行债务或者履行债务不符合约定，债务人应当向债权人承担违约责任。

第三人向债权人履行债务，第三人也不是合同的当事人。但这种代替履行的行为必须征得债权人的同意，并且对债权人没有不利的影响。

6.1.4.4　合同履行中的抗辩权

抗辩权是指在双务合同的履行中，双方都应当履行自己的债务，一方不履行或者有可能不履行时，另一方可以据此拒绝对方的履行要求。

1. 同时履行抗辩权

当事人互负债务，没有先后履行顺序的，应当同时履行。同时履行抗辩权包括：一方在对方履行之前有权拒绝其履行要求；一方在对方履行债务不符合约定时，有权拒绝其相应的履行要求。

同时履行抗辩权的适用条件是：

（1）由同一双务合同产生互负的对价给付债务。

（2）合同中未约定履行的顺序。

（3）对方当事人没有履行债务或者没有正确履行债务。

（4）对方的对价给付是可能履行的义务。所谓对价给付是指一方履行的义务和对方履行的义务之间具有互为条件、互为牵连的关系，并且在价格上基本相等。

2. 先履行抗辩权

先履行抗辩权也包括两种情况：当事人互负债务，有先后履行顺序的，先履行的一方未履行的，后履行的一方有权拒绝其履行要求；先履行的一方履行债务不符合规定的，后履行的一方有权拒绝其相应的履行要求。

先履行抗辩权的适用条件为：

（1）由同一双务合同产生互负的对价给付债务。

（2）合同中约定了履行的顺序。

（3）应当先履行的合同当事人没有履行债务或者没有正确履行债务。

（4）应当先履行的对价给付是可能履行的义务。

3. 不安抗辩权

不安抗辩权，是指合同中约定了履行的顺序，合同成立后发生了应当后履行合同一方财务状况恶化的情况，应当先履行合同一方在对方未履行或者提供担保前有权拒绝先为履行。设立不安抗辩权的目的在于，预防合同成立后情况发生变化而损害合同另一方的利益。

应当先履行合同的一方有确切证据证明对方有下列情形之一的，可以中止履行：

（1）经营状况严重恶化。

（2）转移财产、抽逃资金，以逃避债务的。

（3）丧失商业信誉。

（4）有丧失或者可能丧失履行债务能力的其他情形。

当事人中止履行合同的，应当及时通知对方。对方提供适当的担保时应当恢复履行。中止履行后，对方在合理的期限内未恢复履行能力并且未提供适当的担保，中止履行一方可以解除合同。当事人没有确切证据就中止履行合同的应承担违约责任。

在本讲的引例中，按照合同规定，甲方代表及其委派人员有权在施工过程中的任何时候对所管工程进行现场检验，乙方应为其提供便利条件，并按照甲方代表及委派人员的要求返工、修改，承担由自身原因导致返工及修改的费用。毫无疑问，甲方代表的各种检查都会给被检查现场带来某种干扰，但这种干扰应理解为是合理的。甲方代表所提出的修改或返工的要求应该依据合同所指定的技术规范，一旦甲方代表的检查超出了合同范围提出的要求，超出了一般正常的技术规范要求即认为是苛刻检查。所以，甲方代表对自己的权力职责行为应掌握好合同界限，过分地、不恰当地使用自己的权力，将会产生不良后果。特别是面对具有丰富经验的承包公司。

对工程苛刻检查常见的情况有：对同一部位的反复检查；使用与合同规定不符的检查标准进行检查；过分频繁的检查；故意不及时检查等。在实际工作中，有时对"严格检查"与"苛刻检查"的划分难以统一看法，也往往会引起甲、乙双方工作上的不协调，影响主要工作目标的实施。只有在特殊情况下，上述情况才按索赔进行处理。

6.1.5　合同的变更、转让和终止

6.1.5.1　合同的变更

合同变更是指当事人对已经发生法律效力，但尚未履行或者尚未完全履行的合同，进行修改或补充所达成的协议。合同法规定，当事人协商一致可以变更合同。这里讲的合同变更是狭义的，仅指合同内容和客体的变更，不包括合同主体的变更。

合同变更必须针对有效的合同，协商一致是合同变更的必要条件，任何一方都不得擅自变更合同。由于合同签订的特殊性，有些合同需要有关部门的批准或登记，对于此类合同的变更需要重新登记或审批。

合同的变更一般不涉及已履行的内容。

有效的合同变更必须要有明确的合同内容的变更。如果当事人对合同的变更约定不明确，视为没有变更。

合同变更后原合同债消灭，产生新的合同债。因此，合同变更后，当事人不得再按原合同履行，而须按变更后的合同履行。

6.1.5.2　合同的转让

合同转让是指合同一方将合同的权利、义务全部或部分转让给第三人的法律行为。合同的转让包括债权转让和债务承担两种情况，当事人也可将权利和义务一并转让。

1. 债权转让

债权转让是指合同债权人通过协议将其债权全部或者部分转让给第三人的行为。债权人可以将合同的权利全部或者部分转让给第三人。法律、行政法规规定转让权利应当办理批准、登记手续的，应当办理批准、登记手续。但下列情形债权不可以转让：

（1）根据合同性质不得转让。

（2）根据当事人约定不得转让。

（3）依照法律规定不得转让。

债权人转让权利的，应当通知债务人。未经通知的，该转让对债务人不发生效力。且转让权利的通知不得撤销，除经受让人同意。受让人取得权利后，同时拥有与此权利相对应的从权利。此从权利与债权人不可分割。债务人对债权人的抗辩同样可以针对受让人。

2. 债务承担

债务承担是指债务人将合同的义务全部或者部分转移给第三人的情况。债务人将合同的义务全部或部分转移给第三人的必须经债权人的同意，否则，这种转移不发生法律效力。法律、行政法规规定转移义务应当办理批准、登记手续的，应当办理批准、登记手续。

债务人转移义务的，新债务人可以主张原债务人对债权人的抗辩，并且应当承担与主债务有关的从债务，但该从债务专属于原债务人自身的除外。

3. 权利和义务同时转让

当事人一方经对方同意，可以将自己在合同中的权利和义务一并转让给第三人。当事人订立合同后合并的，由合并后的法人或者其他组织行使合同权利，履行合同义务。当事人订立合同后分立的，除债权人和债务人另有约定外，由分离的法人或其他组织对合同的权利和义务享有连带债权，承担连带债务。

6.1.5.3　合同的终止

1. 合同终止的概念

合同终止，是指当事人之间根据合同确定的权利和义务在客观上不复存在。合同终止是随着一定法律事实发生而发生的，与合同中止不同之处在于，合同中止只是在法定的特殊情况下，当事人暂时停止履行合同，当这种特殊情况消失以后，当事人仍然承担继续履行的义务；而合同终止是合同关系的消灭，不可能恢复。

2. 合同终止的原因

（1）债务已按照约定履行。

债务已按照约定履行即是债的清偿，是按照合同约定实现债权目的的行为。其含义与履行相同，但履行侧重于合同动态的过程，而清偿则侧重于合同静态的实现结果。

清偿是合同的权利和义务终止的最主要和最常见的原因。清偿一般由债务人为之，但不以债务人为限，也可能由债务人的代理人或者第三人进行合同的清偿。清偿的标的物一般是合同规定的标的物，但是债权人同意，也可用合同规定的标的物以外的物品来清偿其债务。

（2）合同解除。

合同解除，是指对已经发生法律效力、但尚未履行或者尚未完全履行的合同，因当事人一方的意思表示或者双方的协议而使债权债务关系提前归于消灭的行为。合同解除可分为约定解除和法定解除两类。

约定解除是当事人通过行使约定的解除权或者双方协商决定而进行的合同解除。当事人协商一致可以解除合同，即合同的协商解除。当事人也可以约定一方解除合同的条件，解除合同条件成立时，解除权人可以解除合同，即合同约定解除权的解除。

法定解除是解除条件直接由法律规定的合同解除。当法律规定的解除条件具备时，当事人可以解除合同。它与合同约定解除权的解除都具备一定解除条件时，由一方行使解除权。区别则在于解除条件的来源不同。有下列情形之一的，当事人可以解除合同：

1）因不可抗力致使不能实现合同目的的。

不可抗力是指不能预见、不能避免并且不能克服的客观情况。不可抗力往往导致合同当事人无法履行合同义务，这种履约不能不是当事人的过错引起的，受不可抗力影响一方可以解除合同。如果不可抗力对双方都有影响，则双方都享有解除权。

2）在履行期限届满之前，当事人一方明确表示或者以自己的行为表明不履行主要债务。

拒绝履行是指债务人能够履行而违法地作出不履行的意思表示，这实际上是英美法系中的预期违约。

它既可以是明确表示，也可以是以自己的行为表明。因为在许多情况下，违约行为发生后到履行期限届满再追究违约人的违约责任，将给守约者造成无法挽回的损失，也会给社会财富造成大量的浪费。在这种情况下，守约当事人可以解除合同。

3）当事人一方延迟履行主要债务，经催告后在合理的期限内仍未履行。

债务人迟延履行又称给付迟延，是指债务人对于履行期满的债务，能够履行而未履行。主要债务是指合同规定的具有重要地位的、决定合同性质的合同义务。主要债务的不履行将导致合同的根本目的没有实现。在这种情况下，没有违约一方可以解除合同。

4）当事人一方延迟履行债务或者有其他违法行为，致使不能实现合同目的的。

一般认为，致使不能实现合同目的的违约属于英美法系中的根本违约，没有违约一方可以解除合同。它与一般违约不同，一般违约不能影响合同目的的实现。

5）法律规定的其他情形的。

由于上述 4 项合同解除的法定条件仅仅是列举式的，不能包含所有可以解除合同的情况。法律规定的其他情形可以解除合同的，当事人也可以解除。

（3）债务相互抵销。

债务相互抵销是指两个人彼此互负债务，各以其债权充当债务的清偿，使双方的债务在等额范围内归于消灭。债务抵销可以分为约定债务抵销和法定债务抵销两类。

（4）债务人依法将标的物提存。

标的物提存是指由于债权人的原因致使债务人无法向其交付标的物，债务人可以将标的物交给有关机关保存以此消灭合同的制度。因为债务的履行往往要有债权人的协助，如果由于债权人的原因致使债务人无法向其交付标的物，仅仅要求债权人承担违约责任，将使债务人长期处于合同不合理的约束之下。提存制度正是为了解决这一问题。债务人可以将标的物提存后，合同的权利和义务即告终止。我国目前的提存机构为公证机构。有下列情况，难以履行债务的，债务人可以将标的物提存：

1）债权人无正当理由拒绝领受。

2）债权人下落不明。

3）债权人死亡未确定继承人或者丧失民事行为能力未确定监护人。

4）法律规定的其他情形。

标的物不适用于提存，或提存费用过高的，债务人依法可以拍卖或变卖标的物，提存所得的价款。标的物提存后，除债权人下落不明外，债务人应当及时通知债权人或其继承人、监护人。

标的物提存后，毁损、灭失的风险由债权人承担。提存期间标的物的孳息归债权人所有，提存费用由债权人承担。债权人可随时提取提存物，但必须以偿还债务人的到期债务或提供担保为基础；否则，提存部门根据债务人的要求拒绝其领取提存物。债权人领取提存物的权利，自提存之日起5年内不行使而消灭，提存物扣除提存费用后，归国家所有。

（5）债权债务同归一方。

债权债务同归一方也称混同，是指债权债务同归于一人而导致合同权利和义务归于消灭的情况。但是，在合同标的物上设有第三人利益的，如债权上设有抵押权，则不能混同。混同是一种事实，无须任何意思表示。

（6）债权人免除债务。

它指债权人免除债务人的债务，即债权人以消灭债务人的债务为目的而抛弃债权的意思表示。债权人免除债务人部分或者全部债务的，合同的权利和义务部分或者全部终止。因债务消灭的结果，从债务如利息债务、担保债务等也同时归于消灭。免除债务是一种民事法律行为，必须有抛弃的意思表示而不能以事实行为的方式作出。免除是一种无偿行为，必须以债权债务关系消灭为内容。

（7）合同的权利和义务终止的其他情形。

除了上述原因外，法律规定或者当事人约定合同终止的其他情形出现时，合同也告终止。如时效（取得时效）的期满、合同的撤销、作为合同主体的自然人死亡而其债务又无人承担等。

6.2　建 设 工 程 合 同

6.2.1　建设工程合同的概念与分类

6.2.1.1　建设工程合同的概念

建设工程合同是指一方依约完成建设工程，另一方按约定验收工程并支付价款的合同。习惯上把前者称为承包人，后者称为发包人。建设工程合同是一种诺成合同，合同订立后双方都应当严格履行。建设工程合同也是一种双务、有偿合同，当事人双方在合同中都有各自的权利、义务，在享有权利的同时必须履行义务。

建设工程合同是广义的加工承揽合同的一种，承包人按照发包人的要求完成工程建设、交付符合合同约定质量目标的工程，发包人及时向承包人支付工程价款及相关款项的合同，对应于承揽人按照定作人的要求完成工作、交付工作成果，定作人向承揽人赋予报酬的合同。由于建设工程合同在经济活动、社会生活中的重要作用，以及合同标的和国家对建设工程合同管理等方面的特殊性，因此我国《合同法》将建设工程合同单独列为一类重要的合同类型。建设工程合同是从承揽合同中分离出来的，《合同法》287 条规定："本章（建设工程合同）没有规定的，适用承揽合同的有关规定"。

6.2.1.2　建设工程合同的分类

工程建设一般都需要经过勘察、设计、施工等若干个过程才能最终完成。建设工程的性质决定了各个过程的顺序性，前一个过程的结果是后一个过程的基础和前提，后一个过程是前一个过程的目的，各个过程不可缺漏，顺序不能颠倒。

（1）从建设环节和合同内容的不同，建设工程合同可分为工程勘察合同、工程设计合同和工程施工合同。

1）工程勘察合同。工程勘察是指对工程项目进行实地考察或者查看，主要内容包括工程测量、水文地质勘察和工程地质勘察等，其任务是为建设项目的选址提供依据，为工程设计和工程施工提供科学、可靠的第一手基础性资料。工程勘察合同是指发包人与勘察人就完成建设工程地理、地质状况的调查研究工作而达成的协议。勘察工作是一项专业性很强的工作，所以一般应当由专门的地质工程单位完成。工程勘察合同就是反映并调整发包人与受托地质工程单位之间关系的依据。

2）工程设计合同。工程设计合同是指正式进行工程和建筑、安装之前，预先确定工程的建设规模、主要设备的配置、建设结构等的合同。根据我国现行法律的规定，一般建设项目按初步设计和施工图设计两个阶段进行设计，而对于技术复杂又缺乏实践经验的项目，往往需要增加技术设计阶段。一般建设项目设计合同实际上包括初步设计合同和施工图合同两个合同。初步设计合同是为项目立项进行初步的勘察、设计，为主管部门进行项目决策而成立的合同；施工图设计合同是指在项目决策确立之后，为进行具体的施工而成立的设计合同。

3）工程施工合同。工程施工合同简称施工合同，是指承包人按照发包人的要求，依据勘察、设计及有关资料和要求，进行工程建设、安装的合同。按照施工内容不同，工程施工合同又可以分为土木施工合同和安装施工合同两种，土木建设合同也不排除部分安装的内容。实际工程中，两种合同经常交织在一起。

建设工程施工合同都是在平等自愿的基础上由双方当事人协商签订的，合同成立一般不需要批准。

（2）按建设工程承包合同的主体进行分类，建设工程合同可以分国内工程合同和国际工程合同。

1）国内工程合同。国内工程承包合同，是指合同双方都属于同一国的建设工程合同。

2) 国际工程合同。国际工程合同，是指一国的建筑工程发包人与他国的建筑工程承包人之间，为承包建筑工程项目，就双方权利和义务达成一致的协议。国际工程承包合同的主体一方或双方是外国人，其标的是特定的工程项目，如道路建设、油田、矿井的开发、水利设施建设等。合同内容是双方当事人依据有关国家的法律和国际惯例并依据特定的为世界各国所承认的国际工程招标投标程序，确立的为完成本项特定工程的双方当事人之间的权利和义务。这一合同又可分为工程咨询合同、建设施工合同、工程服务合同及提供设备和安装合同。

6.2.2　建设工程施工合同

6.2.2.1　施工合同概述

施工合同即建筑安装工程承包合同，是指发包人和承包人为完成商定的建筑安装工程，明确相互权利、义务关系的合同。在建设领域，习惯于将施工合同的当事人称为发包人和承包人，或是发包方和承包方。依据施工合同约定，承包人应按照勘察资料、施工设计图纸、标准与规范等完成施工任务，向发包人交付符合合同约定质量标准的工程；发包人应提供必要的施工条件和支付各种工程价款。

施工合同是建设工程合同的一类，是一种双务有偿合同。按照施工内容不同，施工合同可以分为建筑施工合同和安装合同。施工合同一般是指进行土木建设的合同，但也不排除有部分安装的内容。安装合同是指进行水电、设备安装等的合同。两种合同类型经常交织在一起。

施工合同是建设工程合同的主要合同，是工程建设的主要依据，是工程建设质量控制、进度控制、投资控制的主要依据。在市场经济条件下，建设市场主体之间相互的权利、义务关系主要是通过施工合同确立的。因此，施工合同是维护双方权益的主要依据和凭证。在建设领域中，加强施工合同的管理具有十分重要的意义。

1999 年 3 月 15 日九届全国人大二次会议通过并于 1999 年 10 月 1 日起实施的《中华人民共和国合同法》，对建设工程施工合同做了明确的规定。施工合同是一种民事合同，合同的双方是平等的民事主体。无论发包人是国家机关、企业法人还是一般的公民，其与承包人的法律地位都是平等的。为了满足工程施工和质量等需要，《建筑法》对承包人进行了约束，要求其必须具备国家相应资质条件和履行施工合同的能力，承包人必须是企业法人。而对于发包人，既可以是具备法人资格的国家机关、事业单位、企业单位和社会团体，也可以是依法登记的个人合伙企业、个体经营户或者是个人，即一切以协议、法律等要求且具备合法手续，承认全部合同条件，自愿和有能力履行合同约定义务的合同当事人。特别是为了保证工程款能及时支付，要求发包人必须具备支付工程价款的能力。按照发包层次不同，发包人可以是建设单位，也可以是取得建设项目的总承包资格的项目总承包单位。

1. 施工合同的特征

建设工程不同于一般工业产品，由于其结构复杂、规模大、施工期限长、构成工程造价因素多，因此建设工程施工合同具有以下特征：

（1）合同标的的特殊性。

建设工程施工合同的标的是建筑产品。建筑产品是一种特殊的产品，其基础部分与大地相连，不能够随意移动，具有惟一性，而且不能像工业商品那样批量生产，这就决定了施工合同的标的具有不可替代性，决定了承包人作业的流动性，不能在固定的工厂进行生产。另外，建筑产品的类别庞杂，涉及多个专业（道路、水利、桥梁、房屋建筑等），其外形、结构、使用目的、使用人等各不相同，这就决定每一个建筑产品都具有其特殊性。

（2）合同履行期限的长期性。

建设工程由于结构复杂、体积庞大、建筑材料类型多、工作量大，所以合同履行期限较长。而且，建设工程施工合同的订立和履行一般都需要较长的准备期，譬如采用招标形式确定承包人，从开始编制招标文件到签订施工合同，至少需要两个月的时间。在合同履行过程中，还可能因为不可抗力、工程变更、材料供应不及时等原因而导致合同工期的顺延。所有这些情况，都使得建设工程施工合同履行期限具有长期性的特点。

（3）合同内容的多样性和复杂性。

虽然施工合同的当事人只有两个（方），但是涉及的合同主体却有许多。与大多数合同相比较，施工合同履行涉及的法律内容包括劳动关系、运输关系、保险关系、买卖关系、委托代理关系等，既多种多样又相当复杂，这就要求施工合同的内容应尽量详细。除了应当具备合同的一般内容外，还应对安全施工、文物和地下障碍物、专利技术使用、工程分包、不可抗力、工程变更、材料设备的供应、工程量偏差、质量验收、变更工程价款的确定、工期和费用索赔等内容作出规定，为当事人双方提供明确的履约标准和依据。在施工合同履行过程中，除了承包人与发包人的合同关系外，还涉及与劳务人员的劳动关系、与保险公司的保险关系、与材料供应商的买卖关系、与运输企业的运输关系等。所有这些，都决定了施工合同的内容具有多样性和复杂性的特点。

（4）合同监督的严格性。

由于工程项目不仅影响发包人、承包人双方，而且影响国计民生。因此，国家对施工合同的监督是十分严格的。具体包括以下 3 个方面：

1）对合同订立的监督。《合同法》第 287 条规定："建设工程合同应当采用书面形式"，《中华人民共和国招标投标法》第 46 条规定："招标人和中标人应当自中标通知书发出之日起 30 日内，按照招标文件和中标人的投标文件订立书面合同。"因此，合同双方应按照法律规定，采用书面形式，按时订立施工合同。

2）对合同主体的监督。施工合同主体的单位一般要求是法人单位，特别是合同当事人双方，均要求具备法人资格。除了私人自建住宅外，要求发包人一般应是国家批准的工程建设项目的法人，而且应落实投资计划，具备相应的协调能力。承包人要求必须是企业法人，而且是具备符合国家相应资质要求的施工企业。无营业执照或无承包资质的单位不能作为建设工程施工合同的承包人，资质等级低的不能超级承揽建设工程。

3）对合同履行的监督。对合同履行的监督主要有两个方面：一是招标工程的中标后的跟踪监督，包括现场情况落实的监督和中标价格执行情况的监督；二是质量监督，开工前，必须符合开工条件，办理施工许可和质量监督手续，施工过程中，接受建设行政主管部门的监督；竣工后，办理竣工验收备案。

2. 施工合同的作用

施工合同作为承包人实施、完成并保修合同工程，发包人支付工程价款的协议，是承包人与发包人维护自身权益的主要依据和手段，其对承包人、发包人的重要性毋庸置疑。施工合同贯穿了工程建设的整个过程，其对工程建设领域的重要性显而易见，主要表现在以下几个方面：

（1）施工合同明确了发包人和承包人的权利和义务。

首先，施工合同是双方行为的准则。在工程施工过程中，不论是承包人还是发包人，其一切行为和职责都要以施工合同为依据，双方必须按照合同办事；其次，施工合同制约着发包人和承包人的行为，要求双方严格履约。因履行合同使双方的权利和义务产生相互的关系，是法律关系而非情理的关系。也就是说，双方的权利和义务均受到法律的保护和监督，双方都必须认真履行合同；再者，施工合同明确了双方权利和义务。在工程施工过程中，承包人与发包人的权利和义务究竟如何，需由合同予以明确。而且这种权利和义务关系是相互补充、相互制约的，一方的权利就是另一方的义务；双方的权利就是自己一方的义务。

施工合同明确了发包人、承包人的权利和义务。施工合同的订立，只是履行合同的基础；而合同目标的最终实现，还有赖于合同双方严格按照合同的约定，正确履行各自的权利和义务。

（2）施工合同为工程施工和监理提供依据。

承包人的基本义务是按合同约定和监理工程师依据合同发出的指令实施、完成并保修工程，合同是承包人进行工程施工的主要依据。当然，这里所指的合同包括了所有组成合同的文件，如协议书、投标文件、设计施工图纸、通用条款、专用条款等。而发包人的基本义务是按照合同约定支付工程价款及其他各种应付款项，什么时候支付、该支付多少、怎样支付、未支付怎么办等都在合同中有明确的规定。

根据《建筑法》第32条规定："建筑工程监理应当依据法律、行政法规及有关技术标准、设计文件和建筑工程承包合同"。发包人、承包人和工程监理单位三者的关系，正是通过工程监理合同和施工合同确立的，工程监理单位对工程施工的监理是以施工合同为依据的。因为有了施工合同，承包人才可能接受监理单位的监理，而且只有发包人和承包人在订立的施工合同内明确了监理单位、监理工程师的职责，承包人才接受监理工程师的监理。而监理工程师要做好监理工作，代表发包人对承包人在施工质量、建设工期等方面实施监督，必须依据施工合同，因为所有这些要求、处理的程序等都是在合同中约定的。

（3）施工合同为工程造价确定与控制提供依据。

工程建设活动的结果，在实物形态上表现为建筑物，在经济活动中表现为工程造价。相对实物形态的建筑物而言，工程造价是无形的，其结果的确定和控制较为抽象，难度大。要合理确定和有效控制工程造价，就必须严格依据合同的约定。近几年来，随着我国加入WTO，工程造价咨询业的发展突飞猛进，工程造价咨询服务逐步贯穿工程施工全过程，取得良好效果，并已呈现高速发展的趋势。发包人、承包人和工程造价咨询单位三者的关系，正是通过工程造价咨询合同和施工合同确立的。也就是说，工程造价咨询单位对工程造价的确定与控制，是以施工合同为依据的。造价工程师受发包人委托，按施工合同约定开展工作，代表发包人进行工程造价确定与控制。

（4）施工合同是保护发包人和承包人合法利益的依据。

依法订立的合同，受法律保护，对承包人、发包人双方都具有约束力。法律保护，首先是体现在合同一经订立，签约双方就建立了一种民事法律关系。而这种民事法律关系的履行、变更和终止都受到法律的保护和约束。发包人、承包人任何一方不履行义务，影响另一方权益，就要承担相应的民事责任。法律保护，其次是体现在合同是追究违约责任的依据。判断一方的行为是否违约，以及怎样追究违约方的违约责任（即违约应该承担什么责任），都必须依据合同来确定。合同明确违约责任，旨在提高合同的履行效率，让违约者付出代价，更好地保护守约方的合法权益。法律保护，第三是体现在合同纠纷的处理（即合同救济）上。合同履行期间，经常会发生矛盾和纠纷，应由哪一方负责任和应负多少责任，双方都有不同意见。调解人、仲裁人和法院在调解、仲裁或审理纠纷（案件）时，均以法律和合同为依据。由此可见，合同是保护合同双方合法权益的依据。

6.2.2.2　施工合同的类型

（1）按照承包方式不同，施工合同可以分为总承包合同、专业分包合同和劳务分包合同。

1）总承包合同。总承包合同是指发包人与承包人之间签订的施工总承包合同，内容包括项目的诸阶段——计划、设计、施工、运转的全过程或至少包括施工的若干阶段的承包，由协议书、通用条款和专用条款组成。

2）专业分包合同。专业分包合同是指承包人将建设工程施工中除主体结构施工外的其他专业工程发包给具有相应专业资质的施工企业（分包人）施工而签订的合同。

3）劳务分包合同。劳务分包合同是指施工总承包企业或专业承包企业，即劳务作业发包人将其承包工程的劳务作业发包给具有劳务分包资质的劳务承包企业，即劳务作业承包人完成而签订的合同。业主不得指定劳务作业承包人，劳务分包人也不得将该合同项下的劳务作业转包或再分包给他人。

（2）按照计价方式不同，施工合同可以分为总价合同、单价合同、成本加酬金合同。

1）总价合同。总价合同是指合同中确定一个完成项目的总价，承包人据此完成项目全部内容的合同。采用总价合同类型招标，评标委员会评标时易于确定报价最低的投标人，评标过程较为简单，评标结果客观；发包人易于进行工程造价的管理和控制，易于支付工程款和办理竣工结算手续。

总价合同适用于工程量不太大，且能精确计算，工期较短，技术不太复杂，风险不大，设计图纸准确、详细的项目。

总价合同又分为固定总价合同与可调总价合同。固定总价合同是指承包整个工程的合同价款总额已经确定，在工程实施中不再因物价上涨、工程量的变化而变化。工期一般不超过一年。可调总价合同是指合同条款中双方商定由通货膨胀引起工料成本增加或达到某一限度时，合同总价相应调整，在工程全部完成后以竣工图的工程量最终结算工程总价款。项目工期一般较长，各项单价在施工实施期间不因价格变化而调整，而在每月（或每阶段）工程结算时，根据实际完成的工程量结算，在工程全部完成后以竣工图的工程量最终结算工程总价款。

2）单价合同。单价合同是施工合同类型中最主要的一种合同类型。就招标投标而言，采用单价合同时一般由招标人提供详细的工程量清单，列出各分部分项工程项目的数量和名称，投标人按照招标文件和统一的工程量清单进行报价。

单价合同适用的范围较为广泛，其风险分配较为合理，并且能够鼓励承包人通过提高工效、管理水平等手段从节约成本中提高利润。单价合同的关键在于双方对单价和工程量的计算和确认，其一般原则是"量变价不变"。量，是工程量清单所提供的量，是投标人投标报价的基础，并不是工程结算的依据；工程结算的量是承包人实际完成的工程数量，但是对承包人超出设计图纸范围和因承包人原因造成返工的工程量，不予计量。价，是中标人在工程量清单中填报的单价（费率），一般情况下不变。工程结算时，按照实际完成的工程量和工程量清单中所填报的单价（费率）办理。

单价合同又分为固定单价合同和可调单价合同。其中固定单价合同是指单价不变，工程量调整时按单价追加合同价款，工程全部完工时按竣工图工程量结算工程款。固定单价合同，承包人承担的风险较大，不仅包括了市场价格的风险，而且包括工程量偏差情况下对施工成本的风险。可调单价合同是指签约时，因某些不确定因素存在暂定某些分部分项工程单价，实施中根据合同约定调整单价；另根据约定，如在施工期内物价发生变化等，单价可作调整。有的工程在招标或签约时，因某些不确定性因素而在合同中暂定某些分部分项工程的单价，在工程结算时，再根据实际情况和合同约定对合同单价进行调整，确定实际结算单价。可调单价合同，承包人仅承担一定范围内的市场价格风险和工程量偏差对施工成本影响的风险。超出上述范围的按照合同约定进行调整。

3）成本加酬金合同。成本加酬金合同是由发包人向承包人支付工程项目的实际成本，并按照事先约定的某一种方式支付酬金的合同类型。对于酬金的约定一般有两种方式：一是固定酬金，合同明确一定额度的酬金，无论实际成本大小，发包人都按照约定的酬金额度进行支付；二是按照实际成本的比率计取酬金。

采用成本加酬金合同，发包人需要承担项目实际发生的一切费用，承担几乎全部的风险；而承包人，除了施工风险和安全风险外，几乎无风险，其报酬往往也较低。这类合同的主要缺点在于发包人对工程造价不易控制，承包人也不注意降低项目成本，不利于提高工程投资效益。

成本加酬金合同适用于双方约定业主承担全部费用和风险，向承包方支付工程项目的实际成本，支付方式事先约定。主要适用于以下几类项目：

a）需要立即开展工作的项目，如震后的救灾工作。

b）新型的工程项目，或者对项目内容及技术经济指标未确定。

c）风险很大的项目。

6.2.2.3　国际工程的施工合同类型

1. 工程量清单型合同

在土建工程中，就国际竞争性招标和国内竞争性招标两种方式而言，采用最广泛的是计量型单价合同，这也是 FIDIC 合同条件所适用的合同类型。它是由项目业主单位或其招标代理人向愿意投标的各承包商提供一套以某一具体工程为"标的"的招标文件，让他们以工程量清单的形式报价。工程量清单根据设计或施工图纸编制，并根据标准工程量计算方法将工程分解成为分项工程。清单的每一项中都对要完成的工程写出工程细目名称和相应的工程量。承包商对每一工程细目都填入单价，以及单价与工程量相乘后的合价，其中包括人工、材料、机械、临时工程、管理费、担保、有关的保险、税金和利润。所有细目及分项工程合价之和，再加上不可预见费，计日工等暂定金额，构成其投标价。这种以工程量清单形式报出的单价的各分项价的单价即可得出总标价，承担的风险较小，业主也只审核单价是否合理即可，双方都方便。增加的工程或者重新作价或者按类似细目的既定单价计价，但均应以变更令的形式由监理工程师签发。

工程量清单这一形式，其内涵基本上是计量型单价合同，但并不妨碍其中包含一定程序的总额支付项，如承包人驻地建设、实验室设备等细目，其内容要规定明确，投标是对此只报一个总价，按完成情况一次或分期支付。

2. 总价合同

总价合同要求投标人按照招标文件的要求报一个总价，按中标的工程总承包价订立合同，据此总价完成设计图纸和技术规范上规定的所有工程，业主不管承包商获得多少，均按此合同规定的总价分批付款。采用这种合同必须具有以下条件：工程风险不大；有详细而全面的设计图纸和规范；合同条件允许范围内，给承包商以各种必要的方便条件。总价合同一般又可分为固定总价合同和可调价合同。

（1）固定总价合同。

承包商的报价以详细而准确的设计图纸、规范和工程量清单为依据，并考虑到一引起费用的上涨因素，如果业主的设计图纸无变更，则总价固定，承包人不得要求变更承包价。这种合同承包商要承担一切风险，代价大。一般大、中型土建工程不采用这种方式。

（2）可调价总价合同。

在报价和订立合同时，以设计图纸、工程量及当时的价格计算签订的合同总价。但在合同条款中，双方应商定：如果在履行合同中，因物价上涨而引起工程投入物的成本上升，合同总价应相应调整。这种合同，由业主承担了物价上涨的风险，其他风险由承包商承担。

3. 纯单价合同

有的工程项目非常复杂，等设计完成后再招标是不可能的，招标时只能向投标人给出各分项工程的工作项目一览表、工程范围及必要的说明，而不是提供工程量。承包商只要给出各项细目的单价、甚至主要的、最常发生的典型细目即可，在其后的施工中，按现场实际计量各工程细目的工程量，按承包商报的单价付款。在没有详细的施工图和工程数量，对工程某些施工条件也不完全清楚的情况下就要开工，只能订立这种纯单价合同。这种合同在我国很少采用。

4. 成本加酬金合同

这种合同是业主向承包商支付实际成本和管理费及利润的一种合同方式。对于工程内容和技术经济尚未完全确定，而又急于上马的工程或完全崭新的工程，以及施工中风险很大的工程，可采用这种合同。这种合同的缺点是承包商可能会不受约束地增加工程直接费，而不精打细算。因此这种合同还可以分为以下两种：

（1）成本加固定或比例酬金合同。

承包商和业主是先谈妥酬金的数额或比例，以支付公司管理费用和利润。随着工程的进展，业主支付工程的直接费。因此业主的最终费用开支等于各种直接费用总和再加上付给承包商的酬金。

（2）限额成本加酬金合同。

为了克服一般成本加酬金合同的缺点，业主可以采用能够促使承包商关心工程成本的方法，将酬金与双方约定估价限额挂钩。但是为了考虑施工期间设计的进展，双方规定当工程量发生变化时可对估算限额进行调整。实际支付的酬金数额通过在原有的酬金基础上增减一个双方一致同意的数额或百分比来确定。

5. 交钥匙合同

这种方式有时又叫"统包"或"一揽子"合同，整个工程项目的设计和施工通常由一个承包单位承担，订立一份合同。项目业主只对项目概括地叙述一般情况，提出一般要求，而把项目的可行性研究、勘察、设计、施工、设备采购和安装及竣工后的一定时期内的试运行和维护等，全部承包给一个承包商。显然，采用这种方式，业主就必须很有经验，能够同承包商讨论工作范围、技术要求、工程款支付方式和监督施工方式。这种合同方式最适合于承包商非常熟悉的那类技术要求高的大型工程项目，业主要找许多专业公司分包，不如找一家公司总包省事。许多规模大、复杂的土木、机械、电气项目使用这种合同方式取得了成功。

6.2.2.4   施工合同的订立

6.2.2.4.1   订立施工合同的原则

施工合同不仅影响承包人和发包人的法律关系，而且与社会经济活动密切相关。任何合同的订立都必须遵守法律法规，并遵守以下原则。

1. 守法原则

《合同法》第7条规定："当事人订立、履行合同，应当遵守法律、行政法规。"首先，订立合同的主体要合法，即双方要有订立合同的民事权利能力和民事行为能力。企业法人订立合同时，必须在工商行政管理部门批准的营业范围内从事经营活动；其次，订立合同的内容不能违反法律、法规。当事人双方在订立和履行合同过程中，必须守法，如果订立的合同违反了法律、法规的规定，则合同无效或是违法的条款无效；最后，订立合同的程序和形式要合法。《合同法》第270条规定："建设工程合同应当采用书形式"，因此，施工合同应订立书面形式的合同，其目的是使得合同规范化，避免口说无凭，保障双方的合法利益。

2. 自愿原则

"契约自由"，是《合同法》的基本原则。《合同法》第4条规定："当事人依法享有自愿订立合同的权利，任何单位和个人不得非法干预"。自愿原则是指合同当事人在法律、法规允许范围内，根据自己的意愿订立合同，自愿体现在以下几个方面：一是有权选择订立合同的对方；二是有权决定合同的内容；三是有关决定合同订立的时间、地点等；四是有权变更合同内容，有权解除合同。

3. 诚实信用原则

施工合同是双务有偿合同，前提要求合同双方讲诚实、讲信用。所谓诚实就是订立合同的当事人意思表示要真实、合法、不歪曲或隐瞒真相、不欺骗对方，譬如工程招标，必须要在招标文件中详细说明工程现场的有关情况。所谓信用就是信守合同条款，严格履行双方商定的合同条款，不失信、不违约；违约就要承担违约责任，付出违约的代价。坚持诚实信用原则，是保障合同当事人权益的重要原则，也是确保社会秩序稳定的重要手段。

4. 等价有偿原则

《民法通则》第 4 条规定："民事活动应当遵循等价有偿原则"。在市场经济条件下，等价交换是价值规律的基本体现。对于施工合同，承包人为发包人建设工程，发包人就应向承包人支付工程价款，而且支付的工程价款应与承包人付出的建设行为价值相当。

5. 平等原则

施工合同的双方是平等的民事主体，双方的法律地位平等。坚持平等原则，要求合同一方不得把自己的意思强加给另一方。坚持平等原则，要求合同当事人应当遵循公平的原则，明确各方的权利、义务，不能以自身优势、地位提出不平等的条款，免除或减轻自身责任而加重对方责任；坚持平等原则，要求合理、公平地解决合同纠纷。

6. 不得损害社会公共利益和扰乱社会经济秩序原则

《合同法》第 17 条规定："当事人订立、履行合同，应当遵守法律、行政法规，尊重社会公德，不得扰乱社会经济秩序，损害社会公共利益"。如果订立的合同，损害了国家利益或者社会利益，或者扰乱了社会经济秩序，就是违法。社会经济秩序是社会经济主体进行经济往来的必备条件，需要社会共同遵守。

6.2.2.4.2　订立施工合同的方式

按照发包方式不同，施工合同的订立方式主要有以下 3 类。

1. 总包方式

总包方式是指发包人与承包人就某项建设工程的全部勘察、设计、施工、订立一个总承包合同，承包人应当就建设工程从勘察、设计、施工到工程竣工整个过程对发包人负责。这里的承包人一般称为总承包人。总承包人与发包人订立总承包合同，对建设项目的可行性研究、勘察设计、设备材料的选定、工程施工、竣工投产实行全过程总承包。总承包人可以通过招标或其他合法方式将勘察设计、施工、材料设备供应等分包，并依法订立分包合同。以总承包方式订立的合同，合同的当事人只是发包人和总承包人。经发包人同意的分包人虽然实施了工程的一部分，但并不是总承包人合同的当事人。总承包人对全部工程向发包人承担责任，分包人对其各自完成的工程同总承包人向发包人承担连带责任。

2. 独立承包方式

独立承包是指发包人并不将建设工程全部建设任务发包给某一个承包人，而是分别与勘察单位、设计单位、施工单位订立勘察合同、设计合同、施工合同，勘察、设计、施工等单位对自己负责的建设任务对发包人分别负责，甚至对于一些工程较大的项目，发包人可能分别与几个勘察单位、设计单位、施工单位订立若干独立的勘察合同、设计合同、施工合同，各承包人之间是相互独立的，除了业务的衔接外，不发生任何合同关系。

3. 联合承包方式

《建筑法》第 27 条和《招标投标法》规定了联合工程承包方式。联合承包即两个或者两个以上的承包人组成联合体，共同人为承包人承担施工义务，并且对联合承包合同的履行承担连带责任，联合承包一般适用于大型建设工程或者结构复杂的建设工程施工。

联合工程承包的连带责任与总承包人和分包人之间的连带责任不完全相同。总承包人和分包人之间是分包合同关系，总承包人对合同工程承担责任，对分包人完成的工程承担连带责任；分包人就其完成的工程对总承包人负责，对总承包人完成的其他工程并不承担任何责任。同时，分包人虽然对其完成的工程向发包人承担责任，但并非总承包合同的当事人，而只是债务承担人，不能直接向发包人请求支付工程款，即分包人只承担了总承担合同中的部分义务，而没有取得总承包合同中相应的权利，其权利通过分包合同取得。而在联合共同承包合同中，联合体各方都是合同的当事人，与发包人有直接的合同关系，均享有合同规定的权利，履行合同规定的义务。联合体成员之间，对发包人承担连带的责任；而联合体各成员之间责任，应按照联合体协议进行划分。

6.2.2.4.3 订立施工合同的程序

《合同法》第 13 条规定："当事人订立合同，采取要约和承诺的方式"。要约和承诺是签订合同的两个必经程序，关于要与与承诺，详见"6.1.2 合同的订立"。

采用招标投标方式发包的建设项目，寄送的价目表、拍卖公告、招标公告、招股说明书、商业广告等为要约邀请。要约邀请是希望他人向自己发出要约的意思表示。

招标人发出招标公告和招标文件属于要约邀请的法律性质。招标公告和招标文件的目的是希望投标人参与投标，向招标人提交投标文件，以便从中择优确定中标人。尽管施工招标项目的招标文件较为明确具体，包括合同主要条款、工程量清单、图纸等合同文件，但其缺乏"价款（造价）"、"施工措施"等实质性内容，不符合要约的第一个条件；招标人只是按照招标文件明确的评标方法和评标标准确定中标人，与中标人签订合同。因此，招标也不符合要约的第二个条件。

投标人编制投标文件、向投标人递交投标文件属于要约的法律性质。首先，投标文件应实质性响应招标文件的要求，内容具体明确，既包括了施工组织设计，又提交了投标价格，与招标文件结合，有明确的履约标准；其次，一经评定中标，该投标人即变为中标人，必须履行投标文件的规定，按照招标文件和中标人的投标文件与招标人订立施工合同。

投标人中标、招标人向中标人发出中标通知书属于承诺的法律性质。中标通知书发出后的 30 天内，招标人必须按照《招标投标法》第 46 条的规定，与中标人签订书面合同。施工合同签订后，招标人变为发包人，中标人变为承包人。

6.2.2.5 施工合同的内容及履行

6.2.2.5.1 合同主体及其权利和义务

《合同法》第 12 条规定："当事人的名称或者姓名和住所"，是合同的主要内容之一。明确施工合同的发包人、承包人，是确定合同双方权利、义务的享有者和承担者的前提，是工程建设施工的前提，也是确定诉讼管辖的前提，对合同当事人双方具有十分重要的意义。在组成施工合同的文件中，协议书具有最高优先解释权，当事人双方一般需要在"协议书"中明确发包人、承包人的具体身份。建设工程合同以约定的形式赋予双方相应的权利和义务。

1. 发包人义务

发包人除向承包人承诺按照合同约定的期限和方式支付工程价款外，还应履行以下义务：

（1）办理土地征用、拆迁、平整施工场地等工作，使施工场地具备施工条件，在开工后继续负责解决以上工作遗留问题。

（2）将施工所需水、电、通信线路从施工场地外部接驳至专用条款约定地点，保证施工期间的需要。

（3）开通施工场地与城乡公共道路的通道，以及专用条款约定的施工场地内的主要道路，满足施工运输的需要，保证施工期间的道路畅通。

（4）向承包人提供施工场地的工程地质勘察资料，以及施工现场及毗邻区域内供水、排水、供电、供气、供热、通信、广播电视等地下管线资料，气象和水文观测资料，相邻建筑物和构筑物、地下工程的有关资料。

（5）办理施工许可证及其他施工所需证件、批准文件和办理临时用地、停水、停电、中断道路交通、爆破作业等的申请批准手续（承包人自身施工资质的证件除外）。

（6）确定水准点与坐标控制点，组织现场交验并以书面形式移交给承包人。

（7）组织承包人和设计单位进行图纸会审和设计交底。

（8）协调处理施工场地周围地下管线和邻近建筑物、构筑物（包括文物保护建筑）、古树名木的保护工作、承担有关费用。

（9）双方在专用条款内约定的发包人应做的其他工作。

2. 承包人义务

承包人的主要义务是按合同约定和指令组织施工，交付符合合同约定质量标准的工程。除此之外，承包人还应履行下列义务：

（1）根据发包人委托，在其设计资质等级和业务允许的范围内，完成施工图设计或与工程配套的设计，经工程师确认后使用，发包人承担由此发生的费用。

（2）向工程师提供年、季、月度工程进度计划及相应进度统计报表。

（3）根据工程需要，提供和维修非夜间施工使用的照明、围栏设施，并负责安全保卫。

（4）按专用条款约定的数量和要求，向发包人提供施工场地办公和生活的房屋及设施，发包人承担由此发生的费用。

（5）遵守政府有关主管部门对施工场地交通、施工噪声以及环境保护和安全生产等的管理规定，按规定办理有关手续，并以书面形式通知发包人，发包人承担由此发生的费用，因承包人责任造成的罚款除外。

（6）已竣工工程未交付发包人之前，承包人按专用条款约定负责已完工程的保护工作，保护期间发生损坏，承包人自费予以修复；发包人要求承包人采取特殊措施保护的工程部位和相应的追加合同价款，双方在专用条款内约定。

（7）按专用条款约定做好施工场地地下管线和邻近建筑物、构筑物（包括文物保护建筑）、古树名木的保护工作。

（8）保证施工场地清洁符合环境卫生管理的有关规定，交工前清理现场达到专用条款约定的要求，承担因自身原因违反有关规定造成的损失和罚款。

（9）双方在专用条款内约定的承包人应做的其他工作。

6. 2. 2. 5. 2　施工合同范围

　　明确"合同标的"和"标的数量"，就是要明确施工合同范围，避免因范围不明确而产生纠纷。标的是指合同当事人双方权利、义务共同指向的对象，施工合同标的表现为工程项目。施工合同范围一般是根据设计图纸和协议书、专用条款等合同文件进行约定和明确的。准确理解施工合同范围，需要全面理解合同文件的内容，在合同文件相矛盾时，按照合同文件的优先顺序进行解释。

　　明确施工合同范围，是确定"标的数量"的前提和基础。建筑产品是一类特殊的产品，不能像普通的工业产品那样进行批量生产，每一栋建筑物都是惟一的建筑产品，具有不同的特点、不同的施工任务和不同的工程造价。因此，施工合同范围不能简单地以"栋"界定。而且，周边环境对建筑物影响较大，不同的周边环境、地质条件要求处理不同的问题，完成不同的工作，具体哪些工作由发包人负责、哪些工作由承包人承担，需要在施工合同中明确规定。

　　另一方面，由于工程建设工作内容多、工作量大的特点，施工合同需要对每一分部分项工程的数量进一步的细化。执行《建设工程工程量清单计价规范》的，应依据设计图纸、施工范围等计算分部分项工程项目的数量，列出工程量清单，作为合同的组成部分。

6. 2. 2. 5. 3　施工合同管理

　　合同管理是在有限的资源约束下，运用系统的理论和方法，对组织资源进行有效的管理，以实现建设项目特定目标的管理方法。管理是由一系列的计划、组织、控制、协调等活动组成。施工合同则是发包人、承包人进行管理的依据。因此，施工合同必须依据科学的管理方法和建设项目的需要明确具体的管理模式。施工合同管理主要有以下几种模式：

　　（1）甲乙方模式。

　　发包人为甲方，承包人为乙方，甲方通过施工合同直接实施对乙方的管理。

　　（2）三角管理模式。

　　发包人委托监理工程师、造价工程师负责有关项目管理工作。监理工程师、造价工程师不是合同的当事人，但是在这种管理模式中，却处于合同管理的核心地位。这种管理模式在国际上最为通行，目前国内大部分地区施工合同都采纳该种模式进行管理。

　　（3）CM 管理模式。

　　发包人雇佣设计工作人员负责整个项目的设计和施工，对整个项目成本进行控制。

　　（4）设计—建造与交钥匙工程方式。

　　发包人委托建造总承包人负责整个项目的设计和施工，对整个项目成本进行控制。

　　（5）设计—管理模式。

　　由同一承包人向发包人提供设计和施工管理服务的方式。

　　（6）BOT 方式。

　　这是建造—运营—移交的管理模式。

　　（7）工程托管模式。

　　发包人将工程项目的全部管理工作都委托给工程项目管理专业公司负责。

6. 2. 2. 5. 4　质量与检验

　　工程质量，是施工合同的重要内容之一。工程质量控制涉及许多方面，任何一个方面的缺陷和疏忽，都会使工程质量无法达到预期的标准。

1. 工程质量标准

合同协议书需要约定质量标准。质量标准的评定，合同没有约定的，以国家或者行业的质量检验评定标准为准。发包人要求部分或者全部工程获得优良奖项的，应支付由此增加的追加合同价款，对工期有影响的应给予相应顺延，体现"优质优价"的原则。工程质量达不到约定标准的，一经发现，承包人应拆除并重新施工。因发包人原因达不到约定标准的，由发包人承担返工的费用，工期相应顺延。因承包人原因达不到约定标准的，由承包人承担返工的费用，工期不予顺延。因双方原因达不到约定标准的，责任由双方分担。

2. 材料设备的检验

工程建设材料设备的质量控制，是整个工程质量控制的基础。《建筑法》第 59 条规定："建筑施工企业必须按照工程设计要求、施工技术标准和合同的约定，对建筑材料、建筑构配件和工程设备进行检验，不合格的不得使用"。材料设备使用前，由承包人负责检验或试验，不合格的不得使用。标准与规范或合同要求进行见证取样检测的材料设备，承包人应在监理工程师的见证下取样，并送至有资质的检测机构检测；不要求见证取样检测的材料设备，由承包人进行检测，监理工程师予以监督。

3. 施工工艺的检验

施工过程中，承包人应按照标准与规范、设计要求和监理工程师发出的指令施工，随时接受监理工程师的监督和检查，并为检查检验提供便利条件和协助。对于隐蔽工程，承包人应在隐蔽前通知监理工程师进行检查验收，验收合格后方可继续施工；验收不合格的，承包人应按监理工程师的指令修改后重新验收，承担全部费用，工期不予顺延。对隐蔽工程重新验收不合格的，承包人应按照监理工程师的指令返工，承担全部费用，工期不予顺延。

4. 工程试车

对于设备安装工程，应当按合同约定试车，试车内容应与承包人承包的安装范围相一致。工程试车包括 3 种：一是单机无负荷试车，由承包人组织试车，并在试车前 48 小时以书面形式通知工程师。通知包括试车内容、时间、地点。承包人准备试车记录，发包人根据承包人要求为试车提供必要条件。试车合格，工程师在试车记录上签字。试车费用除非已含在合同价款内，否则由发包人承担；二是无负荷联动负荷试车，由发包人组织试车，并在试车内容、时间、地点和对承包人的要求，承包人按要求做好准备工作。试车合格，双方在试车记录上签字。试车费用除非已含在合同价款内，否则由发包人承担；三是投料试车，应当在工程竣工验收后由发包人全部负责。如果发包人要求承包人配合或在工程竣工验收前进行时，应征得承包人同意，并另行订立补充协议。

5. 竣工验收

竣工验收是工程质量控制的最后一道关，工程验收不合格或未经验收，不得交付使用。工程具备竣工验收条件，承包人按国家工程竣工验收有关规定，向发包人提供完整竣工资料及竣工报告，由发包人组织设计、监理、造价等单位进行验收，并邀请有关监督部门参加。竣工验收合格，发包人应向承包人颁发竣工验收证书，承包人向发包人移交符合合同约定质量标准的工程。

6.2.2.5.5　合同价款及其调整

工程价款，是施工合同的重要内容之一，即合同价款。

1. 合同价款要求

施工合同价款就是工程造价，用以支付承包人按照合同要求完成工程内容的价款总额，其具体款项依据协议书中标明的金额和合同约定的调整事项确定。工程造价控制是双方关心的核心问题，与工程质量控制、工程工期控制合称为项目三控制。

2. 合同价款调整因素

在合同条款中，发包人、承包人应明确合同价款的调整事宜，《施工合同示范文本》指出，合同价款的调整因素包括：

（1）法律、行政法规和国家有关政策变化影响合同价款。

（2）工程造价管理部门公布的价格调整。

（3）一周内非承包人原因停水、停电、停气造成停工累计超过 8 小时。

（4）双方约定的其他因素。

6.2.2.5.6　计量与支付

工程量的正确计量是发包人向承包人支付工程款的前提和依据，也是确定合同价款的基础。施工合同应明确工程计量与和支付的方法、程序和要求。计量和付款的周期可采用分段或按月结算的方式，当采用分段结算方式时，应在合同中约定具体的工程分段划分，付款周期应与计量周期一致。

1. 计量方法

工程计量应执行国家和当地建设行政主管部门规定的工程计量规则和计价方法。譬如执行现行的《建设工程工程量清单计价规范（GB 50500—2008）》（以下简称《计价规范》）的规定，《计价规范》没有规定的，执行当地省计价方法。

2. 计量程序

承包人与发包人应在施工合同条款中约定工程计量的要求。当发、承包双方在合同中未对工程量的计量时间、程序、方法和要求作出约定时，按以下规定办理：

（1）承包人应在每个月末或合同约定的工程段末向发包人递交下月或工程段已完工程量报告。

（2）发包人应在接到报告后 7 天内按施工图纸（含设计变更）核对已完工程量，并应在计量前 24 小时通知承包人。承包人应按时参加。

（3）计量结果。如发、承包双方均同意计量结果，则双方应签字确认；如承包人未按通知参加计量，则由发包人批准的计量应认为是对工程量的正确计量；如发包人未在规定的核对时间内进行计量，视为承包人提交的计量报告已经认可；如发包人未在规定的核对时间内通知承包人，致使承包人未能参加计量，则由发包人所作的计量结果无效；对于承包人超出施工图纸范围或因承包人原因造成返工的工程量，发包人不予计量；如承包人不同意发包人的计量结果，承包人应在收到上述结果后 7 天内向发包人作出，申明承包人认为不正确的详细情况。发包人收到后，应在 2 天内重新检查对有关工程量的计算，或予以确认，或将其修改。发、承包双方认可的核对后的计量结果应作为支付工程进度款的依据。

3. 计量和计价主体

根据《计价规范》的规定，工程计量应由造价工程师负责。在完成计量后，造价工程师应进一步计价。

4. 支付的程序

根据《施工合同示范文件》的规定，在确认计量结果后 14 天内，发包人应向承包人支付工程款（进度款）。按约定时间发包人应扣回的预付款，与工程款（进度款）同期结算。工程变更调整的合同价款及其他条款中约定的追加合同价款，应与工程款（进度款）同期调整支付。

6.2.2.5.7　工期及工期调整

工程工期，也是施工合同的重要内容之一，它是合同当事人双方依据照合同约定全面完成各自义务的时间。发包人、承包人应在专用条款中约定合同工程的工期，工期从开工日期开始计算。招标工程的工期，应按照招标文件的规定进行约定。合同有单项工程的，应在专用条款中约定各单项工程的工期。

1. 工程开工

工程开工必须具有法律法规规定的开工条件，并已经领取了施工许可证。符合开工条件后，由监理工程师依据合同约定签发开工令，承包人在接到开工令后的 7 天内开工，然后一直保持工程连续均衡地施工。

2. 暂停施工和复工

施工过程中，由于不可抗力或其他原因，可能需要暂停施工。需要暂停施工时，监理工程师应向承包人发出暂停施工令。暂停施工的理由失效或期限截止时，监理工程师应向承包人发出复工的指令。

3. 工期顺延

合同履行过程中，由于发包人原因、发包人雇佣的人员工作疏忽、工程变更、不可抗力、工程量增加、发包人风险事件等非承包人失误、违约的原因，影响工程工期的，应顺延工期。

6.2.2.5.8　解决争议的办法

合同履行过程中，发包人、承包人为了各自利益，不可避免地会存在和产生不一致的意见。为使工程建设的顺利进行，发包人、承包人应该及时进行沟通，协商解决合同履行过程中出现的问题，避免矛盾的堆积。也可以要求有关主管部门调解。当事人不愿和解、调解或者和解、调解不成的，双方可以在专用条款内约定以下一种方式解决争议：第一种解决方式，双方达成仲裁协议，向约定的仲裁委员会申请仲裁；第二种解决方式，向有管辖权的人民法院起诉。

发生争议后，除非出现下列情况的，双方都应继续履行合同，保持施工连续，保护好已完工程：

（1）单方违约导致合同确已无法履行，双方协议停止施工。

（2）调解要求停止施工，且双方都接受。

（3）仲裁机构要求停止施工。

（4）法院要求停止施工。

6.2.2.5.9　其他内容

由于施工的复杂性、长期性和多样性，施工合同还需要约定很多其他的内容，譬如安全施工、不可抗力、发包人风险和承包人风险、保险、工程担保、专利权、文件和地下障碍物、工程分包、工程变更、合同解除与终止等。发包人、承包人应依据工程特点和需要订立施工合同，保证施工合同内容的完整性。

6.2.3　建设工程勘察设计合同管理

建设工程勘察设计合同简称勘察设计合同，是指建设单位或相关单位与勘察、设计单位为完成约定的勘察、设计任务，明确相互权利、义务而签订的协议。建设单位或有关单位称发包方，勘察设计单位称承包方。依据合同，承包方完成发包方委托的勘察设计项目，发包方承接符合约定的勘察设计成果并支付酬金。

勘察设计合同的当事人双方应具备法定资格，合同的订立必须符合工程项目的建设程序，同时合同也应具有建设工程合同的基本特征。

6.2.3.1　勘察设计合同的订立

1. 勘察设计合同的相关法律规范

建设工程勘察设计合同的法律基础，是国家及地方颁布的法律、法规，包括《中华人民共和国合同法》、《中华人民共和国建筑法》、《中华人民共和国注册建筑师条例》、《建设工程和设计单位资质管理规定》、《建设工程勘察、设计市场管理规定》等。设计合同的订立必须符合这些法律规范的要求。

2. 勘察设计合同的订立

(1) 建设工程勘察设计合同订立的形式与程序。

发包方的建设工程勘察设计任务通过招标或设计方案的竞标确定勘察、设计单位后，要依据工程项目建设程序与承包方签订勘察设计合同。订立勘察合同时，由建设单位、设计单位或有关单位提出委托，双方协商后即可签订；订立设计合同时，除了双方协商同意外，尚须有上级机关批准的设计任务书。同时，订立合同时须采用书面形式，参照示范文本来签订。

(2) 建设工程勘察合同的订立。

双方订立的勘察合同应具备以下条款：

1) 发包方应提供的文件、资料，主要包括：工程名称、规模、建设地点；工程的批准文件；用地、施工、勘察许可等的批复；工程勘察任务委托书、技术要求及拟建地段的地形图等；承包方勘察工作范围已有的技术资料及工程所需的坐标等资料；其他勘察工作所需资料等。

2) 委托任务的工作范围及工期、勘察费用，主要包括：工程勘察范围；技术要求；勘察成果资料提交的份数及资料质量要求；合同约定的勘察工作开始和结束时间及勘察进度要求；勘察费的取费依据、取费标准、预算；金额、支付方式等。

3) 违约责任（各合同基本相同，以下略），主要包括：承担违约责任的条件；违约金的计算方法、支付方式等；合同争议的解决方式、最终解决方式、约定仲裁委员会的名称。

(3) 建设工程设计合同的订立。

双方订立的设计合同应具备以下条款：

1）发包方应提供的文件、资料。主要包括：经批准的项目可行性研究报告或项目建议书；城市规划许可文件；工程名称、建设地点，工程设计范围，工程勘察资料等。

2）委托任务的工作范围及工期、设计费用，主要包括：

a）设计范围，即建设规模、层数、建筑面积、建筑结构类型等。

b）建筑物的设计年限。

c）委托的设计阶段和内容。是否包括方案设计、初步设计、施工图设计的全部过程或其中的某些阶段的设计。

d）设计深度要求。设计标准应按照国家、地方的有关标准进行。方案设计文件应当满足编制初步设计文件和控制概算的需要；初步设计文件应当满足编制施工招标文件、主要设备材料订货和编制施工图设计文件的需要；施工图设计文件应当满足设备材料采购、非标准设备制作和施工的需要，并注明建设工程的合理使用年限。

e）设计人员配合施工工作的要求，包括向发包方和施工方进行设计交底、处理设计变更问题、参加重要隐蔽工程的验收和竣工验收等。

f）合同约定的设计工作开始和结束时间及设计进度要求。

g）设计费用的取费依据、取费标准、预算金额、支付方式。

6.2.3.2　勘察设计合同的履行

建设工程勘察设计合同属于双务合同，双方当事人都享有合同规定的权利，同时也要承担和履行相应的义务。

6.2.3.2.1　勘察合同的履行

1. 发包方的义务

发包方需要负责提供资料或文件的内容、技术要求、期限以及应承担的有关准备工作和服务项目。

（1）向承包方提供开展勘察所必需的有关基础资料。委托勘察的，需在开展工作前向承包方提交工程项目的批准文件、勘察许可批复、工程勘察任务委托书、技术要求和工作范围地形图、勘察范围内已有的技术资料、工程所需的坐标与标高资料、勘察工作范围内地下埋藏物的资料等文件。在勘察工作范围内，不属于委托勘察任务而且没有资料的地段，发包方应负责清理地下埋藏物。

若因未提供上述资料、图纸或提供的资料、图纸不可靠、地下埋藏物不清，使承包方在勘察过程中发生人身伤害或造成经济损失时，由发包方承担民事责任。

（2）工程勘察前，若属于发包方负责提供的材料，应根据承包方提出的工程用料计划按时提供（包括产品合格证明），并负责运输费用。

（3）在勘察人员进入现场工作时，应为其提供必要的生产、生活条件并承担费用，若不能提供则一次性支付临时设施费。

（4）勘察过程中的任务变更，经办理正式的变更手续后，发包方应按实际发生的工作量支付勘察费。

（5）发包方应对承包方的投标书、勘察方案、报告书、文件、资料、图纸、数据、特殊工艺（方法）、专利技术及合理化建议进行妥善保管、保护。未经承包方同意，发包方不得复制、泄露、擅自修改、传达或向第三者转让或用于本合同之外的项目。

（6）发包方若要求在合同约定时间内提前完工（或提交勘察成果资料）时，发包方应向承包方支付一定的加班费。由于发包方的原因而造成承包方停、窝工时，除顺延工期外，发包方应支付一定的停、窝工费。

2. 承包方的义务

（1）承包方应按照现行国家技术规范、标准、规程、技术条例，根据发包方的委托任务书和技术要求进行工程勘察，按合同规定的时间、质量要求提交勘察成果（资料、文件），并对其负责。

若勘察成果质量不合格，承包方应负责无偿予以补充完善达到质量合格，若承包方无力补充完善而需另行委托其他单位时，承包方应承担全部勘察费用；若因勘察质量而造成发包方重大经济损失或出现工程事故时，承包方除了免收直接受揽部分的勘察费外，还要根据损失向发包方支付赔偿金并承担相应的法律责任。

（2）勘察工作中，根据岩土工程条件（或工作现场的地形地貌、地质和水文地质条件）及技术规范要求，向发包方提出增减工作量或修改勘察工作的意见，并办理正式的变更手续。

（3）承包方应在合同约定的时间内提交勘察成果（资料、文件），勘察工作以发包方下达的开工通知书或合同约定的开工时间为准。

若勘察工作中出现设计变更、工作量变化、不可抗力或其他非承包方的原因而造成停工、窝工时，工期可以相应顺延。

3. 勘察费的支付

（1）收费标准。勘察费的收费标准按国家有关规定执行，也可以采用预算包干中标价加签证或实际完成的工作量结算等方式。

（2）勘察费的支付。发包方应按下述要求支付勘察费：合同生效后 3 天内，发包方向承包方支付预算勘察费的 20％作为定金。勘察工作开始后，定金作为勘察费规模较大、工期较长的勘察工程，发包方应按工程的进度向承包方支付工程进度款，承包方提交勘察成果后 10 天内，发包方应一次性付清全部工程费用。

4. 违约责任

（1）发包方的违约责任。

发包方不履行合同时，无权要求返还定金。发包方未给承包方提供必要的生产、生活条件造成停工、窝工时，发包方承担支付停工、窝工费和顺延工期等违约责任。合同履行期间，由于工程停建而终止合同或发包方要求结束合同时，承包方未进行勘察工作的，则不返还发包方已付定金；已进行勘察工作的，完成工作在 50％以内时，发包方应支付预算勘察费的 50％；完成工作量超过 50％的，则付预算勘察费的 100％。发包方未按合同规定的时间（日期）支付勘察费，每超过 1 天，应按未支费用的 0.1％偿付逾期违约金。

（2）承包方的违约责任。

承包方不履行合同时，应双倍返还定金。由于承包方原因造成勘察成果资料质量不合格，不能满足技术要求时，返工费用由承包方承担。交付的资料达不到合同约定标准部分，发包方可以要求承包方返工，直到达到约定条件。若返工后仍达不到约定条件，承包方应承担损害赔偿责任，根据造成的损失支付违约金和赔偿金。承包方未按合同规定的时间（日期）提交勘察成果，每超过 l 天，应减收勘察费用的 0.1%。

由于不可抗力因素造成合同无法正常履行时，双方协商解决。

6.2.3.2.2　设计合同的履行

1. 发包方的义务

（1）向承包方提供设计依据文件和基础资料。发包方应按照合同约定时间，承包方提交设计的依据文件和相关资料，以保证设计工作的顺利开展。

若发包方提供上述资料超过规定期限在 15 日以内的，承包方交付设计文件时间相应顺延；发包方交付的上述资料超过规定期限 15 日以上时，承包方有权重新确定设计文件的交付时间。

发包方应对提供资料的正确性负责。保证所提交的基础资料及文件的完性、正确性及时限性等。

（2）发包方应向承包方提出明确的设计范围和设计深度要求。

（3）发包方变更设计项目、规模、条件或因提供的资料错误，或提供的资料有大修改，造成承包方需返工时，双方需另行协商签订补充协议或另签合同，发包方还需按承包方已完成的工作量支付设计费。

（4）发包方需提供必要的现场工作条件。发包方有义务为设计人员在现场工期间提供必要的工作、生活、交通等方面条件及必要的劳动保护装备。

（5）外部协调工作。设计的阶段成果（初步设计、技术设计、施工图设计）完成后，应由发包方组织鉴定和验收，并负责向发包方的上级或有管理资质的设计部门完成报批手续。

施工图设计完成后，发包方应将施工图报送建设行政主管部门，由建设行政主管部门委托的审查机构进行结构安全和强制性标准、规范执行情况等内容的审查。

（6）发包方应保护承包方的投标书、设计方案、文件、资料、图纸、数据、计算软件和专利技术，未经承包方同意，发包方对承包方交付的设计资料及文件不得擅自修改、复制或转给第三者或用于本合同之外的项目。

（7）发包方委托配合引进项目的设计任务，从询价、对外谈判、国内外技术考察直到建成投产的各个阶段，应通知承担有关设计任务的单位参加。

（8）发包方若要求在合同约定时间内提前交付设计成果资料及文件时，须经承包方同意。若承包方能够达到要求，双方协商一致后签订提前交付设计文件的协议，发包方应支付相应的赶工费。

2. 承包方的义务

（1）承包方应根据已批准的设计任务书（或可行性研究报告）或上一阶段设计的批准文件，以及有关设计的技术经济文件、设计标准、技术规范、规程、定额等提出勘察技术要求，进行设计，且按合同规定的时间、质量要求提交设计成果（图纸、资料、文件），并对其负责。

负责设计的建（构）筑物需注明设计的合理使用年限。设计文件中选用的材料、构配件、设备等应注明规格、型号、性能等技术指标，其质量需符合国家规定的标准。

《建设工程质量管理条例》规定，设计单位未根据勘察成果进行设计，未按照工程强制性标准进行设计等情况，均属于违法行为，应追究设计单位的责任。

（2）设计阶段的内容一般包括初步设计、技术设计和施工图设计阶段。其中初步设计包括总体设计、方案设计、初步设计文件的编制；技术设计包括提出技术设计计划、编制技术设计文件、初步审查；施工图设计包括建筑设计、结构设计、设备设计、专业设计协调、施工图文件的编制等。承包方应根据合同完成上述全部内容或部分内容。

（3）初步设计经上级主管部门审查后，在原定任务书范围内的必须修改由设计单位负责。若原定任务书有重大变更需重新设计或修改设计时，须具有审批机关或设计任务书批准机关的议定书，经双方协商后另订合同。

（4）承包方应配合所承担设计任务的建设项目的施工。施工前进行设计技术交底，解决施工中出现的设计问题，负责设计变更和修改预算，参加试车考核和竣工验收。大、中型工业项目及复杂、重要民用工程应派驻现场设计代表，参加隐蔽工程的验收等。

（5）承包方交付设计资料、文件后，按规定参加有关设计审查，根据设计文件批准后，就具有一定的严肃性，不得任意修改和变更。若必须修改需经过有关部门批准，其批准权限视修改的内容所涉及的范围而定。

（6）若建设项目的设计任务由两个以上的设计单位配合设计，如果委托其中一个设计单位为总承包时，则签订总承包合同，总承包单位对发包方负责。总承包单位与各分包单位签订分包合同，分包单位对总承包单位负责。

3. 设计费的支付

设计合同的收费标准，应按国家有关建设工程设计费的管理规定、工程种类、建设规模和工程的繁简程度确定。也可以采取预算包干或实际完成的工作量结算等方式。

发包方支付承包方的设计费，应按下述要求支付设计费：合同生效后 3 天内，发包方应向承包方支付设计费总额的 20％作为定金。设计工作开始后，定金作为设计费；承包方交付初步设计文件后 3 天内，发包方应支付设计费总额的 30％；施工图阶段，当承包方按合同约定提交阶段性设计成果后，发包方应根据约定的支付条件、所完成的施工图工作量比例和时间，分期分批向承包方支付剩余总设计费的 50％。施工图完成后，发包方结清设计费，不留尾款。

4. 违约责任

（1）发包方的违约责任。

发包方不履行合同时，无权要求返还定金。发包方延误设计费的支付时，每逾期 1 天，应承担应付金额 0.2％为违约金，并顺延设计时间。逾期 30 天以上时，承包方有权暂停履行下一阶段的工作，并书面通知发包方。由于审批工作而造成的延误应视为发包方的责任；承包方提交合同约定的设计资料后，按照承包方已完成全部工作对待，发包方需结清全部设计费。在合同履行期间，发包方要求终止或解除合同，承包方未开始设计工作时，不返还发包方已付的定金；已经开始设计工作的，完成的实际工作量不足 1/2 时，按阶段设计费的一半支付；超过 1/2 时，按该阶段设计费的全部支付。

（2）承包方的违约责任。

承包方不履行合同时，应双倍返还定金。因设计错误造成工程质量事故、损失的，承包方除了负责采取补救措施外，应免收直接受损部分的设计费。损失严重的还应根据损失程度向发包方支付与该部分设计费相当的赔偿金。因设计成果质量低劣，施工单位已经按照此成果文件施工而导致工程质量不合格，需要返工、改建时，承包方应重新完成设计成果中不合格部分，并视造成损失的程度减收或免收设计费。承包方未按合同规定的时间（日期）提交设计成果，每超过 1 天，应减收设计费用的 0.2%。

6.2.3.3　发包方对合同的管理

在建设工程勘察设计合同的履行过程中，双方都应重视合同的管理工作。发包方如没有专业合同管理人员，可以委托监理工程师负责。

1. 合同文档资料的管理

合同签订前后，有大量的文档资料。合同文档资料的管理是合同管理的一个基本业务。勘察设计合同管理中，发包方的文档资料主要包括：勘察设计招投标文件；建设工程勘察设计合同及附件；双方的会谈纪要；发包方提供的各种检测、实验、鉴定报告及提出的变更申请等；勘察设计成果资料及勘察设计过程中的各种报表、报告等；政府部门和上级机构的各种批文、文件和签证等；其他各种文件、资料等。

2. 合同实施过程中的监督管理

发包方对合同的监督是掌握承包方勘察设计工作的进度、质量是否按照合同约定的标准执行，以保证勘察设计工作能够按期保质完成。同时也及时将本方的变更指令通知对方，及时协调、解决合同履行过程中出现的问题。发包方的合同监督工作可由其委托的监理方来完成。

发包方在合同实施过程中的监督管理主要体现在 4 个方面：勘察设计工作的质量；建设工程勘察设计工作量；勘察设计进度控制；项目的概、预算控制等。

6.2.3.4　承包方对合同的管理

建设工程勘察设计单位应建立自己的合同管理专门机构，负责勘察设计合同的起草、协商和签订，同时在每个勘察设计项目中指定合同管理人员参加项目管理工作，负责合同的实施控制和管理。

1. 合同文档资料的管理

合同订立的基础资料，以及合同履行中形成的所有资料，承包方应注意收集和保存，健全合同档案管理，这些资料是解决合同争议和提出索赔的重要依据。主要包括：勘察设计招投标文件；中标通知书；建设工程勘察设计合同及附件；双方的会谈纪要；发包方的各种指令、变更通知和变更记录等；勘察设计成果资料及勘察设计过程中的各种报表、报告；其他各种文件、资料等。

2. 合同订立和履行过程中的管理

承包方对合同的监督同样也是为保证勘察设计工作能够按期保质完成，及时将本方的一些变更、建议通知对方，及时协调、解决合同履行过程中出现的问题。

（1）订立合同时的管理。

承包方设立的专门的合同管理机构对建设工程勘察设计合同的订立全面负责，实施监管、控制，特别是在合同订立前要深入了解发包方的资信、经营状况及订立合同应具备的相应条件。涉及合同双方当事人权利、义务的条款更要全面、明确。

（2）合同履行时的管理。

合同开始履行，双方当事人的权利、义务也开始发生效力，为保证勘察设计合同能够正确、全面履行，专门的合同管理机构需要经常检查合同履行情况，发现问题及时解决，以避免不必要的损失。

6.3　建设工程索赔

6.3.1　工程索赔概述

6.3.1.1　工程索赔的概念

工程索赔是在工程承包合同履行中，当事人一方因另一方不履行或不完全履行合同所规定的义务，或出现了应当由对方承担的风险而遭受损失时，向另一方提出赔偿要求的行为。"工程索赔"是双向的，既包括承包人向发包人提出的索赔，也包括发包人向承包人提出的索赔。我国《建设工程施工合同》（示范文体）中通用条款中的索赔就是双向的。但在工程实践中，发包人索赔数量较小，而且处理方便，可以通过冲账、扣拨工程款、扣保证金等实现对承包人的索赔；而承包人对发包人的索赔比较困难一些。通常情况下，索赔是指承包人（施工单位）在合同实施过程中，对非自身原因造成的损失而要求发包人给予补偿的一种权利要求。

工程索赔属于经济补偿行为，而不是惩罚。它有较广泛的含义，可以概括为下面3个方面：

（1）一方违约使另一方蒙受损失，受损方向对方提出赔偿损失的要求。

（2）发生应由发包人承担责任的特殊风险或遇到不利的自然灾害等情况，使承包人蒙受了较大损失而向发包人提出补偿损失要求。

（3）承包人本应当获得的正当利益，由于没能及时得到监理人的确认和发包人应给予的支付，而以正式函件向发包人索赔。

6.3.1.2　工程索赔产生的原因

1. 当事人违约

当事人违约是指当事人没有按照合同约定履行自己的义务。当事人违约有发包人违约、承包人违约，即违背"6.2.2.5 施工合同的内容及履行"部分发包人及承包人应履行的义务的行为。

（1）发包人违约。

发包人可以将部分工作委托承包人办理，双方在专用条款中约定，其费用由发包人承担。发包人未按合同约定完成各项义务，未按合同约定的时间和数额支付工程款导致施工无法进行，或发包人无正当理由不支付竣工结算价款等，发包人承担违约责任，赔偿因其违约给承包人造成的经济损失，顺延延误的工期。双方在合同专用条款内约定赔偿损失的计算方法或发包人支付违约金的数额或计算方法。

（2）承包人违约。

承包人未能履行各项义务、未能按合同约定的期限和规定的质量完成施工，或者由于不当的行为给发包人造成损失，承包人承担违约责任，赔偿因其违约给发包人造成的损失，双方在合同专用条款内约定赔偿损失的计算方法或承包人支付违约金的数额或计算方法。

2. 不可抗力事件或不利的物质条件

不可抗力事件是指当事人在订立合同时不能预见、对其发生和后果不能避免也不能克服的事件。包括自然事件和社会事件。自然事件主要是工程施工过程中不可避免发生并不能克服的自然灾害，包括地震、海啸、瘟疫、水灾等；社会事件包括国家政策、法律、法令的变更，战争、罢工等。不利的物质条件通常是指承包人在施工现场遇到的不可预见的自然物质条件、非自然物质条件、非自然的物质障碍和污染物，包括地下和水文条件。

3. 合同变更

合同变更表现为设计变更、追加或取消某些工作、施工方法变更、合同规定的其他变更等。

4. 合同缺陷

合同缺陷指合同文件规定不严谨或有矛盾，合同中有遗漏或错误。

合同文件应能相互解释、互为说明。当合同文件内容不相一致时，除专用条款另有约定外，合同文件的优先解释顺序为：

（1）合同协议书。

（2）合同专用条款。

（3）中标通知书。

（4）投标书及其附件。

（5）合同通用条款。

（6）标准、规范及有关技术文件。

（7）图纸。

（8）工程量清单。

（9）工程报价单或预算书。

当合同文件内容含糊不清时，在不影响工程正常进行的情况下，由承、发包人协商解决，双方也可以提请工程师做出解释。双方协商不成或不同意工程师解释时，按争议约定处理。

由于合同文件缺陷导致承包人费用增加和工期延长，发包人给予补偿。

5. 工程师不当行为

（1）工程师发出的指令有误。

（2）工程师未按合同规定及时向承包人提供指令、标准、图纸或未履行其他义务。

（3）工程师对承包人的施工组织进行不合理的干预，对施工造成影响。

从施工合同的角度，工程师的不当行为给承包人造成的损失由业主承担。

6. 其他第三方原因

在施工合同履行中，需要有多方面的协助和协调，与工程有关的第三方的问题会给工程带来不利的影响。

6.3.1.3　工程索赔分类

工程索赔依据不同的标准可以进行不同的分类。

1. 按索赔涉及当事人分类

每一项索赔工作都涉及两方面的当事人，即要求索赔者和被索赔者。由于每项索赔的提出者和对象不同，常见的有以下 3 种不同的索赔：

（1）承包商与业主之间的工程索赔。

这是承包施工中最普遍的索赔形式。在工程施工索赔中，最常见的是承包商向业主提出的工期索赔和费用索赔；有时，业主也向承包人提出费用索赔的要求。

（2）总承包商与分包商之间的工程索赔。

总承包商是向业主承担全部合同责任的签约人，其中包括分包商向总承包商所承担的那部分合同责任。

总承包商和分包商，按照他们之间所签订的分包合同，都有向对方提出索赔的权利，以维护自己的利益，获得额外开支的经济补偿。

分包商向总承包商提出的索赔要求，经过总承包商审核后，凡是属于业主方面责任范围内的事项，均由总承包商汇总加工后向业主提出；凡属总承包商责任的事项，则由总承包商同分包商协商解决。有的分包合同规定：所有的属于分包合同范围内的索赔，只有当总承包商在从业主方面取得索赔款后，才拨付给分包商。这是对总承包商给予的保护性条款，在签订分包合同时，应由签约双方具体商定。

（3）承包人与供货商之间的工程索赔。

承包商在中标以后，根据合同规定的机械设备和工期要求，向设备制造商或材料供应商询价订货，签订供货合同。

供货合同一般规定供货商提供的设备的型号、数量、质量标准和供货时间等具体要求。如果供货商违反供货合同的规定，使承包商受到经济损失时，承包商有权向供货商提出索赔；反之亦然。

承包商与供货商之间的索赔，一般称为"商务索赔"，以区别于承包商与业主之间的"施工索赔"。无论施工索赔或商务索赔，都属于工程承包施工的索赔范围。

2. 按索赔依据分类

按索赔的合同依据可将工程索赔分为合同规定的索赔和非合同规定的索赔。

（1）合同规定的索赔。合同规定的索赔是指承包人所提出的索赔要求，其涉及的内容在合同文件中有文字规定的合同条款。现行的《建设工程施工合同文本》中就有具体规定。

（2）非合同规定的索赔。此项索赔内容和权利虽然在工程合同条款中没有专门的文字叙述，但可以根据该合同的某些条款的含义，推论出承包人有索赔权。这种索赔要求，同样有法律效力，有权得到相应的经济补偿。

3. 按索赔目的分类

按索赔目的可以将工程索赔分为工期索赔和费用索赔。

（1）工期索赔。由于非承包人责任的原因而导致施工进程延误，要求批准顺延合同工期的索赔，称之为工期索赔。工期索赔形式上是对权利的要求，以避免在原定合同竣工日不能完工时，被发包人追究拖期违约责任。一旦获得批准合同工期顺延后，承包人不仅免除承担拖期违约赔偿费的严重风险，而且可能因提前工期得到奖励，最终仍反映在经济收益上。

（2）费用索赔，费用索赔的目的是要求经济补偿。当施工的客观条件改变导致承包人增加开支，要求对超出计划成本的附加开支给予补偿，以挽回不应由承包人承担的经济损失。

4. 按索赔事件性质分类

按索赔事件的性质可以将工程索赔分为工程变更索赔、工程延误索赔、合同被迫终止索赔、工程加速索赔、意外风险和不可预见因素索赔和其他索赔。

（1）工程变更索赔。

由于发包人或监理人指令增加或减少工程量或增加附加工程、修改设计、变更工程顺序等，造成工期延长和费用增加，承包人对此提出索赔。

（2）工程延误索赔。

因发包人未按合同要求提供施工条件，如未及时交付设计图纸、施工现场、道路等，或因发包人指令工程暂停或不可抗力事件等原因造成工期拖延的，承包人对此提出索赔。这是工程中常见的一类索赔。

（3）合同被迫终止索赔。

由于发包人或承包人违约以及不可抗力事件等原因造成合同非正常终止，无责任的受害方因其蒙受经济损失而向对方提出索赔。

（4）工程加速索赔。

由于发包人或监理人指令承包人加快施工进度，缩短工期，引起承包人的人、财、物的额外开支而提出的索赔。

（5）意外风险和不可预见因素索赔。

在工程实施过程中，因人力不可抗拒的自然灾害、特殊风险以及一个有经验的承包人通常不能合理预见的不利施工条件或外界障碍，如地下水、地质断层、溶洞、地下障碍物等引起的索赔。

（6）其他索赔。

如因货币贬值、汇率变化、物价上涨、政策法令变化等原因引起的索赔。

6.3.2　工程索赔的处理程序

6.3.2.1　工程索赔程序

6.3.2.1.1　我国现行的建设工程索赔处理程序

合同当事人一方向另一方提出索赔，应有正当的索赔理由和有效证据，并应符合合同的相关约定。发包人未能按合同约定履行自己的各项义务或发生错误以及应由发包人承担责任的其他情况，造成工期延误和（或）承包人不能及时得到合同价款及承包人的其他经济损失，承包人可以书面形式向发包人提出索赔。

1. 工程索赔处理程序和要求

根据《计价规范》的规定，承包人索赔按下列程序处理：

（1）承包人在合同约定的时间内向发包人递交费用索赔意向通知书。

（2）发包人指定专人收集与索赔有关的资料。

（3）承包人在合同约定的时间内向发包人递交费用索赔申请表。

（4）发包人指定的专人初步审查费用索赔申请表，符合合同约定条件并持有正当的理由和有效证据时予以受理。

（5）发包人指定的专人进行费用索赔核对，经造价工程师复核索赔金额后，与承包人协商确定并由发包人批准。

（6）发包人指定的专人应在合同约定的时间内签署费用索赔审批表，或发出要求承包人提交有关索赔的进一步详细资料的通知，待收到承包人提交的详细资料后，按本条第（4）、（5）步的程序进行。

2. 承包人向发包人提出索赔的规定

承包人向发包人的索赔应在索赔事件发生后，持证明索赔事件发生的有效证据和依据正当的索赔理由，按合同约定的时间向发包人提出索赔。发包人应按合同约定的时间对承包人提出的索赔进行答复和确认。当发、承包双方在合同中对此未作出具体约定时，按以下规定办理：

（1）承包人应在确认引起索赔的事件发生后 28 天内向发包人发出索赔通知，否则，承包人无权获得追加付款，竣工时间不得延长。承包人应在现场或发包人认可的其他地点，保持证明索赔可能需要的记录。发包人收到承包人的索赔通知后，未承认发包人责任前，可检查记录保持情况，并可指示承包人保持进一步的同期记录。

（2）在承包人确认引起索赔的事件 42 天内，承包人应向发包人递交一份详细的索赔报告，包括索赔的依据、要求追加付款的全部资料。如果引起索赔的事件具有连续影响，承包人应按月递交进一步的中间索赔报告，说明累计索赔的金额。

（3）承包人应在索赔事件产生影响结束后 28 天内，递交一份最终索赔报告。

（4）发包人在收到索赔报告后 28 天内，应作出回应，表示批准或不批准并附具体意见。还可以要求承包人提供进一步的资料，但仍要在上述期限内对索赔作出回应。发包人在收到最终索赔报告后的 28 天内，未向承包人作出答复，视为该项索赔报告已经认可。

3. 发包人向承包人提出索赔的规定

发包人向承包人提出索赔时，同样应在索赔事件发生后，持证明索赔事件发生的有效证据和依据正当的索赔理由，按合同约定的时间向承包人提出索赔。当合同中对此未作出具体约定时，按以下规定办理：

（1）发包人应在确认引起索赔的事件发生后 28 天内向承包人发出索赔通知；否则，承包人免除该索赔的全部责任。

（2）承包人在收到发包人索赔报告后的 28 天内，应作出回应，表示同意或不同意并附具体意见，如在收到索赔报告后的 28 天内，未向发包人作出答复，视为该项索赔报告已经认可。

6.3.2.1.2　FIDIC 合同条件规定的工程索赔程序

FIDIC 合同条件只对承包商的索赔做出了规定。

（1）承包商发出索赔通知。如果承包商认为有权得到竣工时间的任何延长期和（或）任何追加付款，承包商应当向工程师发出通知，说明索赔的事件或情况。该通知应当尽快在承包商察觉或应当察觉事件或情况后 28 天内发出。如果承包商未能在 28 天期限内发出索赔通知，则竣工时间不得延长，承包商无权获得追加付款，而业主应免除有关该索赔的全部责任。

（2）承包商递交详细的索赔报告。承包商在察觉或应当察觉事件或情况后 42 天内，或在承包商可能建议并经工程师认可的其他期限内，承包商应当向工程师递交一份详细的索赔报告，包括索赔的依据、要求延长的时间和（或）追加付款的全部详细资料。

若引起工程索赔的事件或情况具有连续影响，则承包商应当每月递交一份中间索赔报告，说明累计索赔延误时间和金额，在工程索赔事件产生影响结束后 28 天内，递交一份最终索赔报告。

（3）工程师答复。工程师在收到工程索赔报告或对过去索赔的任何进一步证明资料后 42 天内，或在工程师可能建议并经承包商认可的其他期限内，作出回应，表示"批准"或"不批准"，或"不批准并附具体意见"等处理意见。工程师应当商定或者确定应给予竣工时间的延长期及承包商有权得到的追加付款。

6.3.2.2　工程索赔证据和索赔文件

6.3.2.2.1　索赔证据

任何索赔事件的确定，其前提条件是必须有正当的索赔理由。对正当索赔理由的说明必须有证据，因为索赔的进行主要是靠证据说话。没有证据或证据不足，索赔是难以成功的。这正如《建设工程施工合同文本》中所规定的，当合同一方向另一方提出索赔时，要有正当索赔理由，且有索赔事件发生时的有效证据。

1. 对索赔证据的要求

（1）真实性。索赔证据必须是在实施合同过程中确实存在和发生的，必须完全反映实际情况，能经得住推敲。

（2）全面性。所提供的证据应能说明事件的全过程。索赔报告中涉及的索赔理由、事件过程、影响、索赔值等都应有相应证据，不能零乱和支离破碎。

（3）关联性。索赔的证据应当能够互相说明，相互具有关联性，不能互相矛盾。

（4）及时性。索赔依据的取得及提出应当及时，符合合同约定。

（5）具有法律证明效力。索赔依据必须是书面文件，有关记录、协议、纪要必须是双方签署的；工程中重大事件、特殊情况的记录、统计必须由合同约定的监理人签证认可。

2. 索赔证据的种类

（1）招标文件、施工合同文件及附件、经发包人认可的施工组织设计、工程图纸技术规范等。

（2）工程各项会议纪要。

（3）施工进度计划和具体的施工进度安排。

（4）施工现场的有关文件。如施工记录、施工备忘、施工日记等。

（5）工程各项有关的设计交底记录、变更图纸、变更施工指令等。

（6）工程各项往来信件、指令、信函、通知、答复等。

（7）工程中电、水、道路开通和封闭的记录与证明。

（8）工程停水、停电和干扰事件影响的日期及恢复施工的日期。

（9）工程现场气候记录，如有关天气的温度、风力、雨雪等。

（10）工程有关施工部位的照片及录像等。

（11）建筑材料的采购、订货、运输、进场、验收、使用等方面的凭据。

（12）工程预付款、进度款拨付的数额及日期记录。

（13）工程检查验收报告和各种技术鉴定报告。

（14）国家和省级或行业建设主管部门有关影响工程造价、工期的文件、规定等。

6.3.2.2.2　索赔文件

索赔文件是承包商向业主索赔的正式书面材料，也是业主审议承包商索赔请求的主要依据。索赔文件通常包括以下 3 个部分：

（1）索赔通知（索赔信）。工程索赔信是一封承包人致业主的简短的信函。它主要说明索赔事件、索赔理由等。

（2）索赔报告。索赔报告是工程索赔材料的正文，包括报告的标题、事实与理由、损失计算与要求赔偿金额及工期。

索赔报告的具体内容，随该索赔事件的性质和特点不同而有所不同。一般来说，完整的索赔报告应包括以下 4 个部分。

1）总论部分。一般包括以下内容：序言；索赔事项概述；具体索赔要求；索赔报告编写及审核人员名单。

文中首先应概要地论述索赔事件的发生日期与过程；施工单位为该索赔事件所付出的努力和附加开支；施工单位的具体索赔要求。在总论部分最后，附上索赔报告编写组主要人员及审核人员的名单，注明有关人员的职称、职务及施工经验，以表示该索赔报告的严肃性和权威性。总论部分的阐述要简明扼要，说明问题。

2）根据部分。本部分主要是说明自己具有的索赔权利，这是索赔能否成立的关键。根据部分的内容主要来自该工程项目的合同文件，并参照有关法律规定。该部分中施工单位应引用合同中的具体条款，说明自己理应获得经济补偿或工期延长。

一般地说，根据部分应包括以下内容：索赔事件的发生情况；已递交索赔意向书的情况；索赔事件的处理过程；索赔要求的合同根据；所附的证据资料。

在写法结构上，按照索赔事件发生、发展、处理和最终解决的过程编写，并明确全文引用有关的合同条款，使建设单位和监理工程师能历史地、逻辑地了解索赔事件的始末，并充分认识该项索赔的合理性和合法性。

3）计算部分。索赔计算的目的，是以具体的计算方法和计算过程，说明自己应得经济补偿的款额或延长时间。如果说根据部分的任务是解决索赔能否成立，则计算部分的任务就是决定应得到多少索赔款额和工期。前者是定性的，后者是定量的。

在款额计算部分，施工单位必须阐明下列问题：索赔款的要求总额；各项索赔款的计算，如额外开支的人工费、材料费、管理费和损失利润；指明各项开支的计算依据及证据资料，施工单位应注意采用合适的计价方法。至于采用哪一种计价方法，应根据索赔事件特点及自己所掌握的证据资料等因素来确定。其次，应注意每项开支款的合理性，并指出相应的证据资料的名称及编号。切忌采用笼统的计价方法和不实的开支款额。

4）证据部分。证据部分包括该索赔事件所涉及的一切证据资料，以及对这些证据的说明，证据是索赔报告的重要组成部分，没有翔实可靠的证据，索赔是不能成功的。

在引用证据时，要注意该证据的效力或可信程度。为此，对重要的证据资料最好附以文字证明或确认件。例如，对一个重要的电话内容，仅附上自己的记录是不够的，最好附上经过双方签字确认的电话记录；或附上发给对方要求确认该电话记录的函件，即使对方未给复函，亦可说明责任在对方，因为对方未复函确认或修改，按惯例应理解为已默认。

（3）附件。包括详细计算书、工程索赔报告中列举事件的证明文件和证据。

6.3.3　工程索赔的处理原则和计算

6.3.3.1　工程索赔的处理原则

1. 索赔必须以合同为依据

不论索赔事件来自于何种原因，在索赔处理中，都必须在合同中找到相应的依据。工程师必须对合同条件、协议条款等有详细的了解，以合同为依据来评价处理合同双方的利益纠纷。在不同的合同条件下，其依据可能是不同的。如由于不可抗力导致的索赔，在国内《建设工程施工合同文本》的合同条款中，承包人机械设备损坏的损失，是由承包人承担的，不能向发包人提出索赔；但在 FIDIC 合同条件下，不可抗力事件一般都列为业主承担的风险，损失都应当由业主承担。如果到了具体的合同中，各个合同的协议条款不同，其依据的差别就更大。

合同文件包括合同协议、图纸、合同条件、工程量清单、双方有关工程的洽商、变更、来往函件等。

2. 及时合理地处理索赔

索赔事件发生后，索赔的提出应当及时，索赔的处理也应当及时。索赔处理的不及时，对双方都会产生不利的影响，如承包人的索赔长期得不到合理解决，可能会影响承包人的资金周转，从而影响施工进度，对双方都不利。处理索赔还必须坚持合理性原则，既维护业主利益，又要照顾承包方实际情况；既考虑到国家的有关规定，也应当考虑工程的实际情况。例如，由于业主的原因造成工程停工，承包方提出索赔，机械停工损失按机械台班计算、人工窝工按人工单价计算，显然是不合理的。机械停工由于不发生运行费用，应按折旧费补偿，对于人工窝工，承包方可以考虑将工人调到别的工作岗位，实际补偿时可以工人由于更换工作地点及工种造成的工作效率的降低而发生的费用。这样根据工程实际情况处理索赔对双方都比较有利。

3. 加强主动控制，减少工程索赔

对于工程索赔应当加强主动控制，尽量减少索赔。这就要求在工程管理过程中，应尽量做好事前控制，减少索赔事件的发生。例如，对可能引起的工程索赔进行预测，尽量采取一些预防措施避免工程索赔发生。尽可能地降低工程投资，减少施工工期。

6.3.3.2　工程索赔的计算

6.3.3.2.1　可索赔的费用

可索赔的费用内容包括：

（1）人工费。完成增加工作内容的人工费、停工损失费和工作效率降低的损失费等累计。其中，增加工作内容的人工费应按照计日工计算，而停工损失费和工作效率降低的损失费按窝工费计算，窝工费的标准双方应在合同中约定。

（2）设备费。可采用机械台班费、机械折旧费、设备租赁费等几种形式。当工作内容增加引起的设备费索赔时，设备费的标准按照机械台班费计算。因窝工引起的设备费索赔，当施工机械属于施工企业自有时，按照机械折旧费计算索赔费用；当施工机械是施工企业从外部租赁时，索赔费用的标准按照设备租赁费计算。

（3）材料费。可索赔的材料费主要包括：

1）由于索赔事项导致材料实际用量超过计划用量而增加的材料费。

2）由于客观原因导致的材料价格大幅度上涨。

3）由于非承包人原因致使材料运杂费、采购与保管费用的上涨。

4）由于非承包人责任工程延误导致的材料价格上涨。

5）由于非承包人原因致使额外低值易耗品使用等。

在以下两种情况下，承包人可提出材料费的索赔：

1）由于业主或工程师要求追加额外工作、变更工作性质、改变施工方法等，造成承包人的材料耗用量增加，包括使用数量的增加和材料品种或种类的改变。

2）在工程变更或业主延误时，可能会造成承包人材料库存时间延长、材料采购滞后或采用代用材料等，从而引起材料单位成本的增加。

（4）管理费。此项包括现场管理费和公司管理费两部分。

现场管理费是某单个合同发生的用于现场管理的总费用，一般包括现场管理人员的费用、办公费、通信费、差旅费、固定资产使用费、工具用具使用费、保险费、工程排污费、供热供水及照明费等。它一般占工程总成本的 $5\% \sim 10\%$。索赔费用中的现场管理费是指承包人完成额外工程、索赔事项工作以及工期延长、延误期间的工地管理费。在确定分析索赔费用时，有时把现场管理费具体又分为可变部分和固定部分。所谓可变部分是指在延期过程中可以调到其他工程部分（或其他工程项目）上去的那部分人员和设施；所谓固定部分是指施工期间不易调节调动的那部分人员或设施。

（5）利润。对于不同性质的索赔，取得利润索赔的成功率是不同的。在以下几种情况下，承包人一般可以提出利润索赔：

1）因设计变更等引起的工程量增加。

2）施工条件变化导致的索赔。

3）施工范围变更导致的索赔。

4）合同延期导致机会利润损失。

5）由于业主的原因终止或放弃合同带来预期利润损失等。

（6）延期付款利息。发包人未按约定时间进行付款的，应按银行同期贷款利率支付迟延付款利息。

（7）保函手续费。工程延期时，保函手续费相应增加；反之，取消部分工程且发包人与承包人达成提前竣工协议时，承包人的保函金额相应折减，则计入合同价内的保函手续费也应扣减。

（8）保险费。在不同的索赔事件中可以索赔的费用是不同的。

根据《标准施工招标文件》中通用合同条款的内容，可以合理补偿承包人的条款，如表 6-1 所示。在 FIDIC 合同条件中，可以合理补偿承包商的条款，如表 6-2 所示。

表 6 - 1　　《标准施工招标文件》中合同条款规定的可以合理补偿承包人索赔的条款

序号	条款号	主　要　内　容	可补偿内容		
			工期	费用	利润
1	1.10.1	施工过程发现文物、古迹以及其他遗迹、化石、钱币或物品	√	√	
2	4.11.2	承包人遇到不利物质条件	√	√	
3	5.2.4	发包人要求向承包人提前交付材料和工程设备		√	
4	5.2.6	发包人提供的材料和工程设备不符合合同要求	√	√	√
5	8.3	发包人提供基准资料错误导致承包人的返工或造成工程损失	√	√	√
6	11.3	发包人的原因造成工期延误	√	√	
7	11.4	异常恶劣的气候条件	√		
8	11.6	发包人要求承包人提前竣工		√	
9	12.2	发包人原因引起的暂停施工	√	√	√
10	12.4.2	发包人原因造成暂停施工后无法按时复工	√	√	
11	13.1.3	发包人原因造成工程质量达不到合同约定验收标准的	√	√	
12	13.5.3	监理人对隐蔽工程重新检查，经检验证明工程质量符合合同要求的	√	√	√
13	16.2	法律变化引起的价格调整		√	
14	18.4.2	发包人在全部工程竣工前，使用已接收的单位工程导致承包人费用增加	√	√	√
15	18.6.2	发包人的原因导致试运行失败的		√	
16	19.2	发包人的原因导致工程缺陷和损失		√	√
17	21.3.1	不可抗力	√		

表 6 - 2　　　　　　FIDIC 合同条件下部分可以合理补偿承包商索赔的条款

序号	条款号	主　要　内　容	可补偿内容		
			工期	费用	利润
1	1.9	延误发放图纸	√	√	√
2	2.1	延误移交施工现场	√	√	√
3	4.7	承包商依据工程师提供的错误数据导致放线错误	√	√	√
4	4.12	不可预见的外界条件	√	√	
5	4.24	施工中遇到文物和古迹	√	√	
6	7.4	非承包商原因检验导致施工的延误	√	√	√
7	8.4 (a)	变更导致竣工时间的延长	√		
8	8.4 (c)	异常不利的气候条件	√		
9	8.4 (d)	由于传染病或其他政府行为导致工期的延误	√		
10	8.4 (e)	业主或其他承包商的干扰	√		
11	8.5	公共当局引起的延误	√		
12	10.3	业主提前占用工程	√	√	
13	10.3	对竣工检验的干扰	√	√	√
14	13.7	后续法规引起的调整	√	√	
15	18.1	业主办理的保险未能从保险公司获得补偿部分	√	√	
16	19.4	不可抗力事件造成的损害	√	√	

6.3.3.2.2　费用索赔的计算

费用索赔的计算方法有实际费用法、总费用法、修正总费用法等。

1. 实际费用法

实际费用法是按照索赔事件所引起损失的费用项目分别分析计算索赔值，然后将各费用的索赔值汇总，即可得到总索赔费用值。这种方法以承包商为某项索赔工作所支付的实际开支为依据，但仅限于由于索赔事项引起的、超过原计划的费用，故也称额外成本法。这种方法是工程索赔计算中最常用的一种方法。在应用过程中，要注意的是不要遗漏费用项目。

2. 总费用法

当发生多次索赔事件以后，重新计算该工程的实际总费用，再用这个实际总费用冲减去投标报价时估算的总费用，即

索赔金额＝实际总费用－投标报价总费用

由于施工过程中会受到许多因素的影响，既有业主原因也有来自施工方自身的原因，采用这个方法，可能在实际总费用中包括承包方的原因而增加的费用，所以，这种方法只有在难以按实际费用法计算索赔费用时才使用。

3. 修正总费用法

这是对总费用法的改进，在总费用计算的原则上，除去一些不合理的因素，对总费用法进行相应的修改和调整，使其更加合理。

索赔金额＝调整后实际总金额－投标报价总费用

6.3.3.2.3　工期索赔的计算

工期索赔计算主要有网络分析法和比例计算法两种方法。

1. 网络分析法

网络分析法是利用进度计划的网络图，分析其关键线路，进而计算索赔事件对工期影响的一种方法。网络分析法是一种科学、合理的分析方法，适用于许多索赔事件的计算。

运用网络计划计算工期索赔时，要特别注意索赔事件成立所造成的工期延误是否发生在关键线路上。如果延误的工作为关键工作，则总延误的时间为批准顺延的工期；如果延误的工作为非关键工作，当该工作由于延误超过时差限制而成为关键工作时，可以批准延误时间与时差的差值；若该工作延误后仍为非关键工作，则不存在工期索赔问题。

一般地，根据网络进度计划计算工期延误时，在工程完成后一次性解决工期延长问题，通常做法是：在原进度计划的工作持续时间的基础上，加上由于非承包人原因造成的工作延误的时间，代入网络图，计算得出延误后的总工期，减去原计划的工期，进而得到可批准的索赔工期。

2. 比例计算法

在实际工程中，干扰时间常常影响某些单项工程、单位工程或分部分项工程工期，要分析它们对总工期的影响，可以采用简单的比例计算，即

$$工期索赔值 = \frac{额外增加的工程量的价格}{原合同价格} \times 原合同总工期$$

3. 工期索赔中应注意的问题

(1) 划清施工进度拖延的责任。因承包人的原因造成施工进度滞后，属于不可原谅的

延期；只有承包人不应承担任何责任的延误，才是可原谅的延期。有时工程延期的原因中可能包含有双方责任，此时监理人应详细分析，分清责任比例，只有可原谅延期部分才能批准顺延合同工期。可原谅延期，又可细分为可原谅并给予补偿费用的延期和可原谅但不给予补偿费用的延期；后者是指非承包人责任的影响，并未导致施工成本的额外支出，大多属于发包人应承担风险责任事件的影响，如异常恶劣的气候条件影响的停工等。

（2）被延误的工作应是处于施工进度计划关键线路上的施工内容。只有位于关键线路上工作内容的滞后，才会影响到竣工日期。但有时也应注意，既要看被延误的工作是否在批准进度计划的关键线路上，又要详细分析这一延误对后续工作的可能影响。因为若对非关键路线工作的影响时间较长，超过了该工作可用于自由支配的时间，也会导致进度计划中非关键线路转化为关键路线，其滞后将影响总工期的拖延。此时，应充分考虑该工作的自由时间，给予相应的工期顺延，并要求承包人修改施工进度计划。

6.3.3.2.4　共同延误的处理

在实际施工过程中，工期拖延很少是只由一方造成的，往往是两种及以上原因同时发生（或相互作用）而形成的，故称之为"共同延误"。在这种情况下，要具体分析哪一种情况延误是有效的，应依据以下原则：

（1）首先判断造成拖延工期的哪一种原因是最先发生的，即确定"初始延误"者，它应对工程拖期负责。在初始延误发生作用期间，其他并发的延误者不承担拖期责任。

（2）如果初始延误者是发包人原因，则在发包人原因造成的延误期内，承包人既可以得到工期延长，又可以得到费用补偿。

（3）如果初始延误者是客观原因，则在客观因素发生影响的延误期内，承包人可以得到工期延长，但很难得到费用补偿。

（4）如果初始延误者是承包人原因，则在承包人原因造成的延误期内，承包人既不能得到工期延长，也不能得到费用补偿。

【推荐阅读资料】

1.《建设工程法规及相关知识》全国二级建造师执业资格考试用书编写委员会编写．北京：中国建筑工业出版社，2009

2. 建设工程施工合同（GF—1999—0201）

3.《中华人民共和国合同法》

4. 广东省建设工程标准施工合同（2009 年版）

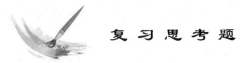

复 习 思 考 题

1. 什么是合同？什么是无效合同？

2. 合同的订立一般需要经过哪些程序？合同解除的条件和程序又是什么？

3. 简述合同变更的条件和程序。

4. 建设工程施工合同有哪些类型？

5. 施工合同的合同价如何确定？

6. 工程进度款支付程序如何？工程师如何对工程进行计量？

7. 业主不按合同约定支付工程竣工结算价款应承担什么法律责任？

8. 合同变更价款如何确定？

9. 订立勘察设计合同时，应具备哪些主要条款？

10. 如何防范工程承包中的风险？

11. 勘察设计合同履行过程中，合同双方各有哪些义务？当事人双方应如何承担违约责任？

12. 委托监理合同履行过程中，双方都有哪些权利和义务？当事人双方应如何承担违约责任？监理工程师在工程施工监理中可以直接行使的权限有哪些？

13. 索赔的概念是什么？引起索赔的起因是什么？

14. 常见的索赔问题包括哪些？施工索赔的程序有哪些？

15. 索赔的依据包括哪些内容？常见的索赔证据有哪些？

16. 简述索赔费用计算的原则和计算方法。

第 **7** 讲 建设工程监理专题

【教学目标】 本讲主要解决以下几大问题：①工程监理的内容；②工程监理的依据；③实行强制监理的建设工程范围；④建设工程监理企业的法律责任；⑤建设工程监理合同纠纷的成因与防范措施；⑥工程监理企业从业资质管理；⑦注册监理工程师执业资格制度。通过本讲的学习，熟练掌握实行强制监理的工程范围、建设工程监理企业的法律责任、建设工程监理合同纠纷的成因与防范措施、注册监理工程师执业资格制度。

【教学要求】

能 力 目 标	知 识 要 点	权重	自测分数
了解相关知识	工程监理的内容、工程监理的依据、工程监理企业从业资质管理	20%	
熟练掌握知识点	(1) 实行强制监理的工程范围 (2) 建设工程监理企业的法律责任 (3) 建设工程监理合同纠纷的成因与防范措施 (4) 注册监理工程师执业资格	45%	
运用知识分析案例	强制监理范围、监理执业合法性判断及相关知识运用；监理从业人员职业规划	35%	

7.1 工程监理的内容

工程监理在本质上是项目管理，是代表建设单位而进行的项目管理，其监理的内容与项目管理的内容是一致的。其内容包括三控制、三管理、一协调，即进度控制、质量控制、成本控制、安全管理、合同管理、信息管理、沟通协调。

但是由于监理单位是接受建设单位的委托代表建设单位进行项目管理的，其权限将取决于建设单位的授权。因此，其监理的内容也将不尽相同。《建筑法》第33条规定："实施建筑工程监理前，建设单位应当将委托的工程监理单位、监理的内容及监理权限，书面通知被监理的建筑施工企业。"

7.2 工程监理的依据

根据《建筑法》、《建设工程质量管理条例》、《建设工程安全生产管理条例》的有关规定，工程监理的依据包括以下内容。

1. 法律、法规

施工单位的建设行为是受很多法律、法规制约的，如不可偷工减料等。工程监理在监理过程中首先就要监督检查施工单位是否存在违法行为，因此法律、法规是工程监理单位的依据之一。

2. 有关的技术标准

技术标准分为强制性标准和推荐性标准。强制性标准是各参建单位都必须执行的标准，而推荐性标准则是可以自主决定是否采用的标准。通常情况下，建设单位如要求采用推荐性标准，应当与设计单位或施工单位在合同中予以明确约定。经合同约定采用的推荐性标准，对合同当事人同样具有法律约束力，设计或施工未达到该标准，将构成违约行为。

3. 设计文件

施工单位的任务是按图施工，也就是按照施工图设计文件进行施工。如果施工单位没有按照图纸的要求去修建工程就构成违约，如果是擅自修改图纸更构成了违法。因此，设计文件就是监理单位的依据之一。

4. 建设工程承包合同

建设单位和承包单位通过订立建设工程承包合同，明确双方的权利和义务。合同中约定的内容要远远多于设计文件的内容，如进度、工程款支付等都不是设计文件所能描述的。而这些内容也是当事人必须履行的义务。工程监理单位有权利也有义务监督检查承包单位是否按照合同约定履行这些义务。因此，建设工程承包合同也是工程监理的依据之一。

7.3　实行强制监理的建设工程范围

并不是所有的工程都需要实行监理。国家推行建筑工程监理制度。国务院可以规定实行强制监理的建筑工程的范围。2000 年 1 月 30 日施行的《建设工程质量管理条例》第 12 条规定了必须实行监理的建设工程范围。在此基础上，《建设工程监理范围和规模标准规定》（2001 年 1 月 17 日建设部令第 86 号发布）则对必须实行监理的建设工程作出了更具体的规定。

1. 国家重点建设项目

国家重点建设项目是指依据《国家重点建设项目管理办法》所确定的对国民经济和社会发展有重大影响的骨干项目。

2. 大、中型公用事业工程

大、中型公用事业工程是指项目总投资额在 3000 万元以上的下列工程项目：

（1）供水、供电、供气、供热等市政工程项目。

（2）科技、教育、文化等项目。

（3）体育、旅游、商业等项目。

（4）卫生、社会福利等项目。

（5）其他公用事业项目。

3. 成片开发建设的住宅小区工程

建筑面积在 5 万 m² 以上的住宅建设工程必须实行监理；5 万 m² 以下的住宅建设工程，可以实行监理，具体范围和规模标准，由省、自治区、直辖市人民政府建设行政主管部门规定。

4. 利用外国政府或者国际组织贷款、援助资金的工程

（1）使用世界银行、亚洲开发银行等国际组织贷款资金的项目。

（2）使用国外政府及其机构贷款资金的项目。

（3）使用国际组织或者国外政府援助资金的项目。

5. 国家规定必须实行监理的其他工程

（1）项目总投资额在 3000 万元以上关系社会公共利益、公众安全的下列基础设施项目：①煤炭、石油、化工、天然气、电力、新能源等项目；②铁路、公路、管道、水运、民航及其他交通运输业等项目；③电信枢纽、通信、信息网络等项目；④防洪、灌溉、排涝、发电、引（供）水、滩涂治理、水资源保护、水土保持等水利建设项目；⑤道路、桥梁、地铁和轻轨交通、污水排放及处理、垃圾处理、地下管道、公共停车场等城市基础设施项目；⑥生态环境保护项目；⑦其他基础设施项目。

（2）学校、影剧院、体育场馆项目。

7.4 建设工程监理合同管理

建设工程委托监理合同简称监理合同，是指工程建设单位聘请监理单位对其委托的工程项目进行管理，为明确双方的权利、义务而签订的协议。监理合同是一种委托合同，建设单位称委托方，监理单位称受托方。

7.4.1 监理合同的基本特征

1. 监理合同双方当事人的合法地位

监理合同的当事人双方是具有民事权力能力和民事行为能力、取得法人资格的企事业单位、其他社会组织，个人在法律允许的范围内也可以成为合同当事人。

作为委托方须是国家批准的建设项目、落实投资计划的企事业单位、其他社会组织和个人；作为受托方必须是依法成立的具有法人资格的监理企业，而且所承担的项目应与企业的资质等级和业务范围相符合。

2. 监理合同签订程序的合法性

监理合同的订立必须符合工程项目的建设程序。监理合同是以对建设工程项目实施控制和管理为主要内容，因此监理合同必须是符合建设工程项目的程序，符合国家和建设行政主管部门颁发的有关建设工程的法律、行政法规、部门规章和各种标准、规范要求。

3. 委托监理合同标的的特殊性

建设工程实施阶段所签订的勘察设计合同、施工合同、物资采购合同、加工合同等的标的物是产生新的物质成果或信息成果，而监理合同的标的是服务即监理人员依据自己的

知识、经验和技能，受建设单位委托为其所签订的合同（勘察设计合同、施工合同等）的履行，依据法律法规、技术标准和规范及合同文件等实施监督和管理。

此外，建设工程委托监理合同还具有其他一般委托合同的一般特征，如诺成合同、双务合同等，合同双方应采用书面形式订立委托监理合同。

7.4.2　建设工程委托监理合同示范文本

《建设工程委托监理合同示范文本》由"工程建设委托监理合同"（以下简称"合同"）、"建设工程委托监理合同标准条件"（以下简称"标准条件"）、"建设工程委托监理合同专用条件"（以下简称"专用条件"）组成。

1. 建设工程委托监理合同示范文本的内容

"合同"是一个总的协议，是纲领性的法律文件。主要内容是：双方当事人确认的委托监理工程的概况（工程名称、地点、规模和总投资等）；委托方向监理方支付酬金的期限和方式；合同签订、生效的时间；双方愿意履行约定的各项义务的承诺及合同文件的组成。监理合同除"合同"内容外，还包括以下内容：

（1）监理委托函或中标函。

（2）建设工程委托监理合同标准条件。其内容涵盖了合同中所有词语的定义，适用范围和法规，签约双方的责任，权利和义务，合同生效变更与终止，监理酬金争议的解决及其他情况。标准条件为合同的通用文本，适用于各类建设工程项目监理，所有签约工程都应遵守该基本条件。

（3）建设工程委托监理合同专用条件。由于标准条件适用于所有的建设工程委托监理，因此其中的某些条款规定的比较笼统，需要在签订具体的工程项目监理合同时，结合地域特点、专业特点和委托监理项目的工程特点，对标准条件中的某些条款进行补充、修正。所谓"补充"是指在标准条件中已有明确条款，在该条款确定的原则下，专用条件的条款中进一步明确具体内容，使两个条件中相同序号的条款共同组成一条内容完备的条款。"修正"则是指标准条件中规定的程序方面的内容，如果双方认为不合适，可以协商修改。

2. 建设工程委托监理合同示范文本的词语定义

（1）合同当事人。"委托方"指承担直接投资责任和委托监理业务的一方及其合法继承人；"监理方"指承担监理业务和监理责任的一方及其合法继承人。委托方和监理方共同构成了合同的"主体"，双方具有平等的法律地位，依法享有权利和义务。双方不能将所签订合同的约定权利和义务转让给第三方或单方面变更合同主体。

（2）合同的标的。监理合同的标的是监理方为委托方提供的监理服务。按照《工程建设监理规定》，工程建设监理包括工程监理的正常工作、附加工作和额外工作。"工程监理的正常工作"指双方在专用条件中约定，委托方委托的监理工作范围和内容。"工程监理的附加工作"指委托方委托监理范围之外，通过双方书面协议另外增加的工作或由于委托方的原因使监理工作受阻、延误，因增加工作量或持续时间而增加的工作。"工程监理的额外工作"指正常工作和附加工作以外或非监理的原因造成监理业务的暂定、终止；其善后处理工作及恢复监理业务的工作。

（3）其他词语解释。"承包方"指监理方之外委托方就工程建设有关事宜签订的合同当事人；"监理机构"指监理方派驻本工程实施监理业务的组织；"总监理工程师"指经委托方同意，监理方派驻监理机构全面履行合同的全权负责人。

7.4.3　监理合同的订立、履行与管理

7.4.3.1　建设工程委托监理合同的订立

1. 合同的谈判与签订

（1）合同的谈判。不管是直接委托还是招标投标，委托方和监理方都要就监理合同的主要条款和应负责任进行具体谈判，如委托方对工程的工期、质量的具体要求必须明确提出。使用《示范文本》时，要依据《合同条件》结合《协议条款》逐条加以谈判，对每一条款进行明确的约定。谈判过程中双方应本着诚实、信用、公平的原则，内容要具体，责任要明确。

（2）合同的签订。经过谈判，双方就监理合同的各项条款达成一致，即可正式签订合同文件，合同文件可以参考示范文本来签订。

2. 委托监理业务

（1）委托工作的范围。监理合同的业务内容是工程师为委托方提供的服务项目和工作量。委托方委托监理业务的范围是很广泛的，从工程建设各阶段来说；可以包括项目前期的立项咨询、勘察设计阶段、工程施工阶段、质量保修阶段等的全部监理工作或其中某些阶段。在每个阶段内，又可以进行工程投资、质量、进度的三大控制及信息、合同管理。在具体项目上，应根据工程的特点、监理方的能力、建设各阶段的监理任务等因素将委托的监理任务详细写入合同的专用条件内。如施工阶段的监理包括：协助委托方组织施工招投标及材料设备采购、运输等招投标，并协助委托方与承包方签订合同；协助委托方完成上述合同的履行；对工程质量、设备、材料质量的技术监督和检查；施工的管理工作，包括质量控制、投资控制、计划和进度控制等。

（2）对监理工作的要求。监理合同中明确约定的监理方执行监理工作的要求应符合《建设工程监理规范》的规定，以保证双方的合法权益。

7.4.3.2　双方的权利

1. 委托方的权利

委托方的权利包括以下内容：

（1）授予监理方权限的权利。监理合同是要求监理方对委托方与第三方所签订的各种承包合同的履行实施监理的合同，因此在监理内容上需明确委托的监理任务，另外还应规定出监理方的权限范围。在委托方授权的范围内，监理方可以对所监理的合同采取各种措施来实施监督，如果超出授权权限时，应首先征得委托方的同意后再发布有关指令。委托方确定授权大小时要根据自身的管理能力、建设工程项目的特点及需要等因素来考虑，同时在执行过程中可随时通过书面附加协议来扩大或缩小授权范围。

（2）对其他合同承包方的选定权。委托方对勘察设计合同、施工合同；采购运输合同等的承包单位有选定权及与其签订合同的权利。

委托方有对工程规模、设计标准、规划设计、生产工艺设计；设计标准和设计使用功能等要求的决定权，同时有对工程设计变更的审批权。

（3）委托方有对监理方履行合同过程的监督权。委托方有权要求监理方提交监理工作

月报和监理业务范围内的专项报告；监理方调换总监理工程师必须事先征得委托方的同意；如委托方发现监理人员不按合同履行监理职责，或与第三方串通给委托方或工程造成损失的，委托方有权要求监理方更换监理人员，直到终止合同并要求监理方承担相应的赔偿责任或连带赔偿责任。

2. 监理方的权利

监理合同中涉及监理方权利的条款有两大类：一是监理方在委托合同中应享有的权利；二是监理方履行委托方与第三方签订的承包合同的监理任务时可行使的权利。

监理方有就建设工程有关事项和工程设计的建议权，包括工程规模、投资标准、设计标准、规划设计、生产工艺设计等，监理方可就技术问题按照安全和优化的原则向设计单位提出建议。如果由于提出的建议提高了工程造价或延长了工期，应事先征得委托方的同意，如果发现不符合建筑工程质量标准或约定要求，应报知委托方要求设计单位更改，并向委托方提出书面报告。

对实施项目的三大控制权。监理的主要工作职责为对工程质量、进度、费用的检查；监督和管理。例如，施工项目的监理，具体工作包括：对承包方报送的工程施工组织设计和技术方案，按照：保证质量、保证工期、降低成本的原则，进行审批向承包方提出建议；在委托方同意或授权下，发布开工令、停工令、复工令等；对工程使用的材料和施工质量进行检验，未经监理方检验签字，建筑材料、构件、设备等不得在工地上使用，施工方不得进行下一道工序的施工；检查、监督施工进度，以及对工程实际竣工日期提前或延误期限的签字认可权；在合同约定的工程价格范围内，工程款支付的审核和签认权，及结算工程款的复核确认与否定权。未经监理方签字认可，委托方不支付工程款，不进行竣工验收。

完成监理任务后获得酬金的权利。监理方应获得完成合同规定任务后的约定酬金，如果合同履行中由于主观、客观条件的变化，监理方完成附加工作和额外工作，也有权按照专用条件中约定的计算方法得到额外工作的酬金。相关酬金的支付方法，应在专用条款中写明，由于监理方在工作中做出显著成绩，如提出合理化建议使委托方获得实际经济利益，则应按照合同中规定的奖励方法得到委托方的奖励，奖励方法可参照国家颁布的合理化建议奖励方法，写在专用条款的相应条款中。

终止合同的权利。如果由于委托方严重违约，如拖欠监理酬金，或由于非监理方的责任而使监理暂停的期限超过半年以上，监理方可按照终止合同的规定程序，单方面提出终止合同，以保护自己的合法权益。

主持工程建设有关单位的组织协调，重要协调事项应事先向委托方报告。

在委托的工程范围内，委托方或承包方对对方的任何意见和要求（包括索赔要求），均必须先向监理机构提出，由监理机构研究处理意见，再由双方协商解决。当委托方和承包方发生争议时，监理机构应根据自己的职能，以独立的身份来判断，公正进行调解。

7.4.3.3　委托监理合同的履行

监理合同在通用条款和专用条款中已明确规定了双方的权利和义务，监理方应按合同约定的内容和要求完成监理工作；委托方也应按合同约定的要求履行应尽的义务；支付监理酬金，并积极配合监理方的工作。

1. 监理方的义务

（1）监理方的工作范围。监理方的工作范围包括正常监理工作、附加监理工作、额外监理工作。由于工作性质的特点，有些工作在订立合同时未能预见或未能合理预见，因此监理方除应完成正常工作之外，还应完成附加工作和额外工作。

（2）监理方的义务。主要有以下内容：

监理方应按合同约定要求成立监理机构及委派监理工作人员，向委托方报送委派的总监理工程师及其监理机构的成员名单、监理规划，完成监理合同专用条件中约定监理工程范围内的监理业务。在履行合同期间，应按合同约定定期向委托方报告监理工作。

监理方在履行合同的义务期间，应运用合理的技能认真勤奋工作，公正地维护有关方面的合法权益。当委托方发现监理人员不按监理合同履行监理职责或与承包方串通给委托方或工程造成损失时，委托方有权要求监理方更换监理人员，直到终止合同并要求监理方承担相应的赔偿责任或连带赔偿责任。

在监理过程中，不得泄露委托方申明的秘密和设计、承包方的秘密。在合同期内或终止合同后，未征得有关方面的同意，不得泄露与本工程、合同业务有关的保密资料。

监理方使用委托方提供的设施和物品属于委托方的财产。在监理工作完成或终止时，应将其设施和剩余物品按照合同约定时间和地点移交给委托方。

未经委托方书面同意，监理方不应接受委托监理合同以外的与监理工程有关的酬金，以确保监理行为的公正性，并不能参与可能与合同规定的与委托方利益相冲突的任何活动。

2. 委托方的义务

（1）委托方应做好建设工程所有外部关系的协调工作，为监理工作提供外部条件。如将全部或部分协调工作委托监理方承担时，则应在合同专用条件中明确委托的工作和相应的酬金。

（2）委托方应在监理方开始监理业务之前向监理方支付预付款项。

（3）委托方应在双方约定的时间内免费向监理方提供与工程有关的、监理工作所需的工程资料。

（4）委托方应授权一位熟悉建设工程情况，能迅速做出决定的常驻代表，负责与监理方联系。更换常驻代表时，要提前通知对方。

（5）委托方应将授予监理方的监理权利，以及监理方主要成员的职能分工、监理权限，及时书面通知已选定的第三方，并在与第三方签订的合同中予以明确。

（6）委托方应免费向监理方提供合同专用条件中约定的设备、设施和必要的生活条件，包括检测试验设备、测量设备、交通设备、办公设备、生活用房等。这些属于委托方的财产和物品，在监理任务完成后，应归还委托方。若双方协商某些设备、物品由监理方自备，则应给予监理方合理的经济补偿，在合同的专用条件中明确费用的计算方法。

（7）委托方应及时向监理方提供必要的信息服务，包括：本工程所使用的原材料；构配件、机构设备等生产厂家的名录，以便于监理方掌握产品质量信息；与本工程有关的协作单位、配合单位的名录，以便监理工作的组织协调。

（8）根据情况需要，委托方应免费向监理方提供人员服务，在合同专用条件中写明提供的人数和服务时间；当涉及监理服务工作时，委托方所提供的职员应对监理方负责。

7.4.3.4　监理合同的有效期

双方在合同中约定的时间、期限仅指完成正常监理工作预定的时间，不一定是监理合同的有效期；监理合同的有效期是监理方的责任期，以监理方是否完成了正常监理工作；附加监理工作和额外监理工作的义务来判断。通用条款中规定，监理合同的有效期为双方签订合同后，从工程准备工作开始到监理方向委托方办理完竣工验收或工程移交手续，承包方和委托方已签订工程保修责任书，监理方收到监理酬金尾款，监理合同方才终止。若保修期仍需监理方执行相应的监理工作，双方应在专用条款中另行约定。

7.4.3.5　双方的违约责任

（1）委托方的责任。委托方应履行委托监理合同约定的义务，如有违反则应承担违约责任；赔偿给监理方造成的经济损失；委托方若向监理方提出的赔偿要求不能成立，则应补偿由该索赔所引起的监理方的各种费用支出。

（2）监理方的责任。在监理合同的有效期内，如果因工程建设进度的推迟或延误而超过书面约定日期，双方应进一步约定顺延的合同期；监理方在合同责任期内，应全面履行约定的义务。若因监理方的过失而造成委托方的经济损失，应向委托方赔偿，累计赔偿总额一般不应超过监理酬金总额；监理方对承包方违反合同规定的质量要求和完工时限，不承担责任；因不可抗力导致委托监理合同不能全部或部分履行，监理方不承担责任。但因监理方未尽自身义务而引起委托方的损失，应向委托方承担赔偿责任；监理方向委托方提出赔偿要求不能成立时，监理方应补偿由于该索赔所导致委托方的各种费用支出。

（3）合同争议的处理（各种合同基本相同，以下略）。因违反或终止合同而造成对方的损失、损坏，要依照合同约定负赔偿责任，或由双方协商解决。若协商未能达成一致，可提交主管部门调解。若仍不能达成一致的，根据双方约定提交仲裁机构仲裁或向人民法院起诉。

7.4.3.6　合同的生效、变更与终止

（1）合同签字之日起生效。合同约定的时间为监理工作的开始时间和完成时间。

合同履行过程中双方可商议延长时间。自合同生效时起至合同完成时的时间为合同的有效期。

（2）任何一方申请并经双方书面同意时，可以对合同进行变更。在实际履行中，可以采取正式文件；信件协议或委托单等方式对合同实施修改，若变动范围太大，也可以考虑重新制定新的合同文件。

（3）由于委托方或承包方的原因使监理工作受到阻碍或延误，以至发生了附加工作或延长了工作时间，则监理方应将此情况及可能产生的影响及时通知委托方，完成监理业务的时间相应延长，并得到附加工作酬金。

（4）委托监理合同签订后，实际情况发生变化，使监理方不能全部或部分执行监理业务时，监理方应立即通知委托方，该监理业务的完成时间应予以延长。当恢复执行监理业

务时，应增加不超过 42 日的时间用于恢复执行监理业务，并按双方约定的数量支付监理酬金。

（5）当事人一方要求变更或解除合同时，应在 42 日前通知对方，因变更或解除合同而造成对方损失的，除依法可免除责任者外，应由责任方负责赔偿。变更或解除合同的通知必须采用书面形式，协议未达成一致前，原合同仍然有效。

（6）若委托方认为监理方无正当理由而又未履行合同时，可向监理方发出有关通知。若委托方在确认监理方收到通知的 21 日内没有得到答复，可在第 1 个通知发出后的 35 日内发出终止合同的通知，合同即行终止。

（7）监理方由于非自身原因而暂停或终止监理业务时，其善后工作及恢复执行监理业务的工作应视为额外工作，监理方有权获得额外酬金。

（8）监理方在应当获得监理酬金之日起的 30 日内仍未收到支付款，而委托方又未对监理方做出任何书面解释，或暂停监理业务期限已经超过 6 个月时，监理方可向委托方发出终止合同的通知。若在 14 日内未得到委托方的答复，可进一步发出终止合同的通知。如果第 2 份通知发出后 42 日内仍未得到委托方的答复，可自行终止合同，也可以自行暂停履行部分或全部监理业务。

（9）合同协议的终止不影响双方的应有权利和应承担的责任。

7.4.3.7　监理费用

监理费用由正常的监理酬金、附加监理工作酬金和额外监理工作酬金组成。

（1）正常的监理酬金。这是监理方在工程项目监理中所需的全部成本，即直接成本和间接成本，加上合理的利润和税金构成。

直接成本包括监理人员和监理辅助人员的工资，包括：津贴、附加工资、奖金等；用于该工程监理人员的其他专项开支，包括差旅费、补助费、书报费等；监理期间使用与监理工作相关的计算机和其他仪器、设备、机械的费用；所需的其他外部协作费用。

间接成本是指全部业务经营开支和非工程项目的特定开支，包括：管理人员、行政人员、后勤服务人员的工资；经营业务费，包括为招揽业务而支出的广告费等；办公费，包括文具、纸张、账表、报刊、文印费用等；交通费、差旅费、办公设施费（公司使用的水、电、气、环卫、治安等费用）；固定资产及常用工器具、设备的使用费，业务培训费、图书资料购置费；其他行政活动经费。

（2）附加监理工作酬金。附加监理工作包括增加监理工作时间和增加监理工作范围或内容两种情况。前者补偿酬金由双方在合同中约定；后者可由双方商议决定，并签订相关的补充协议。

（3）额外监理工作酬金。按实际增加的工作天数计算确定补偿金额。

（4）监理酬金的计算方法。我国现行的监理酬金的计算方法主要有 4 种，即国家物价局、建设部颁发的价费字〔1992〕479 号文《关于发布工程建设监理费有关规定的通知》中规定的办法。根据监理业务范围、深度和工程的性质、规模、难易程度及工作条件等情况按下述方法之一计取：

1）按照监理工程的概预算百分比计收，见表 7-1。

表 7 - 1　　　　　　　　　　　工程建设监理收费标准

序号	工程预算 M（万元）	设计阶段（含设计招标）监理取费 a（%）	施工（含施工招标）及保修阶段监理取费 b（%）
1	$M<500$	$0.20<a$	$2.50<b$
2	$500\leqslant M<1000$	$0.15<a\leqslant0.20$	$2.00<b\leqslant2.50$
3	$1000\leqslant M<5000$	$0.10<a\leqslant0.15$	$1.40<b\leqslant2.00$
4	$5000\leqslant M<10000$	$0.08<a\leqslant0.10$	$1.20<b\leqslant1.40$
5	$10000\leqslant M<50000$	$0.05<a\leqslant0.08$	$0.80<b\leqslant1.20$
6	$50000\leqslant M<100000$	$0.03<a\leqslant0.05$	$0.60<b\leqslant0.80$
7	$100000\leqslant M$	$a\leqslant0.03$	$b\leqslant0.60$

　　这种方法规定的工程建设监理收费标准是指导性价格，具体的收费标准由业主和监理单位在规定的幅度内协商确定。这种方法比较简便、科学，也是国际上比较常用的方法。一般情况下，新建、改建、扩建的工程，都应采用这种方法。

　　2）按照参与监理工作的年度平均人数计算，一般为 3.5 万～5 万元/人·年。这种收费方法主要适用于单工种或临时性，或不宜按工程概预算的百分比计收监理费的工程项目。

　　3）不宜按 1）、2）两种办法计收的，由委托方和监理方按协商的其他办法计收。

　　4）中外合资、合作、外商独资的建设工程，工程建设监理费由双方参照国际标准协商确定。

　　（5）监理酬金的支付。监理酬金所采用的货币币种、汇率和具体支付方式，由双方协商确定，并在合同专用条件中注明。

7.4.3.8　建设工程委托监理合同的档案管理

　　委托监理合同签订后，双方应严格履行合同，并做好合同的管理工作。

　　1. 委托方对合同档案的管理

　　在全部工程项目竣工后，委托方应将全部合同文件，包括完整的工程竣工资料等，进行系统的整理，按照国家《中华人民共和国档案法》及相关规定，建立专门档案进行保管。为保证监理档案的完整性，委托方对合同文件及合同履行过程中与监理单位之间的各种签证、会谈纪要、记录协议、补充合同文件、函件、电报、信件、电子邮件、电传等进行系统整理，妥善保管。

　　2. 监理方对合同档案的管理

　　在全部监理工作完成后，监理单位应做好监理合同的归档工作，主要包括两个方面的内容：一是向委托方提交档案资料；二是监理单位内部归档。这些档案资料包括：

　　（1）向委托方提交监理工作总结。主要内容有：监理委托合同履行情况概述；监理任务或监理目标的完成情况评价；由委托方提供的供监理活动使用的办公用房、设备、设施等的清单；表明监理工作终结的说明等。

　　（2）监理单位内部归档资料。主要包括：监理合同及合同履行中有关的各种签证、会谈纪要、记录协议、补充合同文件、函件、电报、信件、电子邮件、电传等资料；监理组织资料（监理大纲、监理规划、监理工作中的程序性文件、监理会议纪要、监理日记等）；合同监理工作的经验（可以是采用某种监理技术、方法的经验；或采用某种经济措施、组织措施的经验；或签订监理委托合同方面的经验；以及如何处理好与委托方、承包单位等关系的经验等）；监理工作中存在的问题及改进的建议，以及指导以后监理工作的建议、向政府等主管部门提出的政策性建议等。

7.5　建设工程监理企业的法律责任

7.5.1　一般规定

实施建设工程监理前，建设单位应当将委托的建设工程监理企业、监理的内容及监理权限，书面通知被监理的建筑施工企业。

建设工程监理企业应当在其资质等级许可的监理范围内，承担工程监理业务。建设工程监理企业应当根据建设单位的委托，客观、公正地执行监理任务。建设工程监理企业与被监理工程的承包单位以及建筑材料、建筑构配件和设备供应单位不得有隶属关系或者其他利害关系。建设工程监理企业不得转让工程监理业务。

建设工程监理企业不按照委托监理合同的约定履行监理义务，对应当监督检查的项目不检查或者不按规定检查，给建设单位造成损失的，应当承担相应的赔偿责任。建设工程监理企业与承包单位串通，为承包单位谋取非法利益，给建设单位造成损失的，应当与承包单位承担连带赔偿责任。

7.5.2　建设工程监理企业安全生产管理的主要责任和义务

1. 安全技术措施及专项施工方案审查义务

《建设工程安全生产管理条例》第 14 条第 1 款规定，工程监理单位应当审查施工组织设计中的安全技术措施或者专项施工方案是否符合工程建设强制性标准。

2. 安全生产事故隐患报告义务

《建设工程安全生产管理条例》第 14 条第 2 款规定，工程监理单位在实施监理过程中，发现存在安全事故隐患的，应当要求施工单位整改；情况严重的，应当要求施工单位暂时停止施工，并及时报告建设单位。施工单位拒不整改或者不停止施工的，工程监理单位应当及时向有关主管部门报告。

3. 应当承担监理责任

工程监理单位和监理工程师应当按照法律、法规和工程建设强制性标准实施监理，并对建设工程安全生产承担监理责任。

7.6　建设工程监理合同纠纷的成因与防范措施

1. 纠纷的成因

（1）监理工作内容的纠纷。

（2）监理工作缺陷纠纷。

2. 防范措施

(1) 合同约定应当明确。

(2) 严格按照合同约定完成各自的职责。

(3) 出现监理工作缺陷，应当按照规定补救和承担相应的责任。

7.7　工程监理企业从业资质管理制度

2007 年 6 月 26 日，建设部第 158 号令发布的《工程监理企业资质管理规定》（自 2007 年 8 月 1 日起施行），以及 2007 年 7 月 31 日建设部颁布实施的关于印发《工程监理企业资质管理规定实施意见》的通知（建市〔2007〕190 号），对工程监理企业的资质等级、资质标准、申请与审批、业务范围等作了明确规定。

7.7.1　工程监理资质的分类、分级和工程承接范围

1. 工程监理资质的分类

工程监理企业资质分为综合资质、专业资质和事务所资质。其中，专业资质按照工程性质和技术特点划分为若干工程类别。

2. 工程监理企业资质的分级

(1) 综合资质和事务所资质不分级别。

(2) 专业资质分为甲级、乙级；其中，房屋建筑、水利水电、公路和市政公用专业资质可设立丙级。

3. 工程承接范围

工程监理企业资质相应许可的业务范围如下：

(1) 综合资质。可以承担所有专业工程类别建设工程项目的工程监理业务。

(2) 专业资质。

1) 专业甲级资质。可承担相应专业工程类别各个级别建设工程项目的工程监理业务。

2) 专业乙级资质。可承担相应专业工程类别 2 级以下（含 2 级）建设工程项目的工程监理业务。

3) 专业丙级资质。可承担相应专业工程类别 3 级建设工程项目的工程监理业务。

(3) 事务所资质。可承担 3 级建设工程项目的工程监理业务，但是，国家规定必须实行强制监理的工程除外。

工程监理企业可以开展相应类别建设工程的项目管理、技术咨询等业务。

7.7.2　资质许可

《工程监理企业资质管理规定》第 3 条规定："从事建设工程监理活动的企业，应当按照本规定取得工程监理企业资质，并在工程监理企业资质证书许可的范围内从事工程监理活动。"工程监理企业的资质许可包括资质申请和审批、资质升级和资质增项、资质证书延续、资质证书变更等。

1. 资质申请

(1) 申请工程监理综合资质、专业类甲级资质的，应当向企业工商注册所在地的省、

自治区、直辖市人民政府建设主管部门提出申请。

（2）申请工程监理专业类乙级、丙级资质和事务所类资质的具体实施程序由省、自治区、直辖市人民政府建设主管部门依法确定。

（3）新设立的企业申请工程监理企业资质，应先取得《企业法人营业执照》或《合伙企业营业执照》，办理完相应的执业人员注册手续后，方可申请资质。

取得《企业法人营业执照》的企业，只可申请综合资质和专业资质，取得《合伙企业营业执照》的企业，只可申请事务所资质。

新设立的企业申请工程监理企业资质，应从专业乙级、丙级资质或事务所资质开始申请，要提供业绩证明材料。申请房屋建筑、水利水电、公路和市政公用工程专业资质的企业，也可以直接申请专业乙级资质。

（4）具有甲级设计资质或一级及以上施工总承包资质的企业可以直接申请与主营业务相对应的专业工程类别甲级工程监理企业资质。具有甲级设计资质或一级及以上施工总承包资质的企业申请主营业务以外的专业工程类别监理企业资质的，应从专业乙级及以下开始申请。

主营业务是指企业在具有的甲级设计资质或一级及以上施工总承包资质中主要从事的工程类别业务。

（5）工程监理企业的注册人员、工程监理业绩（包括境外工程业绩）和技术装备等资质条件，均是以独立企业法人为审核单位。企业（集团）的母公司和子公司在申请资质时，各项指标不得重复计算。

2. 资质审批

工程监理企业的资质实行分级审批。

（1）工程监理综合资质、专业类甲级资质由国务院建设主管部门审批。

（2）申请工程监理专业类乙级、丙级资质和事务所类资质由企业所在地省、自治区、直辖市人民政府建设主管部门审批。

3. 工程监理企业的资质升级和增项申请

资质延续，资质变更，企业合并、分立、改制后的资质许可的程序和规定基本上同建筑施工企业。

7.7.3　工程监理企业的行为规范

工程监理企业不得有下列行为：①与建设单位串通投标或者与其他工程监理企业串通投标，以行贿手段谋取中标；②与建设单位或者施工单位串通弄虚作假、降低工程质量；③将不合格的建设工程、建筑材料、建筑构配件和设备按照合同签字；④超越本企业资质等级或以其他企业名义承揽监理业务；⑤允许其他单位或个人以本企业的名义承揽工程；⑥将承揽的监理业务转包；⑦在监理过程中实施商业贿赂；⑧涂改、伪造、出借、转让工程监理企业资质证书；⑨其他违反法律法规的行为。

7.7.4　企业资质的监督管理

（1）工程监理企业资质管理机构的职责，以及企业信用档案信息的建立和公示同建筑业企业。

（2）违法行为的处理。

工程监理企业违法从事工程监理活动的，违法行为发生地的县级以上地方人民政府建设主管部门应当依法查处，并将工程监理企业的违法事实、处理结果或处理建议及时报告违法行为发生地的省、自治区、直辖市人民政府建设主管部门；其中对综合资质或专业甲级资质工程监理企业的违法事实、处理结果或处理建议，须通过违法行为发生地的省、自治区、直辖市人民政府建设主管部门报建设部。

1）企业资质不符合相应资质条件的处理。工程监理企业取得工程监理资质后不再符合相应资质条件的，资质许可机关根据利害关系人的请求或者依据职权，可以责令其限期改正；逾期不改的，可以撤回其资质。

2）企业资质的撤销。有下列情形之一的，资质许可机关或者其上级机关，根据利害关系人的请求或者依据职权，可以撤销工程监理企业资质：①资质许可机关工作人员滥用职权、玩忽职守作出准予工程监理企业资质许可的；②超越法定职权作出准予工程监理企业资质许可的；③违反资质审批程序作出准予工程监理企业资质许可的；④对不符合许可条件的申请人作出准予工程监理企业资质许可的；⑤以欺骗、贿赂等不正当手段取得工程监理企业资质证书的；⑥依法可以撤销资质证书的其他情形。

3）企业资质的注销。有下列情形之一的，工程监理企业应当及时向资质许可机关提出注销资质的申请，交回资质证书，国务院建设主管部门应当办理注销手续，公告其资质证书作废：①资质证书有效期届满，未依法申请延续的；②工程监理企业依法终止的；③工程监理企业资质依法被撤销、撤回或吊销的；④法律、法规规定的应当注销资质的其他情形。

7.8　注册监理工程师执业资格制度

7.8.1　建设法规的概念

注册监理工程师，是指通过全国统一考试，取得《中华人民共和国监理工程师资格证书》，并按照规定注册，取得《中华人民共和国注册监理工程师注册执业证书》和执业印章，从事工程监理及相关业务活动的专业技术人员。未取得注册证和执业印章的人员，不得以注册监理工程师的名义从事工程监理及相关业务活动。

1992年6月4日建设部以部令第18号发布了《监理工程师资格考试和注册试行办法》，对监理工程师的执业资格做出了规定。建设部、人事部在监理工程师执业资格考核认定、考试试点工作的基础上，自1997年起，在全国举行监理工程师执业资格考试，并将此项工作纳入全国专业技术人员执业资格制度实施规划。建设部于2006年1月26日发布了《注册监理工程师管理规定》（中华人民共和国建设部令第147号），进一步完善了注册监理工程师的执业资格制度。新的规定自2006年4月1日起施行，旧规定同时废止。

监理工程师按专业设置岗位，一般设置建筑、土建结构、工程测量、工程地质、给水排水、采暖通风、电气、通信、城市燃气、工程机械及设备安装、焊接工艺、建筑经济等岗位。目前，我国还没有设计监理工程师，国际上很多发达国家都设置有设计监理工程师。

7.8.2　注册监理工程师的管理体制

建设部为全国监理工程师注册管理机关，对全国注册监理工程师的注册、执业活动实施统一监督管理。

县级以上地方人民政府建设主管部门对本行政区域内的注册监理工程师的注册、执业活动实施监督管理。

7.8.3　注册监理工程师的执业资格考试

1. 考试组织管理

建设部和人事部共同负责全国监理工程师执业资格制度的政策制定、组织协调、资格考试和监督管理工作。

建设部负责组织拟定考试科目，编写考试大纲、培训教材和进行命题工作，统一规划和组织考前培训。

人事部负责审定考试科目、考试大纲和试题，组织实施各项考务工作；会同建设部对考试进行检查、监督、指导和确定考试合格标准。

2. 考试报名条件

凡中华人民共和国公民，遵纪守法，具有工程技术或工程经济专业大专以上（含大专）学历，并符合下列条件之一者，可申请参加监理工程师执业资格考试：①具有按照国家有关规定评聘的工程技术或工程经济专业中级专业技术职务，并任职满 3 年；②具有按照国家有关规定评聘的工程技术或工程经济专业高级专业技术职务。

参加考试，由本人提出申请，所在单位推荐，持报名表到当地考试管理机构报名。考试管理机构按规定程序和报名条件审查合格后，发给准考证。考生凭准考证在指定的时间和地点参加考试。中央和国务院各部门及其下属单位的报考人员，按属地原则报名参加考试。

3. 考试时间、科目及考场设置

注册监理工程师执业资格考试实行全国统一大纲、统一命题、统一组织的办法，每年举行一次。

考试科目共有 4 门：《工程建设监理基本理论和相关法规》、《工程建设合同管理》、《工程建设质量、投资、进度控制》、《工程建设监理案例分析》。

自 2000 年起，全国监理工程师职业资格考试成绩，均以 2 年为一个周期。即参加考试的人员须在连续的两个考试年度内，通过全部科目的考试。

考场原则上设在省会城市，如确需在其他城市设置，须经人事部、建设部批准。

4. 考试合格证书的颁发

监理工程师执业资格考试合格者，由各省、自治区、直辖市人事部门颁发人事部统一印制、人事部和建设部共同盖印的《中华人民共和国监理工程师执业资格证书》，该证书在全国范围有效。

7.8.4　监理工程师的注册

注册监理工程师实行注册执业管理制度。取得监理工程师资格证书的人员，必须经过注册登记，方能以注册监理工程师的名义执业。监理工程师的注册，根据注册内容的不同分为3种形式，即初始注册、延续注册和变更注册。

注册监理工程师依据其所学专业、工作经历、工程业绩，按照《工程监理企业资质管理规定》划分的工程类别，按专业注册。每人最多可以申请两个专业注册。

1. 注册管理机构

国务院建设主管部门为监理工程师执业资格的注册管理机构。取得监理工程师资格证书的人员申请注册，由省、自治区、直辖市人民政府建设主管部门初审，国务院建设主管部门审批。

2. 注册的程序

取得监理工程师资格证书并受聘于一个建设工程勘察、设计、施工、监理、招标代理、造价咨询等单位的人员，应当通过聘用单位向单位工商注册所在地的省、自治区、直辖市人民政府建设主管部门提出注册申请；省、自治区、直辖市人民政府建设主管部门受理后提出初审意见，并将初审意见和全部申报材料报国务院建设主管部门审批；符合条件的，由国务院建设主管部门核发注册证书和执业印章。

省、自治区、直辖市人民政府建设主管部门在收到申请人的申请材料后，应当即时作出是否受理的决定，并向申请人出具书面凭证；申请材料不齐全或者不符合法定形式的，应当在5日内一次性告知申请人需要补正的全部内容。逾期不告知的，自收到申请材料之日起即为受理。

对申请初始注册的，省、自治区、直辖市人民政府建设主管部门应当自受理申请之日起20日内审查完毕，并将申请材料和初审意见报国务院建设主管部门。国务院建设部门自收到省、自治区、直辖市人民政府建设主管部门上报材料之日起，应当在20日内审批完毕并作出书面决定，并自作出决定之日起10日内，在公众媒体上公告审批结果。对申请变更注册、延续注册的，省、自治区、直辖市人民政府建设主管部门应当自受理申请之日起5日内审查完毕，并将申请材料和初审意见报国务院建设主管部门。国务院建设主管部门自收到省、自治区、直辖市人民政府建设主管部门上报材料之日起，应当在10日内审批完毕并作出书面决定。对不予批准的，应当说明理由，并告知申请人享有依法申请行政复议或者提起行政诉讼的权利。

注册证书和执业印章是注册监理工程师的执业凭证，由注册监理工程师本人保管、使用。

3. 初始注册

（1）申请初始注册的条件。

申请初始注册时应当具备以下条件：①经全国注册监理工程师执业资格统一考试合格，取得资格证书；②受聘于一个相关单位。

初始注册者，可自资格证书签发之日起3年内提出申请。逾期未申请者，除具备上述两条外，还须符合本专业继续教育的要求后方可申请初始注册。

（2）申请初始注册需要提交的材料。

申请初始注册需要提交下列材料：①申请人的注册申请表；②申请人的资格证书和身份证复印件；③申请人与聘用单位签订的聘用劳动合同复印件；④所学专业、工作经历、工程业绩、工程类中级及中级以上职称证书等有关证明材料；⑤逾期初始注册的，应当提供达到继续教育要求的证明材料。

（3）不予初始注册的情形。

申请人有下列情形之一的，不予初始注册（延续注册或变更注册）：①不具有完全民事行为能力的；②刑事处罚尚未执行完毕或者因从事工程监理或者相关业务受到刑事处罚，自刑事处罚执行完毕之日起至申请注册之日止不满 2 年的；③未达到监理工程师继续教育要求的；④在两个或者两个以上单位申请注册的；⑤以虚假的职称证书参加考试并取得资格证书的；⑥年龄超过 65 周岁的；⑦法律、法规规定不予注册的其他情形。

（4）初始注册的有效期。

注册证书和执业印章的有效期为 3 年，自核准注册之日起计算。国务院建设行政主管部门对监理工程师初始注册每年定期集中审批一次，并实行公示、公告制度，对符合注册条件的进行网上公示，经公示未提出异议的予以批准确认。

4. 延续注册

注册监理工程师每一注册有效期为 3 年，注册有效期满需继续执业的，应当在注册有效期满 30 日前，按照规定程序申请延续注册。延续注册有效期为 3 年。延续注册需要提交下列材料：①申请人延续注册申请表；②申请人与聘用单位签订的聘用劳动合同复印件；③申请人注册有效期内达到继续教育要求的证明材料。

5. 变更注册

在注册有效期内，注册监理工程师变更执业单位，应当与原聘用单位解除劳动关系，并按规定的程序办理变更注册手续，变更注册后仍延续原注册有效期。

变更注册需要提交下列材料：①申请人变更注册申请表；②申请人与新聘用单位签订的聘用劳动合同复印件；③申请人的工作调动证明（与原聘用单位解除聘用劳动合同或者聘用劳动合同到期的证明文件、退休人员的退休证明）。

6. 重新申请注册

被注销注册者或者不予注册者，在重新具备初始注册条件，并符合继续教育要求后，可以按照规定的程序重新申请注册。

7.8.5　注册监理工程师的执业

取得监理工程师资格证书的人员，应当受聘于一个具有建设工程勘察、设计、施工、监理、招标代理、造价咨询等一项或者多项资质的单位，经注册后方可从事相应的执业活动。从事工程监理执业活动的，应当受聘并注册于一个具有工程监理资质的单位。

1. 注册监理工程师的执业范围

注册监理工程师可以从事工程监理、工程经济与技术咨询、工程招标与采购咨询、工程项目管理服务及国务院有关部门规定的其他业务。

工程监理活动中形成的监理文件由注册监理工程师按照规定签字盖章后方可生效。修改经注册监理工程师签字盖章的工程监理文件，应当由该注册监理工程师进行；因特殊情况，该注册监理工程师不能进行修改的，应当由其他注册监理工程师修改，并签字、加盖执业印章，对修改部分承担责任。

2. 注册监理工程师的收费

注册监理工程师从事执业活动，由所在单位接受委托并统一收费。

因工程监理事故及相关业务造成的经济损失，聘用单位应当承担赔偿责任；聘用单位承担赔偿责任后，可依法向负有过错的注册监理工程师追偿。

注册监理工程师的继续教育、权利和义务、监督管理基本上同注册建筑师，其中注册监理工程师的继续教育分为必修课和选修课，在每一注册有效期内各为 48 学时

【综合应用案例】

监理单位承担了某工程的施工阶段监理任务，该工程由 A 施工单位总承包。A 施工前段时间选择了经建设单位同意并经监理单位进行资质审查合格的 B 施工单位作为分包。施工过程中发生了以下事件：

事件 1：专业监理工程师在巡视时发现，A 施工前段时间在施工中使用未经报验的建筑材料，若继续施工，该部位将被隐蔽。因此，立即向 A 施工单位下达了暂停施工的指令（因 A 施工单位的工作对 B 施工单位有影响，B 施工单位也被迫停工）。同时，指示 A 施工单位将该材料进行检验，并报告了总监理工程师。总监理工程师对该工序停工予以确认，并在合同约定的时间内报告了建设单位。检验报告出来后，证实材料合格，可以使用，总监理工程师随即指令施工单位恢复了正常施工。

事件 2：B 施工单位就上述停工自身遭受的损失向 A 施工前段时间提出补偿要求，而 A 施工单位称：此次停工是执行监理工程师的指令，B 施工单位应向建设单位提出索赔。

事件 3：对上述施工单位的索赔建设单位称：本次停工是监理工程师失职造成，且事先未征得建设单位同意。因此，建设单位不承担任何责任，由于停工造成施工单位的损失应由监理单位承担。

问题：

1. 对事件 1，专业监理工程师是否有权签发本次暂停令？为什么？下达工程暂停令的程序有无不妥之处？请说明理由。

2. 对事件 2，A 施工单位的说法是否正确？为什么？B 施工单位的损失应由谁承担？

3. 对事件 3，建设单位的说法是否正确？为什么？

【案例分析】

1. 专业监理工程师无权签发《工程暂停令》。因为这是总监理工程师的权力。

下达工程暂停令的程序有不妥之处。理由是专业监理工程师应报告总监理工程师，由总监理工程师签发工程暂停令。

2. 甲施工单位的说法不正确。因为乙施工单位与建设单位没有合同关系，乙施工单位的损失应由甲施工单位承担。

3. 建设单位的说法不正确。因为监理工程师是在合同授权内履行职责，施工单位所受的损失不应由监理单位承担。

【推荐阅读资料】

《建设工程监理范围和规模标准规定》（2001 年 1 月 17 日建设部令第 86 号）

《国家重点建设项目管理办法》

《工程监理企业资质管理规定》建设部第 158 号，2007

关于印发《工程监理企业资质管理规定实施意见》的通知（建市〔2007〕190 号）

《监理工程师资格考试和注册试行办法》建设部令第 18 号，1992

《注册监理工程师管理规定》（建设部令第 147 号）2006

《水利工程建设监理规定》

《广东省建设工程监理条例》

 复 习 思 考 题

1. 工程监理包括哪些内容？

2. 简述工程监理的依据。

3. 哪些工程项目必须实行强制监理？

4. 简述建设工程监理合同纠纷的成因与防范措施。

5. 简述工程监理企业从业资质的分类级别、工程承接范围和许可条件。

6. 简述注册监理工程师执业资格取得条件、注册及执业。

7. 谈谈工程监理从业人员的职业规划。

第 8 讲　建设工程安全生产与质量管理专题

【教学目标】　本讲主要解决以下几大问题：①建设工程安全生产立法状况、基本制度、工程建设各参与单位安全生产管理的义务、安全生产监督与安全事故的处理、建筑施工企业安全生产许可制度、安全生产法律责任；②建设工程质量管理立法状况、质量监督管理、各方责任主体的质量义务、建设工程质量管理条例法律责任的规定。通过本讲的学习，熟练掌握工程建设各参与单位安全生产管理的义务、安全生产监督与安全事故的处理、安全生产许可制度、安全生产法律责任；各方责任主体的质量义务、建设工程质量管理条例法律责任的规定。建筑工程竣工验收制度、建筑工程的质量保修制度将在第 9 讲详细阐述。

【教学要求】

能力目标	知 识 要 点	权重	自测分数
了解相关知识	建设工程安全生产立法状况、基本制度；建设工程质量管理立法状况、质量监督管理	15%	
熟练掌握知识点	（1）工程建设各参与单位安全生产管理的义务 （2）安全生产监督与安全事故的处理 （3）安全生产许可制度 （4）安全生产法律责任 （5）各方责任主体的质量义务 （6）建设工程质量管理条例法律责任的规定	50%	
运用知识分析案例	安全生产监督与安全事故的处理、安全生产许可行为的合法性判断及相应安全生产法律责任承担；各方责任主体的质量义务及法律责任划分	35%	

【引例】

拒绝修复工程质量缺陷及提前使用，风险自担

2006 年 8 月，某制药厂因搬迁需另建厂房，与某建筑工程公司签订了建设工程承包合同。合同约定，制药厂的全部厂房总建筑面积 5000m²，全部由建筑公司承建，制药厂提供建筑设计图纸，并对工程的竣工验收和结算进行了约定。合同工期为 10 个月。

合同签订后，双方都基本履行了各自的责任。在竣工验收过程中，制药厂发现工程质量存在一定的问题，并提出了建议，记录在验收记录中，要求建筑公司在完善质量缺陷后，另行共同验收。工程经过维修和检修，建筑公司再次要出竣工验收，但又发现了一些

在第一次验收中没有发现的问题，故再次要求建筑公司进行复修，遭到建筑公司的拒绝。为此，制药厂明确表示，如果建筑公司拒绝修复工程质量缺陷，制药厂将扣除建筑公司的维修保证金，并对建筑公司的不履行职责的行为可能造成的损失保留索赔的权利。建筑公司则表示，如果制药厂拒付工程款的话，建筑公司将拒绝交付工程竣工验收的资料，并不向当地质量监督部门申报工程竣工验收手续。双方协商不成，争议一直持续了 3 个月。为了保证工程的如期投产，在万般无奈的情况下，制药厂在工程未经质量监督部门验收的情况下，将制药设备搬入新厂房并开始生产。12 月，建筑公司以制药厂拒付工程款为由向人民法院提起诉讼，要求被告制药厂给付工程款及其利息。

8.1　建设工程安全生产管理

8.1.1　概述

所谓工程建设安全生产管理是指建设行政主管部门、安全监督机构、建筑施工企业及有关单位（如勘察设计、监理单位等）对建筑生产过程中的安全工作，进行的计划、组织、指挥、控制、监督等一系列管理活动。工程安全是质量和效益的前提，建设安全生产管理的好坏将直接影响到人民的生产和财产安全，影响到建设活动的健康发展，影响到社会的安定和谐，是建筑活动的重要内容之一。

8.1.1.1　工程建设安全立法现状

我国自 20 世纪 70 年代就已经颁布了有关工程建设安全的法规文件，并且随着建设环境的变化和技术的进步，陆续推出了一系列切实有效的安全生产法律、法规和规范性文件。例如，1982 年 8 月原城乡建设环境保护部颁发的《关于加强集体所有制建筑企业安全生产的暂行规定》，1983 年 5 月原城乡建设环境保护部颁发的《国营建筑企业安全生产工作条例》，1989 年 9 月 30 日建设部颁布的《工程建设重大事故报告和调查程序规定》，1991 年 7 月 9 日建设部颁发的《建筑安全生产监督管理规定》，1993 年国务院颁发的《关于加强安全生产工作的通知》，1996 年 10 月 17 日劳动部颁发的《建设项目（工程）劳动安全卫生监察规定》，1997 年 4 月 4 日建设部颁发的《关于严肃工程建设重大质量事故报告和调查处理制度的通知》，1997 年 4 月 17 日建设部颁发的《建筑业企业职工安全培训教育暂行规定》，1997 年 11 月 1 日第八届全国人民代表大会常务委员会颁布的《中华人民共和国建筑法》，1999 年 2 月 3 日建设部颁发的《建设行政处罚程序暂行规定》，2000 年 8 月 25 日建设部颁发的《实施工程建设强制性标准监督规定》，2001 年 4 月 21 日国务院颁发的《国务院关于特大安全事故行政责任追究的规定》，2001 年 7 月 10 日建设部颁发的《关于加强施工现场围墙安全深入开展安全生产专项治理的紧急通知》，2002 年 6 月 29 日第九届全国人民代表大会常务委员会颁布的《中华人民共和国安全生产法》（以下简称《安全生产法》），2002 年 8 月 22 日建设部颁发的《关于加强安全生产监督管理工作的意见》，2002 年 9 月 9 日建设部颁发的《安全生产行政责任规定》，2003 年 11 月 24 日国务院颁布的《建设工程安全生产管理条例》，2004 年 1 月 9 日国务院颁布的《国务院关于进一步加强安全生产工作的决定》，2007 年 4 月 9 日国务院颁布的《生产安全事故报告和调查处理条例》等。此外，1991 年 1 月 11 日生效的国际劳工组织 167 公约《建筑施工安全与卫生公约》也在我国全面推行。

8.1.1.2　工程建设安全生产管理的基本方针

《安全生产法》第3条规定："安全生产管理，坚持安全第一、预防为主的方针。""安全第一"是安全生产方针的基础。其含义是指安全生产是全国一切经济部门和生产企业的头等大事，在经济建设、科技研究、社会生活、财贸经营过程中，要求组织者、指挥者、管理者和直接参与生产劳动、社会实践的人们都必须牢固树立"安全第一"的思想，始终把安全放在首位。当安全与生产发生矛盾时，必须首先解决安全问题，保证劳动者在安全的条件下进行生产劳动。

"预防为主"是安全生产方针的核心和具体体现，是实施安全生产的根本途径。安全工作必须始终将"预防"作为主要任务予以统筹考虑。除了自然灾害造成的事故以外，任何建筑施工、工业生产事故都是可以预防的。关键是"防患于未然"，把可能导致事故发生的所有机理或因素，消除在事故发生之前。

8.1.2　建设工程安全生产管理基本制度

1. 安全责任制度

这是安全生产各项制度的核心。根据企业各级领导人在管理生产的同时，必须负责管理安全工作的要求，应该逐级建立安全责任制度，企业经理（厂长）和主管生产的副经理（副厂长）对全企业的劳动保护和安全生产的技术工作负总的责任。工区（工程处、厂、站）主任、施工队长应对本单位劳动保护和安全生产工作负具体领导责任。工长、施工、车间主任对所管工程的安全生产负直接责任。企业中的生产、技术、材料等各职能机构，都应在各自业务范围内，对实现安全生产负责。

2. 安全技术措施制度

企业在编制年度生产、技术、财务计划的同时，必须编制安全技术措施计划。安全技术措施计划的范围包括以改善劳动条件，防止伤亡事故、预防职业病和职业中毒为目的的各项技术组织措施。人所需的设备、材料应列入物资、技术供应计划。

3. 安全教育制度

企业要建立经常性的安全教育和培训考核制度。

新工人必须进行入厂安全教育。教育内容包括安全技术知识、设备性能、操作规程、安全制度和严禁事项。

电工、焊工、架工、司炉工、爆破工、机操工及起重工、打桩工和各种机动车辆司机等特殊工种工人，除进行一般安全教育外，还要经过本工作的安全技术教育。

企业应实行采用新工艺、新技术、新设备、新岗位的安全教育。

4. 安全检查制度

企业除应经常进行安全生产检查外，还要组织定期检查。企业（公司）每季进行一次，工区每月进行一次，施工队每半月进行一次，班组每周进行一次。检查要发动群众，领导干部、技术干部和工人参加，边检查、边整改，每次检查要有重点，有标准，要评比记分，列入本单位的考核内容。检查以自查为主，互查为辅。

以查思想、查制度、查纪律、查领导、查隐患为主要内容。要结合季节特点，开展防洪、防雷电、防坍塌、防高处坠落、防煤气中毒等"五防"检查。

5．伤亡事故的报告、调查和处理制度

企业发生伤亡事故，必须按照国务院 1991 年 3 月颁布的《企业职工伤亡事故报告和处理规定》执行。在工程建设中发生重大事故应按照建设部 1989 年 9 月颁布的《工程建设重大事故报告和处理规定》执行。发生特别重大事故，应按国务院 1989 年 3 月颁布的《特别重大事故调查程序暂行规定》执行。发生事故的单位，应该认真从生产、技术设备和管理制度等方面进行分析，要查清原因，查明责任，提出防范措施，严肃处理事故责任者。

6．安全责任追究制度

法律责任中，规定建设单位、设计单位、施工单位、监理单位，由于没有履行职责造成人员伤亡和事故损失的，视情节给予相应处理；情节严重的，责令停业整顿，降低资质等级或吊销资质证书；构成犯罪的，依法追究刑事责任。

8.1.3　工程建设各参与单位安全生产管理的义务

2003 年 11 月 24 日国务院颁布了《建设工程安全生产管理条例》，条例对工程建设中各参与单位的安全生产义务都做了明确规定。

8.1.3.1　建设单位安全生产管理的主要义务

1．建设单位应当向施工单位提供有关资料

《建设工程安全生产管理条例》第 6 条规定，建设单位应当向施工单位提供施工现场及毗邻区域内供水、排水、供电、供气、供热、通信、广播电视等地下管线资料、气象和水文观测资料、相邻建筑物和构筑物、地下工程的有关资料，并保证资料的真实、准确、完整。

建设单位因建设工程需要，向有关部门或者单位查询前款规定的资料时，有关部门或者单位应当及时提供。

2．不得向有关单位提出影响安全生产的违法要求

《建设工程安全生产管理条例》第 7 条规定，建设单位不得对勘察、设计、施工、工程监理等单位提出不符合建设工程安全生产法律、法规和强制性标准规定的要求，不得压缩合同约定的工期。

3．建设单位应当保证安全生产投入

《建设工程安全生产管理条例》第 8 条规定，建设单位在编制工程概算时，应当确定建设工程安全作业环境及安全施工措施所需费用。

4．不得明示或暗示施工单位使用不符合安全施工要求的物资

《建设工程安全生产管理条例》第 9 条规定，建设单位不得明示或者暗示施工单位购买、租赁、使用不符合安全施工要求的安全防护用具、机械设备、施工机具及配件、消防设施和器材。

5．办理施工许可证或开工报告时应当报送安全施工措施

《建设工程安全生产管理条例》第 10 条规定，建设单位在申请领取施工许可证时，应当提供建设工程有关安全施工措施的资料。

依法批准开工报告的建设工程，建设单位应当自开工报告批准之日起 15 日内，将保证安全施工的措施报送建设工程所在地的县级以上人民政府建设行政主管部门或者其他有

关部门备案。

6. 应当将拆除工程发包给具有相应资质的施工单位

《建设工程安全生产管理条例》第 11 条规定，建设单位应当将拆除工程发包给具有相应资质等级的施工单位。

建设单位应当在拆除工程施工 15 日前，将下列资料报送建设工程所在地的县级以上地方人民政府主管部门或者其他有关部门备案。

（1）施工单位资质等级证明。

（2）拟拆除建筑物、构筑物及可能危及毗邻建筑物的说明。

（3）拆除施工组织方案。

（4）堆放、清除废弃物的措施。

实施爆破作业的，还应当遵守国家有关民用爆炸物品管理的规定。根据《民用爆炸物品管理条例》第 27 条的规定，使用爆破器材的建设单位，必须经上级主管部门审查同意，并持说明使用爆破器材的地点、品名、数量、用途、四邻距离的文件和安全操作规程，向所在地县、市公安局申请领取《爆炸物品使用许可证》，方准使用。根据《民用爆炸物品管理条例》第 30 条的规定，进行大型爆破作业，或在城镇与其他居民聚居的地方、风景名胜区和重要工程设施附近进行控制爆破作业，施工单位必须事先将爆破作业方案，报县、市以上主管部门批准，并征得所在地县、市公安局同意，方准爆破作业。

8.1.3.2　勘察设计单位安全生产管理的主要义务

1. 勘察单位的安全责任

根据《建设工程安全生产管理条例》第 12 条的规定，勘察单位的安全责任包括：

（1）勘察单位应当按照法律、法规和工程建设强制性标准进行勘察，提供的勘察文件应当真实、准确，满足建设工程安全生产的需要。

（2）勘察单位在勘察作业时，应当严格按照操作规程，采取措施保证各类管线、设施和周边建筑物、构筑物的安全。

2. 设计单位的安全责任

（1）设计单位应当按照法律、法规和工程建设强制性标准进行设计，防止因设计不合理导致安全生产事故的发生。

（2）设计单位应当考虑施工安全操作和防护的需要，对涉及施工安全的重点部位和环节在设计文件中注明，并对防范安全生产事故提出指导意见。

（3）采用新结构、新材料、新工艺的建设工程和特殊结构的建设工程，设计单位应当在设计中提出保障施工作业人员安全和预防生产安全事故的措施建议。

（4）设计单位和注册建筑师等注册执业人员应当对其设计负责。

8.1.3.3　建设工程监理企业安全生产管理的主要义务

详见第 7 讲建设工程监理专题。

8.1.3.4　施工企业的安全生产义务

《建设工程安全生产管理条例》规定施工单位应在工程建设中担负以下义务：

（1）施工单位从事建设工程的新建、扩建、改建和拆除等活动，应当具备国家规定的注册资本、专业技术人员、技术装备和安全生产等条件，依法取得相应等级的资质证书，并在其资质等级许可的范围内承揽工程。

（2）施工单位主要负责人依法对本单位的安全生产工作全面负责。施工单位应当建立健全安全生产责任制度和安全生产教育培训制度，制定安全生产规章制度和操作规程，保证本单位安全生产条件所需资金的投入，对所承担的建设工程进行定期和专项安全检查，并做好安全检查记录。施工单位的项目负责人应当由取得相应执业资格的人员担任，对建设工程项目的安全施工负责，落实安全生产责任制度、安全生产规章制度和操作规程，确保安全生产费用的有效使用，并根据工程的特点组织制定安全施工措施，消除安全事故隐患，及时、如实报告生产安全事故。

（3）施工单位对列入建设工程概算的安全作业环境及安全施工措施所需费用，应当用于施工安全防护用具及设施的采购和更新、安全施工措施的落实、安全生产条件的改善，不得挪作他用。

（4）施工单位应当设立安全生产管理机构，配备专职安全生产管理人员。专职安全生产管理人员负责对安全生产进行现场监督检查。发现安全事故隐患，应当及时向项目负责人和安全生产管理机构报告；对违章指挥、违章操作的，应当立即制止。专职安全生产管理人员应当经建设行政主管部门或者其他有关部门考核合格后方可任职。

（5）施工单位应当在施工组织设计中编制安全技术措施和施工现场临时用电方案，对下列达到一定规模的危险性较大的分部分项工程编制专项施工方案，并附具安全验算结果，经施工单位技术负责人、总监理工程师签字后实施，由专职安全生产管理人员进行现场监督。

1）基坑支护与降水工程。

2）土方开挖工程。

3）模板工程。

4）起重吊装工程。

5）脚手架工程。

6）拆除、爆破工程。

7）国务院建设行政主管部门或者其他有关部门规定的其他危险性较大的工程。对前款所列工程中涉及深基坑、地下暗挖工程、高大模板工程的专项施工方案，施工单位还应当组织专家进行论证、审查。

（6）建设工程实行施工总承包的，由总承包单位对施工现场的安全生产负总责。总承包单位应当自行完成建设工程主体结构的施工。总承包单位依法将建设工程分包给其他单位的，分包合同中应当明确各自的安全生产方面的权利、义务。总承包单位和分包单位对分包工程的安全生产承担连带责任。分包单位应当服从总承包单位的安全生产管理，分包单位不服从管理导致生产安全事故的，由分包单位承担主要责任。施工单位应当将施工现场的办公、生活区与作业区分开设置，并保持安全距离，办公、生活区的选址应当符合安全性要求。职工的膳食、饮水、休息场所等应当符合卫生标准。施工单位不得在尚未竣工的建筑物内设置员工集体宿舍。施工现场临时搭建的建筑物应当符合安全使用要求。施工现场使用的装配式活动房屋应当具有产品合格证。

（7）垂直运输机械作业人员、安装拆卸工、爆破作业人员、起重信号工、登高架设作业人员等特种作业人员，必须按照国家有关规定经过专门的安全作业培训，并取得特种作业操作资格证书后，方可上岗作业。

（8）建设工程施工前，施工单位负责项目管理的技术人员应当对有关安全施工的技术要求向施工作业班组、作业人员作出详细说明，并由双方签字确认。

（9）施工单位应当在施工现场入口处、施工起重机械、临时用电设施、脚手架、出入通道口、楼梯口、电梯井口、孔洞口、桥梁口、隧道口、基坑边沿、爆破物及有害危险气体和液体存放处等危险部位，设置明显的安全警示标志。安全警示标志必须符合国家标准。施工单位应当根据不同施工阶段和周围环境及季节、气候的变化，在施工现场采取相应的安全施工措施。施工现场暂时停止施工的，施工单位应当做好现场防护，所需费用由责任方承担，或者按照合同约定执行。施工单位对因建设工程施工可能造成损害的毗邻建筑物、构筑物和地下管线等，应当采取专项防护措施。

（10）施工单位应当在施工现场建立消防安全责任制度，确定消防安全责任人，制定用火、用电、使用易燃易爆材料等各项消防安全管理制度和操作规程，设置消防通道、消防水源，配备消防设施和灭火器材，并在施工现场入口处设置明显标志。

（11）施工单位应当向作业人员提供安全防护用具和安全防护服装，并书面告知危险岗位的操作规程和违章操作的危害。施工单位采购、租赁的安全防护用具、机械设备、施工机具及配件，应当具有生产（制造）许可证、产品合格证，并在进入施工现场前进行查验。施工现场的安全防护用具、机械设备、施工机具及配件必须由专人管理，定期进行检查、维修和保养，建立相应的资料档案，并按照国家有关规定及时报废。

（12）施工单位的主要负责人、项目负责人、专职安全生产管理人员应当经建设行政主管部门或者其他有关部门考核合格后方可任职。施工单位应当对管理人员和作业人员每年至少进行一次安全生产教育培训，其教育培训情况记入个人工作档案。安全生产教育培训考核不合格的人员，不得上岗。施工单位在采用新技术、新工艺、新设备、新材料时，应当对作业人员进行相应的安全生产教育培训。

（13）施工单位应当为施工现场从事危险作业的人员办理意外伤害保险。

《建筑法》第48条规定，建筑职工意外伤害保险是法定的强制性保险，也是保护建筑业从业人员合法权益，转移企业事故风险，增强企业预防和控制事故能力，促进企业安全生产的重要手段。建设部于2003年5月23日公布了《建设部关于加强建筑意外伤害保险工作的指导意见》（建质〔2003〕107号），从9个方面对加强和规范建筑意外伤害保险工作提出了较详尽的规定，明确了建筑施工企业应当为施工现场从事施工作业和管理的人员，在施工活动过程中发生的人身意外伤亡事故提供保障，办理建筑意外伤害保险、支付保险费，范围应当覆盖工程项目。同时，还对保险范围、期限、金额、保费、投保方式、索赔、安全服务及行业自保等都提出了指导性意见，其内容如下：

1）建筑意外伤害保险的范围。建筑施工企业应当为施工现场从事施工作业和管理的人员，在施工活动过程中发生的人身意外伤亡事故提供保障，办理建筑意外伤害保险，支付保险费。范围应当覆盖工程项目。已在企业所在地参加工伤保险的人员，从事现场施工时仍可参加建筑意外伤害保险。各地建设行政主管部门可根据本地区实际情况，规定建筑意外伤害保险的附加险要求。

2）建筑意外伤害保险的保险期限。保险期限应涵盖工程项目开工之日到工程竣工验收合格日。提前竣工的，保险责任自行终止。因延长工期的，应当办理保险顺延手续。

3）建筑意外伤害保险的保险金额。各地建设行政主管部门结合本地区实际情况，确定合理的最低保险金额。最低保险金额要能够保障施工伤亡人员得到有效的经济补偿。施工企业办理建筑意外伤害保险时，投保的保险金额不得低于此标准。

4）建筑意外伤害保险的保险费。保险费应当列入建筑安装工程费用。保险费由施工企业支付，施工企业不得向职工摊派。施工企业和保险公司双方应本着平等协商的原则，根据各类风险因素商定建筑意外伤害保险费率，提倡差别费率和浮动费率。差别费率可与工程规模、类型、工程项目风险程度和施工现场环境等因素挂钩。浮动费率可与施工企业安全生产业绩、安全生产管理状况等因素挂钩。对重视安全生产管理、安全业绩好的企业可采用下浮费率；对安全生产业绩差、安全管理不善的企业可采用上浮费率。通过浮动费率机制，激励投保企业安全生产的积极性。

5）建筑意外伤害保险的投保。施工企业应在工程项目开工前，办理完投保手续。鉴于工程建设项目施工工艺流程中各工种调动频繁，用工流动性大。投保应实行不记名和不计人数的方式。工程项目中有分包单位的由总承包施工企业统一办理，分包单位合理承担投保费用。业主直接发包的工程项目由承包企业直接办理。各级建设行政主管部门要强化监督管理，把在建工程项目开工前是否投保建筑意外伤害保险情况作为审查企业安全生产条件的重要内容之一；未投保的工程项目，不予发放施工许可证。

投保人办理投保手续后，应将投保有关信息以布告形式张贴于施工现场，告之被保险人。

6）建筑意外伤害保险的索赔。建筑意外伤害保险应规范和简化索赔程序，搞好索赔服务。各地建设行政主管部门要积极创造条件，引导投保企业在发生意外事故后即向保险公司提出索赔，使施工伤亡人员能够得到及时、足额的赔付。各级建设行政主管部门应设置专门电话接受举报，凡被保险人发生意外伤害事故，企业和工程项目负责人隐瞒不报、不索赔的，要严肃查处。

7）建筑意外伤害保险的安全服务。施工企业应当选择能提供建筑安全生产风险管理、事故防范等安全服务和有保险能力的保险公司，以保证事故后能及时补偿、事故前能主动防范。目前还不能提供安全风险管理和事故预防的保险公司，应通过建筑安全服务中介组织向施工企业提供与建筑意外伤害保险相关的安全服务。建筑安全服务中介组织必须拥有一定数量、专业配套、具备建筑安全知识和管理经验的专业技术人员。安全服务内容可包括施工现场风险评估、安全技术咨询、人员培训、防灾防损设备配置、安全技术研究等。施工企业在投保时可与保险机构商定具体服务内容。各地建设行政主管部门应积极支持行业协会或者其他中介组织开展安全咨询服务工作，大力培育建筑安全中介服务市场。

8）关于建筑意外伤害保险行业自保。一些国家和地区结合建筑行业高风险的特点，采取建筑意外伤害保险行业自保或企业联合自保形式，并取得一定成功经验。有条件的省、自治区、直辖市可根据本地的实际情况，研究探索建筑意外伤害保险行业自保。

8.1.3.5　建设工程相关单位安全生产管理的主要义务

（1）机械设备和配件供应单位的安全责任。

为建设工程提供机械设备和配件的单位，应当按照安全施工的要求配备齐全、有效的保险、限位等安全设施和装置。

（2）机械设备、施工机具和配件出租单位的安全责任。

出租的机械设备和施工工具及配件，应当具有生产（制造）许可证、产品合格证。

出租单位应当对出租的机械设备和施工工具及配件的安全性能进行检测，在签订租赁协议时，应当出具检测合格证明。

禁止出租检测不合格的机械设备和施工工具及配件。

（3）起重机械和自升式架设设施的安全管理。

1）在施工现场安装、拆卸施工起重机械和整体提升脚手架、模板等自升式架设设施，必须由具有相应资质的单位承担。

2）安装、拆卸施工起重机械和整体提升脚手架、模板等自升式架设设施，应当编制拆装方案、制定安全施工措施，并由专业技术人员现场监督。

3）施工起重机械和整体提升脚手架、模板等自升式架设设施安装完毕后，安装单位应当自检，出具自检合格证明，并向施工单位进行安全使用说明，办理验收手续并签字。

4）施工起重机械和整体提升脚手架、模板等自升式架设设施的使用达到国家规定的检验检测期限的，必须经具有专业资质的检验检测机构检测。经检测不合格的，不得继续使用。

5）检验检测机构对检测合格的施工起重机械和整体提升脚手架、模板等自升式架设设施，应当出具安全合格证明文件，并对检测结果负责。

8.1.4 安全生产监督与安全事故的处理

8.1.4.1 安全生产监督管理

这里所说的安全监督管理，主要指行政主管部门在安全生产中的监督管理职责，如国家安全生产监督管理总局、各县级以上政府设置的安全生产监督管理局等。

《建设工程安全生产管理条例》对于行政主管部门的监督管理职责有明确规定：①国务院负责安全生产监督管理的部门，对全国建设工程安全生产工作实施综合监督管理；②国务院铁路、交通、水利等有关部门按照国务院规定的职责分工，负责有关专业建设工程安全生产的监督管理。a. 县级以上地方人民政府负责安全生产监督管理的部门，对本行政区域内建设工程安全生产工作实施综合监督管理。b. 县级以上地方人民政府交通、水利等有关部门在各自的职责范围内，负责本行政区域内的专业建设工程安全生产的监督管理。

建设行政主管部门负责建筑安全生产的管理，并依法接受劳动行政主管部门对建筑安全生产的指导和监督：①国务院建设行政主管部门对全国的建设工程安全生产实施监督管理；②县级以上地方人民政府建设行政主管部门对本行政区域内的建设工程安全生产实施监督管理。建设行政主管部门在审核发放施工许可证时，应当对建设工程是否有安全施工措施进行审查，对没有安全施工措施的，不得颁发施工许可证，并且要求在审查时，不得收取费用。建设行政主管部门或者其他有关部门可以将施工现场的监督检查委托给建设工程安全监督机构具体实施。县级以上人民政府负有建设工程安全生产监督管理职责的部门在各自的职责范围内履行安全监督检查职责时，有权采取下列措施：①要求被检查单位提供有关建设工程安全生产的文件和资料；②进入被检查单位施工现场进行检查；③纠正施工中违反安全生产要求的行为；④对检查中发现的安全事故隐患，责令立即排除。重大安全事故隐患排除前或者排除过程中无法保证安全的，责令从危险区域内撤出作业人员或者暂时停止施工。

另外，县级以上人民政府建设行政主管部门和其他有关部门应当及时受理对建设工程生产安全事故及安全事故隐患的检举、控告和投诉。

8.1.4.2　安全生产事故的处理

1. 安全生产事故的应急救援

《建设工程安全生产管理条例》规定，县级以上地方人民政府建设行政主管部门应当根据本级人民政府的要求，制定本行政区域内建设工程特大生产安全事故应急救援预案。施工单位应当制定本单位生产安全事故应急救援预案，建立应急救援组织或者配备应急救援人员，配备必要的应急救援器材、设备，并定期组织演练。施工单位应当根据建设工程施工的特点、范围，对施工现场易发生重大事故的部位、环节进行监控，制定施工现场生产安全事故应急救援预案。实行施工总承包的，由总承包单位统一组织编制建设工程生产安全事故应急救援预案，工程总承包单位和分包单位按照应急救援预案，各自建立应急救援组织或者配备应急救援人员，配备救援器材、设备，并定期组织演练。施工单位发生生产安全事故，应当按照国家有关伤亡事故报告和调查处理的规定，及时、如实地向负责安全生产监督管理的部门、建设行政主管部门或者其他有关部门报告；特种设备发生事故的，还应当同时向特种设备安全监督管理部门报告。发生生产安全事故后，施工单位应当采取措施防止事故扩大，保护事故现场。需要移动现场物品时，应当做出标记和书面记录，妥善保管有关证物。

2. 安全生产事故的调查处理

国务院 2007 年 3 月 28 日颁布并于 6 月 1 日起施行的《生产安全事故报告和调查处理条例》，对生产安全事故进行了详细的划分，根据生产安全事故（以下简称事故）造成的人员伤亡或者直接经济损失情况，将事故分为 4 个等级：①特别重大事故，是指造成 30 人以上死亡，或者 100 人以上重伤（包括急性工业中毒，下同），或者 1 亿元以上直接经济损失的事故；②重大事故，是指造成 10 人以上 30 人以下死亡，或者 50 人以上 100 人以下重伤，或者 5000 万元以上 1 亿元以下直接经济损失的事故；③较大事故，是指造成 3 人以上 10 人以下死亡，或者 10 人以上 50 人以下重伤，或者 1000 万元以上 5000 万元以下直接经济损失的事故；④一般事故，是指造成 3 人以下死亡，或者 10 人以下重伤，或者 1000 万元以下直接经济损失的事故。

同时建设部建质［2007］257 号文《关于进一步规范房屋建筑和市政工程生产安全事故调查和处理工作的若干意见》也对房屋建筑和市政工程生产安全事故报告和调查作了规定。事故发生后，事故现场有关人员应当立即向本单位负责人报告；单位负责人接到报告后，应当于 1 小时内向事故发生地县级以上人民政府安全生产监督管理部门和负有安全生产监督管理职责的有关部门报告。情况紧急时，事故现场有关人员可以直接向事故发生地县级以上人民政府安全生产监督管理部门和负有安全生产监督管理职责的有关部门报告。安全生产监督管理部门和负有安全生产监督管理职责的有关部门逐级上报事故情况，每级上报的时间不得超过 2 小时。安全生产监督管理部门和负有安全生产监督管理职责的有关部门接到事故报告后，应当依照下列规定上报事故情况，同时报告本级人民政府，并通知公安机关、劳动保障行政部门、工会和人民检察院：①特别重大事故、重大事故逐级上报至国务院安全生产监督管理部门和负有安全生产监督管理职责的有关部门；②较大事故逐级上报至省、自治区、直辖市人民政府安全生产监督管理部门和负有安全生产监督管理职责的有关部门；③一般事故上报至设区的市级人民政府安全生产监督管理部门和负有安全生产监督管理职责的有关部门。国务院安全生产监督管理部门和负有安全生产监督管理职责的有关部门及省级人民政府接到发生特别重大事故、重大事故的报告后，应当立即报告国务院。必要时，安全生产监督管理部门和负有安全生产监督管理职责的有关部门可以越级上报事故情况。报告事故应当包括下列内容：①事故发生单位概况；②事故发生的时间、地点及事故现场情况；③事故的简要经过；④事故已经造成或者可能造成的伤亡人数（包括下落不明的人数）和初步估计的直接经济损失；⑤已经采取的措施；⑥其他应当报告的情况。如果事故报告后出现新的情况，应当及时补报。自事故发生之日起 30 日内，事故造成的伤亡人数发生变化的，应当及时补报。道路交通事故、火灾事故自发生之日起 7 日内，事故造成的伤亡人数发生变化的，应当及时补报。事故发生单位负责人接到事故报告后，应当立即启动事故相应应急预案，或者采取有效措施，组织抢救，防止事故扩大，减少人员伤亡和财产损失。事故发生地有关地方人民政府、安全生产监督管理部门和负有安全生产监督管理职责的有关部门接到事故报告后，其负责人应当立即赶赴事故现场，组织事故救援。事故发生地公安机关根据事故的情况，对涉嫌犯罪的，应当依法立案侦查，采取强制措施和侦查措施。犯罪嫌疑人逃匿的，公安机关应当迅速追捕归案。安全生产监督管理部门和负有安全生产监督管理职责的有关部门应当建立值班制度，并向社会公布值班电话，受理事故报告和举报。

特别重大事故由国务院或者国务院授权有关部门组织事故调查组进行调查。重大事故、较大事故、一般事故分别由事故发生地省级人民政府、设区的市级人民政府、县级人民政府负责调查。省级人民政府、设区的市级人民政府、县级人民政府可以直接组织事故调查组进行调查，也可以授权或者委托有关部门组织事故调查组进行调查。未造成人员伤亡的一般事故，县级人民政府也可以委托事故发生单位组织事故调查组进行调查。上级人民政府认为必要时，可以调查由下级人民政府负责调查的事故。事故调查组履行下列职责：①查明事故发生的经过、原因、人员伤亡情况及直接经济损失；②认定事故的性质和事故责任；③提出对事故责任者的处理建议；④总结事故教训，提出防范和整改措施；⑤提交事故调查报告。

8.1.5　建筑施工企业安全生产许可制度

为了严格规范建筑施工企业安全生产条件，进一步加强安全生产监督管理，防止和减少生产安全事故，建设部根据《安全生产许可证条例》、《建设工程安全生产管理条例》等有关行政法规，于 2004 年 7 月制定了《建筑施工企业安全生产许可证管理规定》（建设部令第 128 号，以下简称《规定》）。国家对建筑施工企业实行安全生产许可制度。建筑施工企业未取得安全生产许可证的，不得从事建筑施工活动。《规定》的主要内容包括以下几个方面。

8.1.5.1　安全生产许可证的申请条件

建筑施工企业取得安全生产许可证，应当具备下列安全生产条件：

（1）建立、健全安全生产责任制，制定完备的安全生产规章制度和操作规程。

（2）保证本单位安全生产条件所需资金的投入。

（3）设备安全生产管理机构，按照国家有关规定配备专职安全生产管理人员。

（4）主要负责人、项目负责人、专职安全生产管理人员经建设主管部门或者其他有关部门考核合格。

（5）特种作业人员经有关业务主管部门考核合格，取得特种作业操作资格证书。

（6）管理人员和作业人员每年至少进行一次安全生产教育培训并考核合格。

（7）依法参加工伤保险，依法为施工现场从事危险作业的人员办理意外伤害保险，为从业人员交纳保险费。

（8）施工现场的办公、生活区及作业场所和安全防护用具、机械设备、施工机具及配件符合有关安全生产法律、法规、标准和规程的要求。

（9）有职业危害防治措施，并为作业人员配备符合国家标准或者行业标准的安全防护用具和安全防护服装。

（10）有对危险性较大的分部分项工程及施工现场易发生重大事故的部位、环节的预防、监控措施和应急预案。

（11）有生产安全事故应急救援预案、应急救援组织或者应急救援人员，配备必要的应急救援器材、设备。

（12）法律、法规规定的其他条件。

8.1.5.2　安全生产许可证的申请与颁发

建筑施工企业从事建筑施工活动前，应当依照规定向省级以上建设主管部门申请领取安全生产许可证。中央管理的建筑施工企业（集团公司、总公司）应当向国务院建设主管部门申请领取安全生产许可证，其他的建筑施工企业，包括中央管理的建筑施工企业（集团公司、总公司）下属的建筑施工企业，应当向企业注册所在地省、自治区、直辖市人民政府建设主管部门申请领取安全生产许可证。建设主管部门应当自受理建筑施工企业的申请之日起 45 日内审查完毕；经审查符合安全生产条件的，颁发安全生产许可证；不符合安全生产条件的，不予颁发安全生产许可证，书面通知企业并说明理由。企业自接到通知之日起应当进行整改，整改合格后方可再次提出申请。建设主管部门审查建筑施工企业安全生产许可证申请，涉及铁路、交通、水利等有关专业工程时，可以征求铁路、交通、水利等有关部门的意见。安全生产许可证的有效期为 3 年。安全生产许可证有效期满需要延期的，企业应当于期满前 3 个月向原安全生产许可证颁发管理机关申请办理延期手续。企业在安全生产许可证有效期内，严格遵守有关安全生产的法律、法规，未发生死亡事故的，安全生产许可证有效期届满时，经原安全生产许可证颁发管理机关同意，不再审查，安全生产许可证有效期延期 3 年。建筑施工企业变更名称、地址、法定代表人等，应当在变更后 10 日内，到原安全生产许可证颁发管理机关办理安全生产许可证变更手续。建筑施工企业破产、倒闭、撤销的，应当将安全生产许可证交回原安全生产许可证颁发管理机关予以注销。建筑施工企业遗失安全生产许可证，应当立即向原安全生产许可证颁发管理机关报告，并在公众媒体上声明作废后，方可申请补办。安全生产许可证申请表采用建设部规定的统一式样。安全生产许可证采用国务院安全生产监督管理部门规定的统一式样。安全生产许可证分正本和副本，正、副本具有同等法律效力。

8.1.5.3　安全生产许可证的监督管理

县级以上人民政府建设主管部门应当加强对建筑施工企业安全生产许可证的监督管理。建设主管部门在审核发放施工许可证时，应当对已经确定的建筑施工企业是否有安全生产许可证进行审查，对没有取得安全生产许可证的，不得颁发施工许可证。跨省从事建筑施工活动的建筑施工企业有违反本规定行为的，由工程所在地的省级人民政府建设主管部门将建筑施工企业在本地区的违法事实、处理结果和处理建议抄告原安全生产许可证颁发管理机关。

建筑施工企业取得安全生产许可证后，不得降低安全生产条件，并应当加强日常安全生产管理，接受建设主管部门的监督检查。安全生产许可证颁发管理机关发现企业不再具备安全生产条件的，应当暂扣或者吊销安全生产许可证。安全生产许可证颁发管理机关或者其上级行政机关发现有下列情形之一的，可以撤销已经颁发的安全生产许可证：

（1）安全生产许可证颁发管理机关工作人员滥用职权、玩忽职守颁发安全生产许可证的。

（2）超越法定职权颁发安全生产许可证的。

（3）违反法定程序颁发安全生产许可证的。

（4）对不具备安全生产条件的建筑施工企业颁发安全生产许可证的。

（5）依法可以撤销已经颁发的安全生产许可证的其他情形。

依照前款规定撤销安全生产许可证，建筑施工企业的合法权益受到损害的，建设主管部门应当依法给予赔偿。安全生产许可证颁发管理机关应当建立、健全安全生产许可证档案管理制度，定期向社会公布企业取得安全生产许可证的情况，每年向同级安全生产监督管理部门通报建筑施工企业安全生产许可证颁发和管理情况。建设主管部门工作人员在安全生产许可证颁发、管理和监督检查工作中，不得索取或者接受建筑施工企业的财物，不得谋取其他利益。任何单位或者个人对违反本规定的行为，有权向安全生产许可证颁发管理机关或者监察机关等有关部门申报。

8.1.5.4　法律责任

违反规定，建设主管部门工作人员有下列行为之一的，给予降级或者撤职的行政处分；构成犯罪的，依法追究刑事责任。

（1）向不符合安全生产条件的建筑施工企业颁发安全生产许可证的。

（2）发现建筑施工企业未依法取得安全生产许可证擅自从事建筑施工活动，不依法处理的。

（3）发现取得安全生产许可证的建筑施工企业不再具备安全生产条件，不依法处理的。

（4）接到对违反本规定行为的举报后，不及时处理的。

（5）在安全生产许可证颁发、管理和监督检查工作中，索取或者接受建筑施工企业的财物，或者谋取其他利益的。由于建筑施工企业弄虚作假，造成第（1）项行为的，对建设主管部门工作人员不予处分。取得安全生产许可证的建筑施工企业，发生重大安全事故的，暂扣安全生产许可证并限期整改。

建筑施工企业不再具备安全生产条件的，暂扣安全生产许可证并限期整改；情节严重的，吊销安全生产许可证。违反规定，建筑施工企业未取得安全生产许可证擅自从事建筑施工活动的，责令其在建项目停止施工，没收违法所得，并处 10 万元以上 50 万元以下的罚款；造成重大安全事故或者其他严重后果，构成犯罪的，依法追究刑事责任。违反规定，安全生产许可证有效期满未办理延期手续，继续从事建筑施工活动的，责令其在建项目停止施工，限期补办延期手续，没收违法所得，并处 5 万元以上 10 万元以下的罚款；逾期仍不办理延期手续，继续从事建筑施工活动的，依照"未取得安全生产可证"的规定处罚。违反规定，建筑施工企业隐瞒有关情况或者提供虚假材料申请安全生产许可证的，不予受理或者不予颁发安全生产许可证，并给予警告，1 年内不得申请安全生产许可证。建筑施工企业以欺骗、贿赂等不正当手段取得安全生产许可证的，撤销安全生产许可证，3 年内不得再次申请安全生产许可证；构成犯罪的，依法追究刑事责任。

上述规定的暂扣、吊销安全生产许可证的行政处罚，由安全生产许可证的颁发管理机关决定；其他行政处罚，由县级以上地方人民政府建设主管部门决定。同时，《规定》施行前已依法从事建筑施工活动的建筑施工企业；应当自《安全生产许可证条例》施行之日起（2004 年 1 月 13 日起）1 年内向建设主管部门申请办理建筑施工企业安全生产许可证；逾期不办理安全生产许可证，或者经审查不符合本规定的安全生产条件，未取得安全生产许可证，继续进行建筑施工活动的，依照"未取得安全生产许可证"的规定处罚。

【教学实践环节 8－1】

请读者认真阅读《中华人民共和国安全生产法》法律责任部分，掌握安全生产监督管理部门及生产经营单位的相关法律责任。

认真阅读《建设工程安全生产管理条例》关于法律责任的规定，掌握以下主体的相关法律责任：

（1）县级以上人民政府建设行政主管部门或者其他有关行政管理部门的工作人员。

（2）建设单位。

（3）勘察单位、设计单位。

（4）工程监理单位。

（5）注册执业人员。

（6）为建设工程提供机械设备和配件的单位、出租单位。

（7）施工单位，施工单位的主要负责人、项目负责人。

8.2　建设工程质量管理法规

8.2.1　概述

建设工程质量有广义和狭义之分。从狭义上说，建设工程质量仅指工程实体质量；广义上的建设工程质量还包括工程建设参与者的服务质量和工作质量，它反映在他们的服务是否及时、主动，态度是否诚恳、守信，管理水平是否先进，工作效率是否很高等方面。工程质量主要还是指工程本身的质量，即狭义上的建设工程质量。产品的生产过程就是质量特性形成的过程，控制产品质量，就必须控制产品质量形成过程中影响质量的诸因素。影响建设工程质量的因素很多，如决策、设计、材料、机械、地形、地质、水文、气象、施工工艺、操作方法、技术措施、人员素质、管理制度等，但归纳起来，可分为 5 大方面，即人、机器设备、材料、方法和环境。

《建筑法》第 6 章即为"建设工程质量管理"，2000 年 1 月 30 日国务院发布施行的《建设工程质量管理条例》是《建筑法》的配套法规之一，它对建设行为主体的有关义务作出了明确的规定。除此以外，还颁发了很多有关工程质量的行政法规、规章及一般规范性文件。现在仍有法律效力的主要有：2008 年 1 月 29 日建设部颁发的《民用建筑节能工程质量监督工作导则》，2007 年 7 月 26 日建设部颁发的《建设工程质量监督机构和人员考核管理办法》，2000 年 7 月 8 日第九届全国人大常务委员会通过了修订的《中华人民共和国产品质量法》，2006 年 2 月 9 日建设部颁发的《建设工程质量检测管理办法》，2005 年 1 月 12 日建设部颁发的《建设工程质量保证金管理暂行办法》，2004 年 1 月 30 日建设部颁发的《关于加强住宅工程质量管理的若干意见》，2003 年 8 月 5 日建设部颁发的《工程质量监督工作导则》，2003 年 6 月 4 日建设部颁发的《建设工程质量责任主体和有关机构不良记录管理办法》（试行），2000 年 1 月 30 日国务院颁发的《建设工程质量管理条例》，2000 年 6 月 30 日建设部颁发的《房屋建筑工程质量保修办法》，1997 年 4 月 2 日建设部颁发的《建设工程质量投诉处理暂行规定》。

8.2.2　建设工程质量监督管理

工程质量监督是建设行政主管部门或其委托的工程质量监督机构（统称监督机构）根据国家的法律、法规和工程建设强制性标准、对责任主体（指参与工程建设项目的建设单位、勘察单位、设计单位、施工单位和监理单位）和有关机构履行质量责任的行为以及工程实体质量进行监督检查、维护公众利益的行政执法行为。

8.2.2.1　监督机构的主要工作内容

（1）对责任主体和有关机构履行质量责任的行为的监督检查。

（2）对工程实体质量的监督检查。

（3）对施工技术资料、监理资料及检测报告等有关工程质量的文件和资料的监督检查。

（4）对工程竣工验收的监督检查。

（5）对混凝土预制构件及预拌混凝土质量的监督检查。

（6）对责任主体和有关机构违法、违规行为的调查取证和核实、提出处罚建议或按委托权限实施行政处罚。

（7）提交工程质量监督报告。

（8）随时了解和掌握本地区工程质量状况。

（9）其他内容。

8.2.2.2　监督注册

监督注册是指建设单位在申领建筑工程施工许可证前、按规定向监督机构办理的工程项目监督登记手续。建设单位在办理质量监督注册手续时提供下列资料：

（1）施工图设计文件审查报告和批准书。

（2）中标通知书和施工、监理合同。

（3）建设单位、施工单位和监理单位工程项目的负责人和机构组成。

（4）施工组织设计和监理规划（监理实施细则）。

（5）其他需要的文件资料。

8.2.2.3 责任主体和有关机构质量行为的监督

1. 监督机构对建设单位的抽查

监督机构应对建设单位的下列行为进行抽查：

（1）施工前办理质量监督注册、施工图设计文件审查、施工许可（开工报告）手续情况。

（2）按规定委托监理情况。

（3）组织图纸会审、设计交底、设计变更工作情况。

（4）组织工程质量验收情况。

（5）原设计有重大修改、变动的，施工图设计文件重新报审情况。

（6）及时办理工程竣工验收备案手续情况。

2. 监督机构对勘察、设计单位的抽查

监督机构应对勘察、设计单位的下列行为进行抽查：

（1）参加地基验槽、基础、主体结构及有关重要部位工程质量验收和工程竣工验收情况。

（2）签发设计修改变更、技术洽商通知情况。

（3）参加有关工程质量问题的处理情况。

3. 监督机构对施工单位的抽查

监督机构应对施工单位的下列行为进行抽查：

（1）施工单位资质、项目经理部管理人员的资格、配备及到位情况；主要专业工种操作上岗资格、配备及到位情况。

（2）分包单位资质与对分包单位的管理情况。

（3）施工组织设计或施工方案审批及执行情况。

（4）施工现场施工操作技术规程及国家有关规范、标准的配置情况。

（5）工程技术标准及经审查批准的施工图设计文件的实施情况。

（6）检验批、分项、分部（子分部）、单位（子单位）工程质量的检验评定情况。

（7）质量问题的整改和质量事故的处理情况。

（8）技术资料的收集、整理情况。

4. 监督机构应对监理单位的抽查

监督机构应对监理单位的下列行为进行抽查：

（1）监理单位资质、项目监理机构的人员资格、配备及到位情况。

（2）监理规划、监理实施细则（关键部位和工序的确定及措施）的编制审批内容的执行情况。

（3）对材料、构配件、设备投入使用或安装前进行审查情况。

（4）对分包单位的资质进行核查情况。

（5）见证取样制度的实施情况。

（6）对重点部位、关键工序实施旁站监理情况。

（7）质量问题通知单签发及质量问题整改结果的复查情况。

（8）组织检验批，分项、分部（子分部）工程的质量验收，参与单位（子单位）工程质量的验收情况。

（9）监理资料收集整理情况。

5. 监督机构对工程质量检测单位的抽查

监督机构应对工程质量检测单位的下列行为进行抽查：

（1）是否超越核准的类别、业务范围承接任务。

（2）检测业务基本管理制度情况。

（3）检测内容和方法的规范性程度。

（4）检测报告形成程序、数据及结论的符合性程度。

8.2.2.4　工程实体质量监督

监督机构可对涉及结构安全、使用功能、关键部位的实体质量或材料进行监督检测、检测记录应列入质量监督报告。监督检测的项目和数量应根据工程的规模、结构形式、施工质量等因素确定。监督检测的项目一般应包括以下内容：

（1）承重结构混凝土强度。

（2）主要受力钢筋数量、位置及混凝土保护层厚度。

（3）现浇楼板厚度。

（4）砌体结构承重墙柱的砌筑砂浆强度。

（5）安装工程中涉及安全及功能的重要项目。

（6）钢结构的重要连接部位。

（7）其他需要检测的项目。

监督机构经监督检测发现工程质量不符合工程建设强制性标准，或对工程质量有怀疑的，应责令有关单位委托有资质的检测单位进行检测。

8.2.2.5　工程竣工验收监督

1. 监督机构对工程竣工验收文件的审查

监督机构应对以下工程竣工验收文件进行审查：

（1）施工单位出具的工程竣工报告，包括结构安全、室内环境质量和使用功能抽样检测资料等合格证明文件以及施工过程中发现的质量问题整改报告等。

（2）勘察、设计单位出具的工程质量检查报告。

（3）监理单位出具的工程质量评估报告。

2. 工程竣工验收监督的记录

工程竣工验收监督的记录应包括下列内容：

（1）对工程建设强制性标准执行情况的评价。

（2）对观感质量检查验收的评价。

（3）对工程竣工验收的组织及程序的评价。

（4）对工程竣工验收报告的评价。

8.2.3　各方责任主体的质量义务

8.2.3.1　建设单位的质量义务

（1）建设单位应当将工程发包给具有相应资质等级的单位，不得将建设工程肢解发包。所谓肢解发包，是指建设单位将应当由一个承包单位完成的建设工程分解成若干部分发包给不同的承包单位的行为。

（2）建设单位应当依法对工程建设项目的勘察、设计、施工、监理以及与工程建设有关的重要设备、材料等的采购进行招标，并向有关的勘察、设计、施工、工程监理等单位提供与建设工程有关的真实、准确、齐全的原始资料。

（3）建设单位不得明示或者暗示设计单位或者施工单位违反工程建设强制性标准，降低建设工程质量。建设工程发包单位，不得迫使承包方以低于成本的价格竞标，不得任意压缩合理工期。

（4）建设单位应当将施工图设计文件报县级以上人民政府建设行政主管部门或者其他有关部门审查。施工图设计文件审查的具体办法，由国务院建设行政主管部门会同国务院其他有关部门制定。施工图设计文件未经审查批准的，不得使用。

（5）实行监理的建设工程，建设单位应当委托具有相应资质等级的工程监理单位进行监理，也可以委托具有工程监理相应资质等级并与被监理工程的施工承包单位没有隶属关系或者其他利害关系的该工程的设计单位进行监理。

（6）建设单位在领取施工许可证或者开工报告前，应当按照国家有关规定办理工程质量监督手续。按照合同约定，由建设单位采购建筑材料、建筑构配件和设备的，建设单位应当保证建筑材料、建筑构配件和设备符合设计文件和合同要求。建设单位不得明示或者暗示施工单位使用不合格的建筑材料、建筑构配件和设备。涉及建筑主体和承重结构变动的装修工程，建设单位应当在施工前委托原设计单位或者具有相应资质等级的设计单位提出设计方案；没有设计方案的，不得施工。房屋建筑使用者在装修过程中，不得擅自变动房屋建筑主体和承重结构。

（7）建设单位收到建设工程竣工报告后，应当组织设计、施工、工程监理等有关单位进行接工验收。

（8）建设单位应当严格按照国家有关档案管理的规定，及时收集、整理建设项目各环节的文件资料，建立、健全建设项目档案，并在建设工程竣工验收后，及时向建设行政主管部门或者其他有关部门移交建设项目档案。

8.2.3.2　勘察、设计单位的质量义务

（1）从事建设工程勘察、设计的单位应当依法取得相应等级的资质证书，并在其资质等级许可的范围内承揽工程。禁止勘察、设计单位超越其资质等级许可的范围或者以其他勘察、设计单位的名义承揽工程。禁止勘察、设计单位允许其他单位或者个人以本单位的名义承揽工程。勘察、设计单位不得转包或者违法分包所承揽的工程。

（2）勘察、设计单位必须按照工程建设强制性标准进行勘察、设计，并对其勘察、设计的质量负责。注册建筑师、注册结构工程师等注册执业人员应当在设计文件上签字，对

设计文件负责。勘察单位提供的地质、测量、水文等勘察成果必须真实、准确，并对勘察成果质量负法律责任和相应的经济责任。

（3）工程勘察企业应当拒绝用户提出的违反国家有关规定的不合理要求，有权提出保证工程勘察质量所必需的现场工作条件和合理工期。工程勘察企业应当参与施工验槽，及时解决工程设计和施工中与勘察工作有关的问题。工程勘察企业应当参与建设工程质量事故的分析，并对因勘察原因造成的质量事故，提出相应的技术处理方案。

（4）工程勘察项目负责人、审核人、审定人及有关技术人员应当具有相应的技术职称或者注册资格。项目负责人应当组织有关人员做好现场踏勘、调查，按照要求编写《勘察纲要》，并对勘察过程中各项作业资料验收和签字。工程勘察企业的法定代表人、项目负责人、审核人、审定人等相关人员，应当在勘察文件上签字或者盖章，并对勘察质量负责。工程勘察企业法定代表人对本企业勘察质量全面负责；项目负责人对项目的勘察文件负主要质量责任；项目审核人、审定人对其审核、审定项目的勘察文件负审核、审定的质量责任。

（5）设计单位应当根据勘察成果文件进行建设工程设计。设计文件应当符合国家规定的设计深度要求，注明工程合理使用年限。设计单位在设计文件中选用的建筑材料、建筑构配件和设备，应当注明规格、型号、性能等技术指标，其质量要求必须符合国家规定的标准。除有特殊要求的建筑材料、专用设备、工艺生产线等外，设计单位不得指定生产厂、供应商。设计单位应当就审查合格的施工图设计文件向施工单位作出详细说明，并参与建设工程质量事故分析，并对因设计造成的质量事故提出相应的技术处理方案。

8.2.3.3　施工单位的质量义务

（1）施工单位应当依法取得相应等级的资质证书，并在其资质等级许可的范围内承揽工程。禁止施工单位超越本单位资质等级许可的业务范围或者以其他施工单位的名义承揽工程。禁止施工单位允许其他单位或者个人以本单位的名义承揽工程。施工单位不得转包或者违法分包工程。

（2）施工单位对建设工程的施工质量负责。施工单位应当建立质量责任制，确定工程项目的项目经理、技术负责人和施工管理负责人。施工单位必须按照工程设计图纸和施工技术标准施工，不得擅自修改工程设计，不得偷工减料。施工单位在施工过程中发现设计文件和图纸有差错的，应当及时提出意见和建议。

（3）建设工程实行总承包的，总承包单位应当对全部建设工程质量负责；建设工程勘察、设计、施工、设备采购的一项或者多项实行总承包的，总承包单位应当对其承包的建设工程或者采购的设备的质量负责。总承包单位依法将建设工程分包给其他单位的，分包单位应当按照分包合同的约定对其分包工程的质量向总承包单位负责，总承包单位与分包单位对分包工程的质量承担连带责任。

（4）施工单位必须按照工程设计要求、施工技术标准和合同约定，对建筑材料、建筑构配件、设备和商品混凝土进行检验，检验应当有书面记录和专人签字；未经检验或者检验不合格的，不得使用。施工单位必须建立、健全施工质量的检验制度。严格工序管理，作好隐蔽工程的质量检查和记录。隐蔽工程在隐蔽前，施工单位应当通知建设单位和建设工程质量监督机构。

（5）施工人员对涉及结构安全的试块、试件及有关材料，应当在建设单位或者工程监理单位监督下现场取样，并送具有相应资质等级的质量检测单位进行检测。施工单位对施工中出现质量问题的建设工程或者竣工验收不合格的建设工程，应当负责返修。

（6）施工单位应当建立、健全教育培训制度，加强对职工的教育培训；未经教育培训或者考核不合格的人员，不得上岗作业。

8.2.3.4　工程监理单位的质量义务

（1）工程监理单位应当依法取得相应等级的资质证书，并在其资质等级许可的范围内承担工程监理业务。禁止工程监理单位超越本单位资质等级许可的范围或者以其他工程监理单位的名义承担工程监理业务。禁止工程监理单位允许其他单位或者个人以本单位的名义承担工程监理业务。工程监理单位不得转让工程监理业务。

（2）工程监理单位与被监理工程的施工承包单位以及建筑材料、建筑构配件和设备供应单位有隶属关系或者其他利害关系的，不得承担该项建设工程的监理业务。工程监理单位应当依照法律、法规以及有关技术标准、设计文件和建设工程承包合同，代表建设单位对施工质量实施监理，并对施工质量承担监理责任。

（3）工程监理单位应当选派具备相应资格的总监理工程师和监理工程师进驻施工现场。监理工程师应当按照工程监理规范的要求，采取旁站、巡视和平行检验等形式，对建设工程实施监理。未经监理工程师签字，建筑材料、建筑构配件和设备不得在工程上使用或者安装，施工单位不得进行下一道工序的施工。未经总监理工程师签字，建设单位不拨付工程款，不进行竣工验收。

【教学实践环节 8－2】

请读者认真阅读《建设工程质量管理条例》关于法律责任的规定，掌握以下内容：

（1）建设单位法律责任。

（2）勘察、设计、施工、工程监理单位法律责任。

（3）其他相关部门人员法律责任。

本讲引例的原告在施工过程中，应当按照双方的约定，在自行验收的过程中，完善工程缺陷和瑕疵，达到竣工验收标准，原告没有履行维修和保修责任，应当承担一定的责任，对于被告自行维修工程所花费的金钱，应当从应给付原告的款项中加以扣除。原告没有按照合同的约定和法律的规定办理竣工验收手续，是导致工程未及时结算的主要原因。因此，被告不必支付工程款的利息。

【综合应用案例】

由于未按时备案擅自改造结构应予处罚

某工程，建设单位与甲施工单位签订了施工合同。经建设单位同意，甲施工单位选择了乙施工单位作为分包单位。在合同履行中，甲施工单位向建设单位提交了工程竣工验收报告后，建设单位于 2008 年 9 月 20 日组织勘察、设计、施工、监理等单位竣工验收，工程竣工验收通过，各单位分别签署了质量合格文件。建设单位于 2004 年 3 月办理了工程竣工备案，因使用需要，建设单位于 2008 年 10 月初要求乙施工单位按其示意图在已验收合格的承重墙上开车库门洞，并于 2008 年 10 月底正式将该工程投入使用 2005 年 2 月，该工程给、排水管道大量漏水，经监理单位组织检查，确认是因开车碎门洞施工时破坏了承重结构所致。建设单位认为工程还在保修期，要求甲施工单位无偿修理建设行政主管部门对责任单位进行了处罚。

根据《建设工程质量管理条例》，指出事件中建设单位做法的不妥之处；建设行政主管部门是否应该对建设单位、监理单位、甲施工单位和乙施工单位进行处罚？

【案例评析】

（1）未按时限备案不妥。首先题目中的工程竣工验收程序正确，之后的备案就存在时间的问题。按照《建设工程质量管理条例》第 49 条的规定，建设单位应自工程竣工验收合格之日起 15 日内办理竣工验收报告等相关文件的备案。

（2）要求乙施工单位在承重墙上按示意图开车库门洞不妥。由于已经竣工验收，可以视为装修工程，在承重墙上开车库门洞属于工程设计变更，按照《建设工程质量管理条例》第 15 条的规定，涉及建筑主体和承重结构变动的装修工程，建设单位应当在施工前委托原设计单位或具有相应资质的设计单位提出设计方案；没有设计方案的不得施工。因此，建设单位要求乙施工单位按照示意图（不是图纸）施工的做法是错误的。

（3）由于未按时备案，擅自在承重墙上开车库门洞，应对建设单位给予处罚。

根据《建设工程质量管理条例》第 56 条的规定，建设单位有未及时办理备案行为的，责令改正，处以 20 万元以上 50 万元以下的罚款。第 69 条的规定，涉及建筑主体和承重结构变动的装修工程，没有设计方案擅自施工的，责令改正，处以 50 万元以上 100 万元以下的罚款，房屋使用者在装修过程中擅自变动房屋建筑主体结构和承重结构的，责令改正，处以 5 万元以上 10 万元以下的罚款。造成损失的依法承担赔偿责任。对监理单位和甲、乙施工单位不应处罚。根据《建设工程质量管理条例》第 28 条的规定，施工单位必须按照工程设计图纸和施工技术标准施工，不得擅自修改工程设计，不得偷工减料。乙施工单位按照建设单位示意图施工的做法错误的按照罚则第 64 条，施工单位有不按照工程设计图纸和施工技术标准施工的行为的，应责令改正，处以工程合同价款 2% 以上 4% 以下的罚款，情节严重的，责令停业整顿，降低资质等级或吊销资质等级证书。

【推荐阅读资料】

《建设工程质量管理条例》国务院，2000 年 1 月 30 日

《建设工程安全生产管理条例》国务院，2003 年 11 月 24 日

《中华人民共和国安全生产法》全国人民代表大会常务委员会，2002 年 6 月 29 日

《企业职工伤亡事故报告和处理规定》国务院，1991 年 3 月

《建设部关于加强建筑意外伤害保险工作的指导意见》（建质〔2003〕107 号）

《生产安全事故报告和调查处理条例》国务院，2007 年 3 月 28 日

《关于进一步规范房屋建筑和市政工程生产安全事故调查和处理工作的若干意见》建质〔2007〕257 号文

《建筑施工企业安全生产许可证管理规定》建设部令第 128 号，2004

《国务院关于进一步加强安全生产工作的决定》国务院，2004 年 1 月 9 日

《民用建筑节能工程质量监督工作导则》建设部，2008 年 1 月 29 日

《工程质量监督工作导则》建设部，2003 年 8 月 5 日

《建设工程质量监督机构和人员考核管理办法》建设部，2007 年 7 月 26 日

《中华人民共和国产品质量法》第九届全国人大常务委员会，2000 年 7 月 8 日

《建设工程质量检测管理办法》建设部，2006 年 2 月 9 日

《建设工程质量保证金管理暂行办法》建设部，2005 年 1 月 12 日

《关于加强住宅工程质量管理的若干意见》建设部，2004 年 1 月 30 日

《建设工程质量责任主体和有关机构不良记录管理办法》（试行）建设部，2003 年 6 月 4 日

《房屋建筑工程质量保修办法》建设部，2000 年 6 月 30 日

《建设工程质量投诉处理暂行规定》建设部，1997 年 4 月 2 日

　　　复 习 思 考 题

1. 简述安全生产责任事故的处理。

2. 根据《建筑施工企业安全生产许可证管理规定》，申请办理建筑施工企业安全生产许可证条件有哪些？

3. 简述施工企业的安全生产义务。

4. 简述建筑工程质量监督机构的主要工作内容。

5. 简述建设单位、施工单位、勘察设计单位、监理单位的义务。

6.《建筑工程质量管理条例》关于质量保修是如何规定的？

7. 简述建筑工程质量的监督管理制度。

第四篇　工程项目竣工验收交付使用阶段法规及建设程序法律法规

第❾讲　建筑工程竣工验收及保修专题

【教学目标】　本讲主要解决以下几大问题：①工程质量验收概念、工程施工质量评定的程序、实施、工程质量不符合要求时的处理；②工程竣工验收的界定、条件、程序、备案管理制度；③工程质量保修范围、期限、建筑工程质量保修责任。通过本讲的学习，熟练掌握工程施工质量评定的程序、实施，工程质量不符合要求时的处理；工程竣工验收的条件、程序、备案管理制度。

【教学要求】

能力目标	知识要点	权重	自测分数
了解相关知识	工程质量验收概念、工程竣工验收的界定、工程质量保修范围、期限、建筑工程质量保修责任	20%	
熟练掌握知识点	（1）工程施工质量评定的程序 （2）工程施工质量的评定及验收 （3）工程质量不符合要求时的处理 （4）工程竣工验收的条件 （5）工程竣工验收的程序 （6）工程竣工验收备案管理制度	50%	
运用知识分析案例	工程施工质量评定、质量不符合要求时的处理工程竣工验收条件、程序等合法性判断及运用	30%	

【引例】

工程未经验收，不得交付使用

2005年2月24日，甲建筑公司与乙厂就乙厂技术改造工程签订建设工程合同约定：甲公司承担乙厂技术改造工程项目56项，负责承包各项目的土建部分，承包方式按预算定额包工包料，竣工后办理工程结算。合同签订后，甲公司按合同的约定完成该工程的各土建项目，并于2006年11月14日竣工，乙厂于2006年9月被丙公司兼并，由丙公司承担乙厂的全部债权债务，承接乙厂的各项工程合同、借款及各种协议内甲公司在工程竣工后多次催促丙公司对工程进行验收并支付所欠工程款，丙公司对此一直置之不理，既不验收已竣工工程，也不付工程款。甲公司无奈将丙公司诉至法院，法院判决丙公司对已完工的土建项目进行验收，验收合格后向甲公司支付所欠工程款。

9.1 工程质量验收法规

9.1.1 工程质量验收概述

9.1.1.1 工程质量验收的概念

工程质量验收是工程质量控制的一个重要环节。广义的质量验收包括工程质量的中间验收和竣工验收两个方面，狭义的质量验收仅指工程质量中间验收。本书持狭义的观点。

工程质量的中间验收，是指施工单位在自行质量评定的基础上，参与建设活动的有关单位共同对检验批、分项、分部、单位工程的质量进行抽样复检，根据相关标准以书面形式对工程质量合格与否作出确定。

9.1.1.2 工程质量验收的层次

在进行质量验收时，合理划分验收层次是非常必要的，特别是不同专业工程的验收批如何确定，将直接影响到质量验收工作的科学性、经济性、实用性和可操作性。根据《建筑工程施工质量验收统一标准》（GB 50300—2001）的规定，一般将工程划分为单位工程、分部工程、分项工程、检验批等几个层次进行验收。

1. 单位工程

单位工程的划分应按下列原则确定：

（1）具备独立施工条件并能形成独立使用功能的建筑物及构筑物为一个单位工程，如一个单位中的一栋办公楼、一个工厂中的某个厂房等。

（2）规模较大的单位工程可将其能形成独立使用功能的部分划分为一个子单位工程。

（3）室外工程可根据专业类别工程规模划分单位（子单位）工程。

2. 分部工程

分部工程的划分应按照下列原则确定：

（1）分部工程的划分应按专业性质、建筑部位确定，如建筑工程划分为地基与基础、主体结构、建筑装饰装修、建筑屋面、建筑给水排水及采暖、建筑电气、智能建筑、通风与空调、电梯等 9 个分部工程。

（2）当分部工程较大或较复杂时，可按施工程序、专业系统及类别等划分为若干子分部工程。例如，智能建筑分部工程中就包含了火灾及报警消防联动系统、安全防范系统、综合布线系统、智能化集成系统、电源与接地、环境、住宅（小区）智能化系统等子分部工程。

3. 分项工程

分项工程应按照主要工种、材料、施工工艺、设备类别等进行划分。例如，混凝土结构工程中按主要工种分为模板工程、钢筋工程、混凝土工程等分项工程；按施工工艺又分为预应力、现浇结构、装配式结构等分项工程。

4. 检验批

分项工程可由一个或若干个检验批组成，检验批可根据施工及质量控制和专业验收需要按楼层、施工段、变形缝等进行划分。例如，建筑工程的地基基础分部工程中的分项工程一般划分为一个检验批；屋面分部工程中的分项工程根据不同楼层屋面可划分为不同的检验批；单层建筑工程中的分项工程可按变形缝等划分检验批，多层及高层建筑工程中主体分部的分项工程可按楼层或施工段划分检验批；安装工程一般按一个设计系统或组别分为一个检验批；室外工程统一划分为一个检验批。

9.1.1.3   工程质量验收的基本要求

（1）建筑工程施工质量应符合建筑工程施工质量验收统一标准和相关专业验收规范的规定。

（2）建筑工程施工应符合工程勘察、设计文件的要求。

（3）参加工程施工质量验收的各方人员应具备规定的资格。

（4）工程质量的验收应在施工单位自行检查评定的基础上进行。

（5）隐蔽工程在隐蔽前应由施工单位通知有关方进行验收，并形成验收文件。

（6）涉及结构安全的试块、试件且有关材料，应按有关规定进行见证取样检测。

（7）检验批的质量应按主控项目和一般项目验收。

（8）对涉及结构安全和使用功能的分部工程应进行抽样检测。

（9）承担见证取样检测及有关结构安全检测的单位应具有相应资质。

（10）工程的观感质量应由验收人员通过现场检查，且应共同确认。

9.1.2   工程施工质量评定的程序

9.1.2.1   检验批和分项工程

检验批及分项工程应由监理工程师及建设单位项目技术负责人、组织施工单位项目专业质量（技术）负责人等验收。

验收前，施工单位先填好"检验批和分项工程的质量验收记录"，并由项目专业质量检验员和项目专业技术负责人分别在检验批和分项工程质量检验记录中的相关栏目签字，然后由监理工程师组织，严格按规定程序进行验收。

9.1.2.2   分部工程

分部工程应由总监理工程师及建设单位项目负责人组织施工单位项目负责人和技术、质量负责人等进行验收；地基与基础、主体结构由于技术性能要求严格、技术性强，关系到整个工程的安全，因此，这些分部工程的勘察、设计单位工程项目负责人也应参加验收。

9.1.2.3   单位工程

单位工程完成后，施工单位首先要依据质量标、设计图纸等组织有关人员进行自检，并对检查结果进行评定，符合要求后向建设单位提交工程验收报告和完整的质量资料，请建设单位组织验收。

建设单位收到工程报告后，应由建设单位（项目）负责人组织施工（含分包单位）、设计、监理等单位（项目）负责人进行单位（子单位）工程验收。

由几个施工单位负责施工的单位工程，当其中的施工单位所负责的子单位工程已按设计完成，并经自行检验后，方可按规定的程序组织正式验收，办理交工手续。在整个单位工程进行全部验收时，已经验收的子单位工程验收资料应作为单位工程验收的附件。

单位工程中有分包单位施工时，分包单位应对所承包的工程按相关标准检查评定，总包单位派人参加；检验合格后，分包单位应将工程的有关资料移交总包单位，等建设单位组织单位工程质量验收时，分包单位负责人应参加验收。

9.1.3　工程施工质量的评定及验收

9.1.3.1　检验批的评定及验收

检验批是施工过程中条件相同并有一定数量的材料、构配件或安装项目，由于其质量基本均匀一致，因此可以作为检验的基础单位，并按批验收。检验批合格质量应符合下列规定。

（1）主控项目和一般项目的质量经抽样检验合格。

（2）具有完整的施工操作依据、质量检查记录。

检验批的合格质量主要取决于对主控项目和一般项目的检验结果。主控项目是对检验批的基本质量起决定性影响的检验项目，因此必须全部符合有关专业工程验收规范的规定。这意味着主控项目不允许有不符合要求的检验结果，即这种项目的检查具有否决权。鉴于主控项目对基本质量的决定性影响，从严要求是必需的。

9.1.3.2　分项工程的评定及验收

分项工程质量验收合格应符合下列规定：

（1）分部工程所含的检验批均应符合合格质量的规定。

（2）分项工程所含的检验批的质量验收记录应完整。

分项工程的验收在检验批的基础上进行。一般情况下，两者具有相同或相近的性质，只是批量的大小不同而已。因此，将有关的检验批汇集构成分项工程。分项工程合格质量的条件比较简单，只要构成分项工程的各检验批的验收资料文件完整，并且均已验收合格，则分项工程验收合格。

9.1.3.3　分部工程的评定及验收

分部（子分部）工程质量验收合格应符合下列规定：

（1）分部（子分部）工程所含工程的质量均应验收合格。

（2）质量控制资料应完整。

（3）地基与基础、主体结构和设备安装等分部工程有关安全及功能的检验和抽样检测结果应符合有关规定。

（4）观感质量验收应符合要求。

分部工程的验收应在其所含各分项工程验收的基础上进行。首先，分部工程的各分项工程必须已验收合格且相应的质量控制资料文件完整，这是验收的基本条件；此外，由于各分项工程的性质不尽相同，因此作为分部工程不能简单地组合而加以验收，需增加以下两类检验项目。

涉及安全和使用功能的地基基础、主体结构、有关安全及重要使用功能的安装分部工程应进行有关见证取样、送样试验或抽样检测；关于观感质量验收，这类检查往往难以定量，只能以观察、触摸或简单测量的方式进行，并由各个人的主观印象判断，检查结果不给出"合格"或"不合格"的结论，而是综合给出质量评价，对于差的检查点应通过返修处理等补救。

9.1.3.4　单位工程的评定及验收

单位（子单位）工程质量验收合格应符合下列规定：

（1）单位（子单位）工程所含分部（子分部）工程的质量均应验收合格。

（2）质量控制资料应完整。

（3）单位（子单位）工程所含分部工程有关安全和功能的检测资料应完整。

（4）主要功能项目的抽查结果应符合相关专业质量验收规范的规定。

（5）观感质量验收应符合要求。

单位工程质量验收是工程投入使用前的最后一次验收，也是最重要的一次验收。验收合格的条件有以上 5 个方面，除构成单位工程的各分部工程应该合格，并且有关的资料文件应完整以外，还须进行以下 3 个方面的检查：

（1）涉及安全和使用功能的分部工程应进行检验资料的复查。不仅要全面检查其完整性（不得有漏检缺项），而且对分部工程验收时补充进行的见证抽样检验报告也要复核。

（2）对主要使用功能还须进行抽查。使用功能的检查是对建筑工程和设备安装工程最终质量的综合检验，也是用户最为关心的内容。因此，在分项、分部工程验收合格的基础上，竣工验收时再做全面检查。抽查项目是在检查资料文件的基础上由参加验收的各方人员商定，并由计量、计数的抽样方法确定检查部位。检查要求按有关专业工程施工质量验收标准要求进行。

（3）还须由参加验收的各方人员共同进行观感质量检查。

9.1.4　工程质量不符合要求时的处理

一般情况下，不合格现象在检验批验收时就应发现并及时处理，否则将影响后续检验批和相关的分项工程、分部工程的验收，因此所有质量隐患必须尽快消灭在萌芽状态。

当出现非正常情况时，应按下述规定处理：

第一种情况，指在检验批验收时，其主控项目不能满足验收规范规定或一般项目超过偏差限值的子项不符合检验规定的要求时，应及时进行处理的检验批。其中严重的缺陷应推倒重来，一般的缺陷通过翻修或更换器具、设备予以解决，应允许施工单位在采取相应的措施后重新验收。如能够符合相应的专业工程质量验收规范，则应认为该检验批合格。

第二种情况，指个别检验批发现试块强度等不满足要求等问题，难以确定是否验收时，应请具有资质的法定检测单位检测。鉴定结果能够达到设计要求时，该检验批仍应认为通过验收。

第三种情况，如经检测鉴定达不到设计要求，但经原设计单位核算，仍能满足结构安全和使用功能的情况，该检验批可以予以验收。一般情况下，规范标准给出了满足安全和功能的最低限度要求，而设计往往在此基础上留有一些余量。不满足设计要求和不符合相应规范标准的要求，两者并不矛盾。

第四种情况，更为严重的缺陷或者超过检验批的更大范围内的缺陷，可能影响结构的安全性和使用功能。若经法定检测单位检测鉴定以后认为达不到规范标准的相应要求，即不能满足最低限度的安全储备和使用功能，则必须按一定的技术方案进行加固处理，使之能保证其满足安全使用的基本要求。这样可能会造成一些永久性的缺陷，如改变结构外形尺寸、影响一些次要的使用功能等。为了避免社会财富更大的损失，在不影响安全和主要使用功能条件下可按处理技术方案和协商文件进行验收，但不能作为轻视质量而回避责任的一种出路。

第五种情况，若分部工程、单位（子单位）工程存在严重缺陷，经返修或加固处理仍不能满足安全使用要求时，严禁验收。

9.2　工程竣工验收法规

9.2.1　工程竣工验收的概念和意义

《中华人民共和国建筑法》第31条规定："交付竣工验收的建筑工程，必须符合规定的建筑工程质量标准，有完整的工程技术经济资料和经签署的工程保修书，并具备国家规定的其他竣工条件。建筑工程竣工验收合格后，方可交付使用，未经验收或者验收不合格的，不得交付使用。"

建筑工程的竣工验收是指在建筑工程已按照设计要求完成全部施工任务，准备交付给建设单位投入使用时，由建设单位或有关主管部门依照国家关于建筑工程竣工验收制度的规定对该项工程是否符合设计要求和工程质量标准所进行的检查、考核工作。建筑工程的竣工验收是项目建设全过程的最后一道程序，是对工程质量实施控制的一个重要环节。认真做好建筑工程的竣工验收工作，对保证建筑工程的质量具有重要意义。

9.2.2　工程竣工验收的条件

根据2000年1月30日国务院颁布的《建设工程质量管理条例》及建设部2000年6月30日颁布的《房屋建筑工程和市政基础设施工程竣工验收暂行规定》的要求，工程竣工验收应具备下列条件：

（1）完成工程设计和合同约定的各项内容。

（2）施工单位在工程完工后对工程质量进行了检查，确认工程质量符合有关法律、法规和工程建设强制性标准，符合设计文件及合同要求，并提出工程竣工报告。工程竣工报告应经项目经理和施工单位有关负责人审核签字。

（3）对于委托监理的工程项目，监理单位对工程进行了质量评估，具有完整的监理资料；并提出工程质量评估报告。工程质量评估报告应经总监理工程师和监理单位有关负责人审核签字。

（4）勘察、设计单位对勘察、设计文件及施工过程中由设计单位签署的设计变更通知书进行了检查，并提出质量检查报告。质量检查报告应经该项目勘察、设计负责人和勘察、设计单位有关负责人审核签字。

（5）有完整的技术档案和施工管理资料。

（6）有工程使用的主要建筑材料、建筑构配件和设备的进场试验报告。

（7）建设单位已按合同约定支付工程款。

（8）有施工单位签署的工程质量保修书。

（9）城乡规划行政主管部门对工程是否符合规划设计要求进行检查，并出具认可文件。

（10）有公安消防、环保等部门出具的认可文件或者准许使用文件。

（11）建设行政主管部门及其委托的工程质量监督机构等有关部门责令整改的问题全部整改完毕。

经验收合格的工程方可交付使用，不合格的工程不予验收；对遗留问题应提出具体解决意见，限期落实解决。

9.2.3　工程竣工验收的程序

根据建设部颁布的《建设项目（工程）竣工验收办法》、《工程建设监理规定》和《建设工程质量监督管理规定》及其他相关法律规范的规定，建筑工程竣工验收的具体程序如下：

（1）施工单位作竣工预验。

竣工预验，是指工程项目完工后，要求监理工程师验收前，由施工单位自行组织的内部模拟验收。预验是顺利通过正式验收的可靠保证，一般也邀请监理工程师参加。

（2）施工单位决定正式提请验收后，施工单位向建设单位提交工程竣工报告，申请工程竣工验收。实行监理的工程竣工报告须经总监理工程师签署意见。

（3）建设单位收到工程竣工报告后，在监理工程师初验合格的基础上，对符合竣工验收要求的工程，组织勘察、设计、施工、监理等单位和其他有关方面的专家组成验收组，制定验收方案，在规定的时间内正式验收。

（4）建设单位应当在工程竣工验收 7 个工作日前将验收的时间、地点及验收组名单书面通知负责监督该工程的工程质量监督机构。

（5）建设单位组织工程竣工验收。具体包括以下内容。

1）建设、勘察、设计、施工、监理单位分别汇报工程合同履约情况和在工程建设各个环节执行法律、法规和工程建设强制性标准的情况。

2）审阅建设、勘察、设计、施工、监理单位的工程档案资料。

3）实地查验工程质量。

4）对工程勘察、设计、施工、设备安装质量和各管理环节等方面作出全面评价，形成经验收组人员签署的工程竣工验收意见。

参与工程竣工验收的建设、勘察、设计、施工、监理等各方不能形成一致意见时，应当协商提出解决的方法，等意见一致后，重新组织工程竣工验收。

工程竣工验收合格后，建设单位应当及时提出工程竣工验收报告。工程竣工验收报告主要包括工程概况，建设单位执行基本建设程序情况，对工程勘察、设计、施工、监理等方面的评价，工程竣工验收时间、程序、内容和组织形式，工程竣工验收意见等内容。同时，竣工验收报告还应附有施工许可证、施工图设计文件审查意见、验收组人员签署的工程竣工验收意见、必要的质量检测和功能性试验资料、施工单位签署的工程质量保修书等文件。

9.2.4　工程竣工验收备案管理制度

根据《建设工程质量管理条例》及 2000 年 4 月 7 日建设部颁发的《房屋建筑工程和市政基础设施工程竣工验收备案管理暂行办法》的规定，建设单位自工程竣工验收合格之日起 15 日内，应当向工程所在地的县级以上地方人民政府建设行政主管部门（以下简称备案机关）备案。

建设单位办理工程竣工验收备案应当提交下列文件：

（1）工程竣工验收备案表。

（2）工程竣工验收报告。

（3）法律、行政法规规定应当由规划、公安消防、环保等部门出具的认可文件或者准许使用文件。

（4）施工单位签署的工程质量保修书。

（5）法规、规章规定必须提供的其他文件。

（6）商品住宅还应当提交《住宅质量保证书》和《住宅使用说明书》。

备案机关收到建设单位报送的竣工验收备案文件，验证文件齐全后，应当在工程竣工验收备案表上签署文件收讫；若发现建设单位在竣工验收过程中有违反国家有关建设工程质量管理规定行为的，应当在收讫竣工验收备案文件 15 日内，责令停止使用，重新组织竣工验收；备案机关决定重新组织竣工验收并责令停止使用的工程，建设单位在备案之前已投入使用或者建设单位擅自继续使用造成使用人损失的，由建设单位依法承担赔偿责任。

建设单位在工程竣工验收合格之日起 15 日内未办理工程竣工验收备案的，备案机关责令限期改正，并处以 20 万元以上 30 万元以下罚款。建设单位将备案机关决定重新组织竣工验收的工程，在重新组织竣工验收前，擅自使用的，备案机关责令停止使用，处以工程合同价款 2% 以上 4% 以下罚款。建设单位采用虚假证明文件办理工程验收备案的，工程竣工验收无效，备案机关责令停止使用，重新组织竣工验收，并处以 20 万元以上 50 万元以下罚款；构成犯罪的，应依法追究刑事责任。

9.3　工程质量保修法规

9.3.1　概述

房屋建筑工程质量保修，是指对房屋建筑工程竣工验收后在保修期限内出现的质量缺陷，予以修复。所谓质量缺陷，是指房屋建筑工程的质量不符合工程建设强制性标准及合同的约定。为保护建设单位、施工单位、房屋建筑所有人和使用人的合法权益，维护公共安全和公众利益，建设部于 2000 年 6 月 30 日颁布了《房屋建筑工程质量保修办法》，本办法的主要依据是《建筑法》和《建设工程质量管理条例》。

建设工程承包单位在向建设单位提交工程竣工验收报告时，应当向建设单位出具质量保修书。质量保修书中应当明确建设工程的保修范围、保修期限和保修责任等。房屋建筑工程在保修范围和保修期限内出现质量缺陷，施工单位应当履行保修义务。

9.3.2　建筑工程质量保修范围、期限

建筑工程质量保修范围包括地基基础工程、主体结构工程、屋面防水工程、有防水要求的房间、外墙面的防渗漏、供热与供冷系统、电气管线、给排水管道、设备安装和装修工程及双方约定的其他项目。因使用不当或者第三方造成的质量缺陷、不可抗力造成的质量缺陷，均不在保修范围之内。

房屋建筑工程保修期从工程竣工验收合格之日起计算。在正常使用下，房屋建筑工程的最低保修期限为：

（1）地基基础工程和主体结构工程，为设计文件规定的该工程的合理使用年限。

（2）屋面防水工程、有防水要求的卫生间、房间和外墙面的防渗漏，为5年。

（3）供热与供冷系统，为2个采暖期、供冷期。

（4）电气管线、给排水管道、设备安装为2年；装修工程为2年。

（5）其他项目的保修期限由建设单位和施工单位约定。

【特别提示】

质量保修期从工程竣工验收合格之日起计算。

9.3.3　建筑工程质量保修责任

房屋建筑工程在保修期限内出现质量缺陷，建设单位或者房屋建筑所有人应当向施工单位发出保修通知。施工单位接到保修通知后，应当到现场核查情况，在保修书约定的时间内予以保修。发生涉及结构安全或者严重影响使用功能的紧急抢修事故，施工单位接到保修通知后，应当立即到达现场抢修。保修完成后，由建设单位或者房屋建筑所有人组织验收。涉及结构安全的，应当报当地建设行政主管部门备案。

发生涉及结构安全的质量缺陷，建设单位或者房屋建筑所有人应当立即向当地建设行政主管部门报告，采取安全防范措施，由原设计单位或者具有相应资质等级的设计单位提出保修方案，施工单位实施保修，原工程质量监督机构负责监督。施工单位不按工程质量保修书约定保修的，建设单位可以另行委托其他单位保修，由原施工单位承担相应责任。

在保修期内，因房屋建筑工程质量缺陷造成房屋所有人、使用人或者第三方人身、财产损害的，房屋所有人、使用人或者第三方可以向建设单位提出赔偿要求。建设单位向造成房屋建筑工程质量缺陷的责任方追偿。因保修不及时造成新的人身、财产损害，由造成拖延的责任方承担赔偿责任。

保修费用由质量缺陷的责任方承担。保修费用指的是施工单位承建的建筑安装工程项目竣工并验收合格交付使用后，至工程承包合同保修期满整个期间，施工单位为该工程的保修义务而发生的直接人工、材料和间接费用等支出的费用总和。

因设计原因造成的质量缺陷，由设计单位承担经济责任，由施工单位负责维修。其费用按有关规定通过建设单位向设计单位索赔，不足部分由建设单位负责。因施工单位未按国家有关规范、标准和设计要求施工而造成的质量缺陷，由施工单位负责返修并承担经济责任。因建筑材料、构配件和设备质量不合格引起的质量缺陷，属于施工单位采购的或经其验收同意的，由施工单位承担经济责任，属于建设单位采购的，由建设单位承担经济责任。

【小知识】

节能环保实施认证纳入装饰装修行业

今后装修工程必须通过质量、环保、节能性能"三合一"的检测数据达标后，才能认定为节能环保装修工程。《中国节能环保装饰装修认证实施规则》于2007年9月20日发布，同时中间节能环保装饰装修认证指导中心在北京成立，这标志着我国节能环保认证首次纳入装饰装修行业。

建筑节能作为中国十大重点节能工程之一，装饰装修工程是建筑交付使用前的最后一个环节，因设计、施工控制不当极易造成工程质量、建筑节能设施和设备损坏、有害物质残留等一系列问题。据中国室内装饰协会室内环境委员会统计，中国新装修房屋 60% 以上存在不同程度的甲醛超标问题，每年中国由于装饰装修工程的浪费超过 300亿元。

工程质量验收是工程质量控制的一个重要环节，做好质量验收工作对保证整个工程的质量至关重要。具体进行质量验收时，合理划分验收层次也是非常必要的，通常将工程划分为单位工程、分部工程、分项工程、检验批等几个层次进行验收。

建筑工程的竣工验收是项目建设全过程的最后一道程序，是对工程质量实施控制的一个重要环节。支付竣工验收的工程，必须符合规定的工程质量标准，有完整的工程技术经济资料和经签署的工程保修书，并具备国家规定的其他竣工条件。工程竣工验收合格后，方可交付使用；未经验收或者验收不合格的，不得交付使用。

质量保修制度是指工程在支付使用后的一定期限内发现的工程质量缺陷，由施工企业承担修复责任的制度。《建设工程质量管理条例》、《房屋建筑质量保修办法》等法规，对质量保修的范围、期限，保修的实施，保修费用的承担等方面均作出了明确规定。

本讲引例中，签订建设工程承包合同的是甲公司与乙厂，但乙厂在被丙公司兼并后，丙公司承担了乙厂的全部债权债务并承接了乙厂的各项工程合同，当然应当履行原甲公司与乙厂签订的建设工程承包合同，对已完工的工程项目进行验收，验收合格无质量争议的，应当按照合同规定向甲公司支付工程款，接收该工程项目，办理交接手续。根据《合同法》第 279 条规定："建设工程竣工后，发包人应当根据施工图纸及说明书、国家颁发的施工验收规范和质量检验标准及时进行验收。验收合格的，发包人应当按照约定支付价款，并接收该建设工程。""建设工程竣工经验收合格后，方可交付使用；未经验收或者验收不合格的，不得交付使用。"

【综合应用案例】

工程主体结构存在严重的安全隐患，验收不能通过

某县级市一乡村修建小学教学楼和教师办公住宿综合楼，乡上个别领导不按照有关基本建设程序办事，自行决定由一农村工匠承揽该工程建设。工程无地质勘察报告，无设计图纸（抄袭其他学校的图纸），原材料未经检验，施工无任何质量保证措施，无水无电，混凝土和砂浆全部人工拌和，钢筋混凝土梁、柱，人工浇筑振捣，密实度和强度无法得到保证。工程投入使用后，综合楼和教学楼由于多处大梁和墙面发生较严重的裂缝，致使学校被迫停课。

经检查，该综合楼基础一半置于风化页岩上，一半置于回填土上（未按规定进行夯实），地基已发生严重不均匀沉降，导致墙体出现严重裂缝，教学楼大梁混凝土存在严重的空洞，受力钢筋已严重锈蚀，两栋楼的砌体砂浆的强度几乎为零（更有甚者，个别地方砂浆中还夹着黄泥），楼梯横梁搁置长度仅 50mm，梁下砌体已出现压碎现象。经鉴定，

该工程主体结构存在严重的安全隐患，已失去了加固补强的意义，被有关部门强行拆除，有关责任人受到了法律的惩办。

【案例评析】

本案例中，工程结构存在严重的缺陷，影响了结构的安全性和使用功能，经返修或加固处理仍不能满足安全使用要求时，应严禁验收，被强行拆除，并对有关责任人进行相关的法律制裁，有关部门的做法是正确的。

【推荐阅读资料】

《建设工程质量管理条例》国务院，2000 年 1 月 30 日

《房屋建筑质量保修办法》

《建筑工程施工质量验收统一标准》（GB 50300—2001）

《房屋建筑工程和市政基础设施工程竣工验收暂行规定》建设部，2000 年 6 月 30 日

《建设项目（工程）竣工验收办法》

《水利工程建设项目验收管理规定》水利部

《工程建设监理规定》

《建设工程质量监督管理规定》

《房屋建筑工程和市政基础设施工程竣工验收备案管理暂行办法》建设部，2000

《房屋建筑工程质量保修办法》建设部，2000 年 6 月 30 日

《中国节能环保装饰装修认证实施规则》

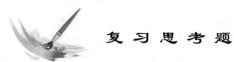

复 习 思 考 题

1. 建筑工程施工质量应如何进行验收？

2. 非正常情况下，建筑工程施工质量不符合要求时如何处理？

3. 什么是工程竣工验收？工程竣工验收有什么条件？如何验收？

4. 工程竣工验收备案有什么要求？

5. 国家对工程质量保修的范围和最低保修期限如何规定？

6. 各种工程质量保修费用承担责任如何划分？

第10讲　建筑装饰装修法规专题

【教学目标】　本讲主要解决以下几大问题：①建筑装饰装修法规的立法概况；②建筑装饰装修资质、资格许可制度；③建筑住宅室内装饰装修管理；④建筑装饰装修合同管理。通过本讲的学习，熟练掌握建筑住宅室内装饰装修管理、建筑装饰装修合同管理相关内容。

【教学要求】

能力目标	知识要点	权重	自测分数
了解相关知识	建筑装饰装修法规立法概况；；建筑装饰装修专业人员执业资格	30%	
熟练掌握知识点	(1) 建筑装饰装修单位资质许可 (2) 室内装饰装修活动的一般规定 (3) 室内装饰装修活动开工申报与监督 (4) 室内环境质量控制制度 (5) 室内装饰装修工程竣工验收与保修制度 (6) 建筑装饰装修合同管理	40%	
运用知识分析案例	熟悉《建筑装饰工程施工合同》示范文本，掌握建筑住宅室内装饰装修管理相关规定的运用	30%	

【引例】
2008年4月，北京某美食宫就其内部装修工程与北京某装饰设计工程公司签订了装修合同，由北京某装饰设计工程公司承包北京某美食宫内部装修工程和设备安装调试工作。合同约定承包方式为概算加增减账；付款方式为按工程进度拨付工程款；工程价款暂估为1400万元；并且在合同中约定由施工方北京某装饰设计工程公司负责该工程的组织验收工作。合同签订后北京某装饰设计工程公司即按合同约定对北京某美食宫装修工程进行施工，并于同年7月施工完毕。北京某美食宫即开始营业，施工方北京某装饰设计工程公司多次告知其该工程未经验收不能使用，否则由其承担责任，但建设方北京某美食宫仍然继续营业，并以未经验收为由拒不支付尚欠工程款280万元。在此情况下，施工单位北京某装饰设计工程公司多次与北京某美食宫进行协商，请其组织验收，但建设单位北京某美食宫以合同约定由施工单位组织验收，理应由北京某装饰设计工程公司负责组织验收工作，否则就不支付尚欠工程款280万元。北京某装饰设计工程公司遂向人民法院提起诉讼。

【审裁结果】
一审法院根据《中华人民共和国民法》、《建筑法》及《合同法》的规定判决被告支付尚欠工程款人民币 280 万元，本案诉讼费由被告承担。美食宫不服判决，提出上诉。二审法院驳回上诉，维持原判。

近年来，新的建筑装饰装修材料不断涌现，新的建筑装饰装修工艺方法不断产生，装饰装修的水平越来越高，在用建筑的装饰装修范围越来越广，伴随着这一切，建筑装饰装修行业也蓬勃地发展起来。有鉴于此，国家将建筑装饰装修业确定为建筑业中的三大行业之一。这不仅意味着建筑装饰装修行业已成为建筑业的重要组成部分，而且意味着建筑装饰装修成为建筑产品质量的主要标志之一。

10.1　建筑装饰装修法规的立法概况

建筑装饰装修法规是指调整建筑装饰装修活动中所产生的各种社会关系的法律规范的总称。

目前，我国建筑装饰装修方面的立法层次还较低，主要由建设部发布的规章和各省、自治区、直辖市装饰装修行业协会发布的地方性规章组成。建设部发布的规章主要有：1992 年 11 月 9 日颁发的《建筑装饰装修的设计资格分级标准》；1995 年 8 月 7 日发布的《建筑装饰装修管理规定》；2001 年 1 月 2 日发布的《建筑装饰设计资质分级标准》；2007 年 6 月 26 日建设部发布的《建筑业企业资质管理规定》中，对建筑装饰装修工程专业承包企业资质等级标准作出了专门规定；2002 年 3 月 5 日建设部又发布了《住宅室内装饰装修管理办法》。各地装饰装修行业协会发布的地方性规章主要有：上海市装饰装修行业协会建筑室内设计师从业资格认定暂行办法；北京市家庭居室装修装饰设计人员从业资格评审办法；大连市装饰装修企业资质管理暂行办法；无锡市住宅装饰装修施工企业资质就位实施意见；深圳市室内设计师从业资质评定办法等。这些法规、规范对我国建筑装饰装修工程活动，加强装饰装修管理起到了重要的作用。

10.2　建筑装饰装修资质、资格许可制度

10.2.1　建筑装饰装修单位资质许可

从事建筑装饰装修活动的单位，根据其拥有的注册资本、专业技术人员、技术装备和建筑装饰设计业绩等条件申请资质，经审查合格，取得建筑装饰装修相关的资质证书后，方可在资质等级许可的范围内从事建筑装饰设计活动。建筑装饰装修单位资质包括建筑装饰设计资质和建筑装饰装修工程专业承包企业资质。

10.2.1.1　建筑装饰设计单位资质

2001 年 1 月 9 日建设部发布了《建筑装饰设计资质分级标准》，对建筑装饰设计单位的资质等级、资质标准、业务范围等作了明确规定。

10.2.1.1.1　资质等级与资质标准

建筑装饰设计资质设甲、乙、丙 3 个级别。

1. 甲级标准

（1）从事建筑装饰设计业务 6 年以上，独立承担过不少于 5 项单位工程造价在 1000

万元以上的高档建筑装饰设计并已建成，无设计质量事故。

（2）单位有较好的社会信誉并有相适应的经济实力，工商注册资本不少于 100 万元。

（3）单位专职技术骨干人员不少于 15 人，其中，从事建筑装饰设计（建筑学、设计、环境艺术、工艺美术、艺术设计专业）的人员不少于 8 人，从事结构、电气、给水排水、暖通、空调专业设计的人员各不少于 1 人。建筑装饰设计主持人应具有高级技术职称或相当于高级技术职称的任职资历。

（4）参加过国家或地方建筑装饰设计标准、规范及标准设计图集的编制工作或行业的业务建设工作。

（5）有完善的质量保证体系，技术、经营、人事、财务、档案等管理制度健全。

（6）达到国家建设行政主管部门规定的技术装备及应用水平考核标准。

（7）有固定工作场所，建筑面积不少于专职技术骨干 $15m^2$/人。

2. 乙级标准

（1）从事建筑装饰设计业务 4 年以上，独立承担过不少于 3 项单位工程造价在 500 万元以上的建筑装饰设计并已建成，无设计质量事故。

（2）单位有较好的社会信誉并有相适应的经济实力，工商注册资本不少于 50 万元。

（3）单位专职技术骨干人员不少于 10 人，其中，从事建筑装饰设计（建筑学、设计、环境艺术、工艺美术、艺术设计专业）的人员不少于 5 人。从事结构、电气、给水排水专业设计的人员各不少于 1 人，其他专业人员配置合理。建筑装饰设计主持人应具有高级技术职称或相当于高级技术职称的任职资历。

（4）有完善的质量保证体系，技术、经营、人事、财务、档案等管理制度健全。

（5）达到国家建设行政主管部门规定的技术装备及应用水平的考核标准。

（6）有固定工作场所，建筑面积不少于专职技术骨干 $15m^2$/人。

3. 丙级标准

（1）从事建筑装饰设计业务 2 年以上，独立承担过不少于 3 项单位工程造价在 250 万元以上的建筑装饰设计并已建成，无设计质量事故。

（2）单位有较好的社会信誉并有相适应的经济实力，工商注册资本不少于 20 万元。

（3）单位专职技术骨干人员不少于 6 人，其中，从事建筑装饰设计（建筑学、室内设计、环境艺术、工艺美术、艺术设计专业）的人员不少于 3 人，从事结构、电气专业设计的人员各不少于 1 人，其他专业人员配置合理。单位中的建筑装饰设计主持人应具有中级技术职称或相当于中级技术职称的任职资历。

（4）推行质量管理，有必要的质量保证体系及技术、经营、人事、财务、档案等管理制度。

（5）计算机数量达到专职技术骨干人均一台，计算机施工图出图率不低于 75%。

（6）有固定工作场所，建筑面积不少于专职技术骨干 $15m^2$/人。

10.2.1.1.2　承担业务范围

（1）甲级建筑装饰设计单位：承担建筑装饰设计项目的范围不受限制。

（2）乙级建筑装饰设计单位：承担民用建筑工程设计等级 2 级及 2 级以下的民用建筑工程装饰设计项目。

（3）丙级建筑装饰设计单位：承担民用建筑工程设计等级 3 级及 3 级以下的民用建筑

工程装饰设计项目。

【特别提醒】

（1）高档建筑装饰工程，指单位建筑装饰工程造价为 3000 元/m² 以上的项目。

（2）专职技术骨干指下列人员：

1）国家注册建筑师、结构工程师。

2）取得高级或中级技术职称的专业人员。

3）大学本科毕业，从事本专业 3 年以上的人员。

4）大学专科毕业，从事本专业 5 年以上的人员。

5）中专毕业，从事本专业 7 年以上的人员。

（3）达到国家建设行政主管部门规定的技术装备及应用水平的考核标准与《建筑工程设计资质分级标准》中的指标相对应。

（4）相关行业社团，指中国建筑装饰协会及其地方建筑装饰协会、中国建筑学会及其设计分会。

【知识链接】

民用建筑工程设计等级分类见表 10-1。

表 10-1　　　　　　民用建筑工程设计等级分类表

类型	特征＼工程等级	特级	1 级	2 级	3 级
一般公共建筑	单体建筑面积	8 万 m² 以上	2 万～8 万 m²	5000～2 万 m²	5000m² 以下
	立项投资	2 亿元以上	4 万～2 亿元	1000 万～4000 万元	1000 万元及以下
	建筑高度	100m 以上	50～100m	24～50m	24m 及以下（其中砌体建筑不得超过抗震规范高度限值要求）
住宅、宿舍	层数		20 层以上	12～20 层	12 层及以下（其中砌体建筑不得超过抗震规范层数限值要求）
住宅小区、工厂生活区	总建筑面积		10 万 m² 以上	10 万 m² 及以下	
地下工程	地下空间（总建筑面积）	5 万 m² 以上	1 万～5 万 m²	1 万 m² 及以下	
	附建式人防（防护等级）		4 级及以上	5 级及以下	

10.2.1.2　建筑装饰装修工程专业承包企业资质

根据 2007 年 6 月 26 日建设部发布的《建筑业企业资质管理规定》，建筑装饰装修工程专业承包企业资质等级标准如下。

10.2.1.2.1　资质等级与资质标准

建筑装饰装修工程专业承包企业资质分为 1 级、2 级、3 级 3 个级别。

1．1 级资质标准

（1）企业近 5 年承担过 3 项以上单位工程造价 1000 万元以上或三星级以上宾馆大堂的装饰装修工程施工，工程质量合格。

（2）企业经理具有 8 年以上从事工程管理工作经历或具有高级职称；总工程师具有 8 年以上从事建筑施工技术管理工作经历并具有相关专业高级职称；总会计师具有中级以上会计职称。

企业有职称的工程技术人员和经济管理人员不少于 40 人，其中工程技术人员不少于 30 人；且建筑学或环境艺术、结构、暖通、给水排水、电气等专业人员齐全；工程技术人员中，具有中级以上职称的人员不少于 10 人。

企业具有的 1 级资质项目经理不少于 5 人。

（3）企业注册资本金 1000 万元以上，企业净资产 1200 万元以上。

（4）企业近 3 年最高年工程结算收入 3000 万元以上。

2．2 级资质标准

（1）企业近 5 年承担过 2 项以上单位工程造价 500 万元以上的装饰装修工程或 10 项以上单位工程造价 50 万元以上的装饰装修工程施工，工程质量合格。

（2）企业经理具有 5 年以上从事工程管理工作经历或具有中级以上职称；技术负责人具有 5 年以上从事建筑施工技术管理工作经历并具有相关专业中级以上职称；财务负责人具有中级以上会计职称。

企业有职称的工程技术人员和经济管理人员不少于 25 人，其中工程技术人员不少于 20 人；且建筑学或环境艺术、结构、暖通、给水排水、电气等专业人员齐全；工程技术人员中，具有中级以上职称的人员不少于 5 人。

企业具有的 2 级资质以上项目经理不少于 5 人。

（3）企业注册资本金 500 万元以上，企业净资产 600 万元以上。

（4）企业近 3 年最高年工程结算收入 1000 万元以上。

3．3 级资质标准

（1）企业近 3 年承担过 3 项以上单位工程造价 20 万元以上的装饰装修工程施工，工程质量合格。

（2）企业经理具有 3 年以上从事工程管理工作经历；技术负责人具有 5 年以上从事建筑施工技术管理工作经历并具有相关专业中级以上职称；财务负责人具有初级以上会计职称。

企业有职称的工程技术人员和经济管理人员不少于 15 人，其中工程技术人员不少于 10 人；且建筑学或环境艺术、结构、暖通、给水排水、电气等专业人员齐全；工程技术人员中，具有中级以上职称的人员不少于 2 人。

企业具有的 3 级资质以上项目经理不少于 2 人。

（3）企业注册资本金 50 万元以上，企业净资产 60 万元以上。

（4）企业近 3 年最高年工程结算收入 100 万元以上。

10.2.1.2.2　承担业务范围

1 级企业可承担各类建筑室内、室外装饰装修工程（建筑幕墙工程除外）的施工。

2 级企业可承担单位工程造价 1200 万元及以下建筑室内、室外装饰装修工程（建筑幕墙工程除外）的施工。

3 级企业可承担单位工程造价 60 万元及以下建筑室内、室外装饰装修工程（建筑幕墙工程除外）的施工。

10.2.2　建筑装饰装修专业人员执业资格

目前国家对从事建筑装饰装修的专业技术人员，还没有发布统一的注册管理办法。各地建筑装饰装修行业协会根据当地的实际情况制定了地方建筑装饰装修专业人员执业资格评审认定制度；以下简要介绍上海市装饰装修行业协会建筑室内设计师从业资格认定暂行办法。

10.2.2.1　总则

建筑室内设计师是指从事建筑室内、室外空间环境（含车、船、飞机等）的设计，包括装饰、装修、陈设的设计专业从业人员。

建筑室内设计师必须是热爱祖国、遵守国家有关法律、法规，遵守职业道德标准和专业行为准则，具有一定专业理论知识和从业经验，有事业心和责任感，并具备相应的学历及从事专业设计工作的经历和业绩。

建筑室内设计师应对其所承接的工程负责，其职责是根据建筑物内、外空间的建筑结构、功能和布局，在保障建筑物的主体安全、设备运转，符合消防与环保的条件下，运用物质技术和艺术手段创造出满足人类居住、生活和活动空间的环境。

上海市装饰装修行业协会会同上海市有关部门领导、专家、学者共同负责上海市装饰装修行业室内设计从业人员专业技术水平的资格评审认定工作。

10.2.2.2　建筑室内设计师资格等级

针对上海市装饰装修行业设计队伍的现状，对室内设计从业人员按照不同学历、资历、专业理论和工作业绩分为 3 个从业资格等级，其名称为高级建筑室内设计师、建筑室内设计师、助理建筑室内设计师 3 个等级。

1. 高级建筑室内设计师

申报高级建筑室内设计师需要具备学历或职称、工作经历与业绩、专业理论知识及论著 3 个方面的条件。

（1）学历或职称：高级建筑室内设计师必须具备下列条件之一：①大学专科毕业，从事设计工作 12 年以上；②大学本科毕业，从事设计工作 8 年以上；③获得硕士学位、双学士学位或研究生毕业，从事设计工作 5 年以上；④获得博士学位或具有高级职称，从事设计工作 3 年以上；⑤已取得建筑室内设计师资格 4 年，现仍从事设计工作。

（2）工作经历与业绩（具备下列条件中的 2 项）：①主持设计大型建筑装饰工程，

投资在 1000 万元以上的工程；②参与设计大型建筑装饰工程，投资在 500 万元以上的工程 2 项；③主持设计高级民居住宅装饰工程 30 项，投资额在 600 万元以上；④设计作品曾获得上海市评比、展览中的较高奖项或在全国性评比、展览中获奖（报送相应证书）。

（3）专业理论知识及论著：①全面系统掌握建筑装饰基础理论和相关知识、专业技术知识和艺术修养；②熟练掌握建筑装饰设计技能、标准、规范和相关法律、法规；③在专业杂志或市级报刊上发表过建筑装饰方面有影响的学术论文两篇以上或有专著；④熟练掌握一门外语。

2. 建筑室内设计师

（1）学历或职称要求：①中专或职高毕业，从事设计工作 10 年以上；②大学专科毕业，从事设计工作 7 年以上；③大学本科毕业，从事设计工作 4 年以上；④获得硕士学位、双学士学位或研究生毕业，从事设计工作 3 年以上；⑤获得博士学位，或具有高级职称，从事设计工作 1 年以上；⑥已取得助理建筑室内设计师资格 4 年，现仍从事设计工作。

（2）工作经历与业绩（具备下列条件中的 2 项）：①主持设计建筑装饰工程，投资在 500 万元以上的工程；②参与设计单项建筑装饰工程，投资在 300 万元以上的工程 2 项；③主持设计中高级民居住宅装饰工程 20 项，投资额在 300 万元以上；④设计作品曾获上海市或全国评比、展览中的奖项（报送相应证书）。

（3）专业理论知识及论著：①较全面系统掌握建筑装饰基础理论和相关知识、专业技术知识和艺术修养；②较熟练掌握建筑装饰设计技能、标准、规范和相关法律、法规；③在专业杂志或市级报刊上发表过建筑装饰方面较有影响的学术论文或有专著；④能掌握一门外语。

3. 助理建筑室内设计

（1）学历或职称要求：①中专或职高毕业或同等学历者，从事设计工作 5 年以上；②大学专科毕业，从事设计工作 3 年以上；③大学本科毕业，从事设计工作 1 年以上；④获得硕士学位、双学士学位或研究生毕业或具有中级职称，从事设计工作的人员。

（2）工作经历与业绩（具备下列条件中的 2 项）：①曾设计建筑装饰工程，投资在 200 万元以上的工程；②参与设计单项建筑装饰工程，投资在 100 万元以上的工程 2 项；③主持设计民居住宅装饰工程 10 项，投资额在 100 万元以上；④设计作品曾获有关部门或业主好评（报送相应证明）。

（3）专业理论知识及论著：①能系统掌握建筑装饰基础理论和相关知识、专业技术知识和艺术修养；②能掌握建筑装饰设计技能、标准、规范和相关法律、法规；③对所设计作品能独立完成设计说明。

10.2.2.3　申报条件

申报建筑室内设计师必须具备理论知识、专业技能、外语及其他条件。

（1）理论知识。

建筑室内设计师必须具备一定的基础理论知识和相关理论知识。

1）基础理论知识：室内设计发展史、建筑设计基础、人体工程学、建筑及装饰材料、装饰构造及制图、绘画表现技法及建筑美学等。

2）相关理论知识：建筑史、美术史、建筑设计原理、建筑构造、建筑生态、建筑物理、建筑设备、装饰装修施工知识、施工监理、工程概预算知识等。

（2）专业技能。

各级建筑室内设计师都应掌握计算机绘图基本技能。

本专业毕业的设计从业人员，申报各级建筑室内设计师资格时，须向上海市装饰装修行业协会建筑室内设计师资格评审认定工作委员会提出申请，评审认定工作由专家委员会进行认定。

非本专业或相关专业毕业的设计从业人员，申报各等级资格前，需要在上海市装饰装修行业协会进行有组织的培训，经考试合格后，再按规定进行申报。

（3）外语。

申报高级建筑室内设计师及建筑室内设计师资格者，需参加相应职称的外语考试，并取得合格证书（在有效期内）。通过全国外语等级考试4级以上者（以证书为准），可不参加外语考试。

（4）建筑室内设计师达到上一等级资格条件的可申请升级。

（5）申报认定建筑室内设计师资格者必须是上海市装饰装修行业协会装饰设计专业委员会团体会员或个人会员，并建立"个人信息卡"。具有上海市常驻户口或在上海市住满两年以上的非上海市常驻户口者亦准予申请。

10.2.2.4   评审认定程序

建筑室内设计师资格评审认定工作每年进行一次，一般安排在10月。

（1）申报人需向评审认定机构报送以下资料：

1）统一印制的上海市装饰装修行业协会建筑室内设计师资格申报表一式3份。

2）学历证明、原有职称证书（复印件）各一份。

3）培训、考试合格证书（复印件）一份（适用于非本专业人员）。

4）外语考试成绩合格证明或外语等级证书（复印件）一份（适用于高级建筑室内设计师和建筑室内设计师）。

5）团体会员证或个人会员证（复印件）一份。

6）规定的工程设计项目资料（包括图纸、照片、设计说明书等）各一份。

7）有关部门的论文、著作（复印件）一份。

8）获奖证明（复印件）一份。

9）其他有关证明材料。

（2）对评审认定符合要求合格的建筑室内设计师，由上海市装饰装修行业协会建筑室内设计师资格评审认定工作委员会颁发统一印制的《上海市装饰装修行业协会建筑室内设计师资格证书》，并报上海市建设和管理委员会备案。所有资料都将输入"个人信息卡"内。

10.2.2.5   建筑室内设计师资格的检查和监督管理

1.监督管理机关

上海市装饰装修行业协会负责各会员单位建筑室内设计师资格的管理。经认定为建筑室内设计师资格的执业设计人员将在媒体、网页上予以公告，并实行持证上岗。

2. 建筑室内设计师资格的复查

对建筑室内设计师资格证书持有者每两年复查一次，未按时接受复查者，将取消建筑室内设计师资格，同时收回《上海市装饰装修行业协会建筑室内设计师资格证书》，一年后方可重新申请建筑室内设计师资格。复查工作按以下程序进行：①受检人按规定时间向行业协会提交《建筑室内设计师资格复查表》（一式两份）、《上海市装饰装修行业协会建筑室内设计师资格证书（复印件）及有关资料》；②在审查核实有关资料后，对受检建筑室内设计师复查做出结论。

复查结论为"合格"与"不合格"两种：①建筑室内设计师能正常完成设计项目，未发生责任过失的为"合格"；②建筑室内设计师不能正常完成设计工作，或在复查期内从事设计或设计管理工作不满一年的，或有责任过失并产生严重后果的为"不合格"。

复查结论为"不合格"者，将取消建筑室内设计师资格，同时收回《上海市装饰装修行业协会建筑室内设计师资格证书》，一年后经过重新申请与评定，方可获得相应等级的建筑室内设计师资格。

未按规定参加复查的，取消其已获资格，需经重新申请与认定后方可获得相应等级的建筑室内设计师资格。

3. 对违反行业法规的监督和处理

对严重违反建筑装饰装修行业法规、违反国家有关建筑装饰装修行业规定，构成重大影响和损失的，发证机构有权取消其建筑室内设计师资格，吊销其资格证书，并且在 3 年内不得申报建筑室内设计师资格。

上海市装饰装修行业协会装饰设计专业委员会有权对持有《上海市装饰装修行业协会建筑室内设计师资格证书》的人员进行不定期检查，受检人员不得以任何理由拒绝接受检查。

违反本暂行办法，以不正当手段取得《上海市装饰装修行业协会建筑室内设计师资格证》的，上海市装饰装修行业协会有权收缴其资格证书，并通报批评，发生相应责任由本人承担。

被收缴资格证书的室内设计人员，自被收缴之日起，3 年后方可重新申请建筑室内设计师资格。

10.3　建筑住宅室内装饰装修管理

为加强住宅室内装饰装修管理，保证装饰装修工程质量和安全，维护公共安全和公众利益，根据有关法律、法规，建设部于 2002 年 3 月 5 日发布了《住宅室内装饰装修管理办法》，自 2002 年 5 月 1 日起施行。

《住宅室内装饰装修管理办法》所称住宅室内装饰装修，是指住宅竣工验收合格后，业主或者住宅使用人（以下简称装修人）对住宅室内进行装饰装修的建筑活动。在城市从事住宅室内装饰装修活动，实施对住宅室内装饰装修活动的监督管理，均应当遵守《住宅室内装饰装修管理办法》。

10.3.1　室内装饰装修活动的一般规定

10.3.1.1　住宅室内装饰装修行为的禁止性规定

住宅室内装饰装修活动，禁止下列行为：

（1）未经原设计单位或者具有相应资质等级的设计单位提出设计方案，变动建筑主体和承重结构。

（2）将没有防水要求的房间或者阳台改为卫生间、厨房间。

（3）扩大承重墙上原有的门窗尺寸，拆除连接阳台的砖、混凝土墙体。

（4）损坏房屋原有节能设施，降低节能效果。

（5）其他影响建筑结构和使用安全的行为。

【特别提醒】

建筑主体，是指建筑实体的结构构造，包括屋盖、楼盖、梁、柱、支承、墙体、连接接点和基础等。

承重结构，是指直接将本身自重与各种外加作用力系统地传递给基础地基的主要结构构件和其连接接点，包括承重墙体、立杆、柱、框架柱、支墩、楼板、梁、屋架、悬索等。

10.3.1.2　装修人从事住宅室内装饰装修活动的行为规范

装修人从事住宅室内装饰装修活动，未经批准的不得有下列行为：

（1）搭建建筑物、构筑物。

（2）改变住宅外立面，在非承重外墙上开门、窗。

（3）拆改供暖管道和设施。

（4）拆改燃气管道和设施。

其中，第（1）、（2）项行为，应当经城市规划行政主管部门批准；第（3）项行为，应当经供暖管理单位批准；第（4）项行为应当经燃气管理单位批准。

10.3.1.3　室内装饰装修活动的义务性规定

（1）住宅室内装饰装修应当保证工程质量和安全，符合工程建设强制性标准。

（2）住宅室内装饰装修超过设计标准或者规范增加楼面荷载的，应当经原设计单位或者具有相应资质等级的设计单位提出设计方案。

（3）改动卫生间、厨房间防水层的，应当按照防水标准制定施工方案，并做闭水试验。

（4）装修人经原设计单位或者具有相应资质等级的设计单位提出设计方案变动建筑主体和承重结构的，或者装修活动涉及上述10.3.1.2及第10.3.1.3中的（1）、（2）两条内容的，必须委托具有相应资质的装饰装修企业承担。

（5）装饰装修企业必须按照工程建设强制性标准和其他技术标准施工，不得偷工减料，确保装饰装修工程质量。

（6）装饰装修企业从事住宅室内装饰装修活动，应当遵守施工安全操作规程，按照规定采取必要的安全防护和消防措施，不得擅自动用明火和进行焊接作业，保证作业人员和周围住房及财产的安全。

（7）装修人和装饰装修企业从事住宅室内装饰装修活动，不得侵占公共空间，不得损害公共部位和设施。

10.3.2　开工申报与监督

（1）装修人在住宅室内装饰装修工程开工前，应当向物业管理企业或者房屋管理机构（以下简称物业管理单位）申报登记。

非业主的住宅使用人对住宅室内进行装饰装修，应当取得业主的书面同意。

（2）申报登记应当提交下列材料：

1）房屋所有权证（或者证明其合法权益的有效凭证）。

2）申请人身份证件。

3）装饰装修方案。

4）变动建筑主体或者承重结构的，需提交原设计单位或者具有相应资质等级的设计单位提出的设计方案。

5）涉及 10.3.1.2 行为的，需提交有关部门的批准文件，涉及 10.3.1.3 第（2）、（3）项行为的，需提交设计方案或者施工方案。

6）委托装饰装修企业施工的，需提供该企业相关资质证书的复印件。

非业主的住宅使用人，还需提供业主同意装饰装修的书面证明。

（3）物业管理单位应当将住宅室内装饰装修工程的禁止行为和注意事项告知装修人和装修人委托的装饰装修企业。

装修人对住宅进行装饰装修前，应当告知邻里。

（4）室内装饰装修管理服务协议。

装修人或者装修人和装饰装修企业，应当与物业管理单位签订住宅室内装饰装修管理服务协议。

住宅室内装饰装修管理服务协议应当包括下列内容：

1）装饰装修工程的实施内容。

2）装饰装修工程的实施期限。

3）允许施工的时间。

4）废弃物的清运与处置。

5）住宅外立面设施及防盗窗的安装要求。

6）禁止行为和注意事项。

7）管理服务费用。

8）违约责任。

9）其他需要约定的事项。

（5）开工监督。

1）物业管理单位应当按照住宅室内装饰装修管理服务协议实施管理，发现装修人或者装饰装修企业有 10.3.1.1 行为的，或者未经有关部门批准实施 10.3.1.2 所列行为的，或者有违反 10.3.1.3 第（2）～（4）项规定行为的，应当立即制止；已造成事实后果或者拒不改正的，应当及时报告有关部门依法处理。对装修人或者装饰装修企业违反住宅室内装饰装修管理服务协议的，应追究违约责任。

2）有关部门接到物业管理单位关于装修人或者装饰装修企业有违反相应法律法规行为的报告后，应当及时到现场检查核实，依法处理。

3）禁止物业管理单位向装修人指派装饰装修企业或者强行推销装饰装修材料。

4）装修人不得拒绝和阻碍物业管理单位依据住宅室内装饰装修管理服务协议的约定，对住宅室内装饰装修活动的监督检查。

5）任何单位和个人对住宅室内装饰装修中出现的影响公众利益的质量事故、质量缺陷以及其他影响周围住户正常生活的行为，都有权检举、控告、投诉。

10.3.3　委托与承接制度

（1）承接住宅室内装饰装修工程的装饰装修企业，必须经建设行政主管部门资质审查，取得相应的建筑业企业资质证书，并在其资质等级许可的范围内承揽工程。

（2）装修人委托企业承接其装饰装修工程的，应当选择具有相应资质等级的装饰装修企业。

（3）装修人与装饰装修企业应当签订住宅室内装饰装修书面合同，明确双方的权利和义务。

住宅室内装饰装修合同应当包括下列主要内容：

1）委托人和被委托人的姓名或者单位名称、住所地址、联系电话。

2）住宅室内装饰装修的房屋间数、建筑面积，装饰装修的项目、方式、规格、质量要求及质量验收方式。

3）装饰装修工程的开工、竣工时间。

4）装饰装修工程保修的内容、期限。

5）装饰装修工程价格、计价和支付方式、时间。

6）合同变更和解除的条件。

7）违约责任及解决纠纷的途径。

8）合同的生效时间。

9）双方认为需要明确的其他条款。

（4）住宅室内装饰装修工程发生纠纷的，可以协商或者调解解决。不愿协商、调解或者协商、调解不成的，可以依法申请仲裁或者向人民法院起诉。

10.3.4　室内环境质量控制制度

（1）装饰装修企业从事住宅室内装饰装修活动，应当严格遵守规定的装饰装修施工时间，降低施工噪声，减少环境污染。

（2）住宅室内装饰装修过程中所形成的各种固体、可燃液体等废物，应当按照规定的位置、方式和时间堆放和清运。严禁违反规定将各种固体、可燃液体等废物堆放于住宅垃圾道、楼道或者其他地方。

（3）住宅室内装饰装修工程使用的材料和设备必须符合国家标准，有质量检验合格证明和有中文标识的产品名称、规格、型号、生产厂厂名、厂址等。禁止使用国家明令淘汰的建筑装饰装修材料和设备。

室内装饰装修材料中的有害物质有氨、甲醛、挥发性有机化合物、苯、甲苯和二甲苯、游离甲苯二异氰酸酯、氯乙烯单体、苯乙烯单体、可溶性的铅、镉、铬、汞、砷等。这些有害元素如果超量就会对人体健康和人身安全构成严重危害，甚至危及人们的生命，必须加以限制。为此，国家发布了 10 项室内装饰装修材料有害物质限量标准，并将其确定为强制性国家标准。这 10 项标准是：

1)《室内装饰装修材料人造板及其制品中甲醛释放限量》（GB 18580—2001）。

2)《室内装饰装修材料溶剂型木器涂料中有害物质限量》（GB 18581—2001）。

3)《室内装饰装修材料内墙涂料中有害物质限量》（GB 18582—2001）。

4)《室内装饰装修材料胶粘剂中有害物质限量》（GB 18583—2001）。

5)《室内装饰装修材料木家具中有害物质限量》（GB 18584—2001）。

6)《室内装饰装修材料壁纸中有害物质限量》（GB 18585—2001）。

7)《室内装饰装修材料聚氯乙烯卷材地板中有害物质限量》（GB 18586—2001）。

8)《室内装饰装修材料地毯、地毯衬垫及地毯胶粘剂有害物质释放限量》（GB 18587—2001）。

9)《混凝土外加剂中释放氨的限量》（GB 18588—2001）。

10)《建筑材料放射性核素限量》（GB 6566—2001）。

（4）装修人委托企业对住宅室内进行装饰装修的，装饰装修工程竣工后，空气质量应当符合国家有关标准。装修人可以委托有资格的检测单位对空气质量进行检测。检测不合格的，装饰装修企业应当返工，并由责任人承担相应损失。

10.3.5　室内装饰装修工程竣工验收与保修制度

（1）住宅室内装饰装修工程竣工后，装修人应当按照工程设计合同约定和相应的质量标准进行验收。验收合格后，装饰装修企业应当出具住宅室内装饰装修质量保修书。

物业管理单位应当按照装饰装修管理服务协议进行现场检查，对违反法律、法规和装饰装修管理服务协议的，应当要求装修人和装饰装修企业纠正，并将检查记录存档。

（2）住宅室内装饰装修工程竣工后，装饰装修企业负责采购装饰装修材料及设备的，应当向业主提交说明书、保修单和环保说明书。

（3）在正常使用条件下，住宅室内装饰装修工程的最低保修期限为 2 年，有防水要求的厨房、卫生间和外墙面的防渗漏为 5 年。保修期自住宅室内装饰装修工程竣工验收合格之日起计算。

10.3.6　法律责任

（1）因住宅室内装饰装修活动造成相邻住宅的管道堵塞、渗漏水、停水停电、物品毁坏等，装修人应当负责修复和赔偿；属于装饰装修企业责任的，装修人可以向装饰装修企业追偿。

装修人擅自拆改供暖、燃气管道和设施造成损失的，由装修人负责赔偿。

（2）装修人因住宅室内装饰装修活动侵占公共空间，对公共部位和设施造成损害的，由城市房地产行政主管部门责令改正，造成损失的，依法承担赔偿责任。

（3）装修人未申报登记进行住宅室内装饰装修活动的，由城市房地产行政主管部门责令改正，并处以 500 元以上 1000 元以下的罚款。

（4）装修人将住宅室内装饰装修工程委托给不具有相应资质等级企业的，由城市房地产行政主管部门责令改正，并处以 500 元以上 1000 元以下的罚款。

（5）装饰装修企业自行采购或者向装修人推荐使用不符合国家标准的装饰装修材料，造成空气污染超标的，由城市房地产行政主管部门责令改正，造成损失的，依法承担赔偿责任。

（6）住宅室内装饰装修活动有下列行为之一的，由城市房地产行政主管部门责令改正，并处罚款：

1）将没有防水要求的房间或者阳台改为卫生间、厨房间的，或者拆除连接阳台的砖、混凝土墙体的，对装修人处以 500 元以上 1000 元以下的罚款，对装饰装修企业处以 1000 元以上 10000 元以下的罚款。

2）损坏房屋原有节能设施或者降低节能效果的，对装饰装修企业处以 1000 元以上 5000 元以下的罚款。

3）擅自拆改供暖、燃气管道和设施的，对装修人处以 500 元以上 1000 元以下的罚款。

4）未经原设计单位或者具有相应资质等级的设计单位提出设计方案，擅自超过设计标准或者规范增加楼面荷载的，对装修人处以 500 元以上 1000 元以下的罚款，对装饰装修企业处 1000 元以上 10000 元以下的罚款。

（7）未经城市规划行政主管部门批准，在住宅室内装饰装修活动中搭建建筑物、构筑物的，或者擅自改变住宅外立面、在非承重外墙上开门、窗的，由城市规划行政主管部门按照《城市规划法》及相关法规的规定处罚。

（8）装修人或者装饰装修企业违反《建设工程质量管理条例》的，由建设行政主管部门按照有关规定处罚。

（9）装饰装修企业违反国家有关安全生产规定和安全生产技术规程，不按照规定采取必要的安全防护和消防措施，擅自动用明火作业和进行焊接作业的，或者对建筑安全事故隐患不采取措施予以消除的，由建设行政主管部门责令改正，并处以 1000 元以上 10000 元以下的罚款；情节严重的，责令停业整顿，并处以 10000 元以上 30000 元以下的罚款；造成重大安全事故的，降低资质等级或者吊销资质证书。

（10）物业管理单位发现装修人或者装饰装修企业有违反《住宅室内装饰装修管理办法》规定的行为不及时向有关部门报告的，由房地产行政主管部门给予警告，可处以装饰装修管理服务协议约定的装饰装修管理服务费 2～3 倍的罚款。

（11）有关部门的工作人员接到物业管理单位对装修人或者装饰装修企业违法行为的报告后，未及时处理，玩忽职守的，依法给予行政处分。

10.4　建筑装饰装修合同管理

10.4.1　建筑装饰施工合同的特点

建筑装饰是附着在建筑物或构筑物上，且根据建筑主体的使用功能和具体要求而变化，这就使装饰施工合同具有一定的特殊性。

（1）合同的"标的物"特殊。装饰工程是固定在建筑物或构筑物上进行，因此，装饰工程具有工程的固定性和施工的流动性。

（2）合同履行期长短不同。装饰工程的装饰主体规模、面积大小不同，合同履行期长短不一。但无论施工期长短，在施工期限内应严格按照施工合同中双方约定的条款履行合同。

（3）合同内容条款多。装饰工程施工涉及材料种类多，构造做法繁杂，其条款应根据不同装饰项目的要求进行约定，故合同条款较多。

（4）合同的类型复杂。装饰工程合同可以根据工程特点，签订总包合同、分包合同和修缮合同等不同种类的合同，而工程条件等因素对项目合同条款也会带来影响。

10.4.2　建筑装饰施工合同的管理

建筑装饰装修工程施工合同的管理包括监理工程师、业主方及承包商对合同的管理。

10.4.2.1　监理工程师对合同的管理

在施工合同管理工作中，甲方委托的总监理工程师按协议条款的规定，可部分或全部行使合同甲方代表的权利，履行甲方代表的职责。根据项目监理合同的规定，应做好以下合同管理工作。

（1）工期管理。按施工合同规定，对承包方的施工进度计划进行审核、批准，并检查督促实施。

（2）质量管理。对工程中所使用的装饰材料、成品、半成品质量进行及时检验，做好施工过程中隐蔽工程、中间及全部竣工工程的质量验收。

（3）结算管理。竣工结算是履行施工合同的重要步骤，也是施工合同管理的最后阶段。

在工程办理完竣工结算手续后，包方应按规定的工程价款结算方法和结算程序，办理工程价款结算拨付手续，终结双方的权利和义务关系。如合同有保修期，在规定的保修期限内，承包方和发包方仍存在权利和义务关系。

10.4.2.2　业主方对合同的管理

业主方面的合同管理可分为合同签订过程中的管理和合同履行过程中的管理两个阶段。

1. 合同签订过程中的管理

合同签订过程中的管理主要包括 3 项：①招标前期工作，组建招标机构，编制招标文件，发布招标公告，审查招标单位资质，并将结果通知投标单位；②招标Ⅰ期工作，组织召开开标会，开展评标工作，发出中标通知；③招标后期工作，与中标单位进行谈判并签订装饰工程合同。

2. 合同履行过程中的管理

当工程开工后，业主需指定业主代表负责与监理工程师和承包商的联系，处理执行合同中的有关具体事宜。对一些重大问题，如工程的变更、工期的延长、工程款项的支付应由业主负责审批。在合同履行过程中，如承包商违约，业主有权终止合同并授权其他人完成合同。

10.4.2.3　承包商对合同的管理

承包商方面的合同管理仍可分为合同签订过程中的管理和合同履行过程中的管理两个阶段。

1. 合同签订过程中的管理

合同签订过程管理主要指项目承揽前期的管理，依据投标顺序，这一阶段的管理工作可分为 3 项：①投标前期工作，全面分析招标工程的招标书，结合项目承包条件、工程难度和企业自身情况，对投标作出慎重决策；②投标中期工作，认真研究项目招标文件，发现并记录存在问题并及时得解答，制定科学合理的施工方案，编制项目施工规划，制定标价，编制项目投标文件，依据要求按时报送招标单位；③中标后工作，中标后与业主进行谈判，通过协商签订装饰施工合同。

2. 合同履行过程中的管理

合同履行过程中的管理主要包括：①建立合同管理机构，确定合同管理责任人；②建立合同管理档案，做好合同文件及其他资料的保管工作；③建立合同管理信息系统，及时核对相关信息；④做好工程记录及标书以外的用工记录，并由业主确认；⑤实行项目跟踪管理，积累合同索赔有关数据并及时向建设单位或保险公司索赔。

10.4.3　《建筑装饰工程施工合同》示范文本

为了规范建筑装饰工程市场行为，维护承、发包双方权益，1996 年 11 月 12 日建设部和国家工商行政管理局共同制定了《建筑装饰工程施工合同》示范文本，它将有利于培养和发展装饰市场，规范交易行为，促使装饰工程合同走向制度化、规范化、科学化，保证装饰市场的健康发展。

建筑装饰工程施工合同示范文本分为甲种本和乙种本两个类型。甲种本适用于大、中型建筑装饰工程，乙种本适用于小型建筑装饰工程。大、中、小型工程的界定，以工程造价为界定依据，由各地区、各部门具体规定。由于甲种本基本上涵盖了乙种本的内容，所以下面仅介绍甲种本。

10.4.3.1　装饰工程合同包括的主要文件

装饰工程项目承包合同包括的文件主要有：①建筑装饰工程施工合同；②中标函；③投标书；④施工与验收规范；⑤装饰施工图纸；⑥标价的工程量表；⑦其他文件。

10.4.3.2　《建筑装饰工程施工合同》示范文本（甲种本）的主要内容

《建筑装饰工程施工合同》（甲种本），分为"合同条件"和"协议条款"两部分。

（1）第一部分"合同条件"是对建筑装饰工程承、发包双方权利和义务作出的约定，除双方协商同意对其中的某些条款做出修改、补充或取消外，都必须严格履行。

"合同条件"共有 43 条，由以下 10 个方面的内容组成：

1）词语含义及合同文件。主要内容有：词语含义；合同文件及解释顺序；合同文件使用的语言文字、标准和适用法律；图纸。

2）双方一般责任。主要内容有：甲方代表及甲方工作；乙方驻工地代表及乙方工作；委托监理。

3）施工组织设计和工期。主要内容有：施工组织设计及进度计划；延期开工；暂停施工；工期提前及工期延误。

4）质量与检验。主要内容有：工程样板；检查和返工；工程质量等级；隐蔽工程和中间验收；重新检验。

　　5）合同价款及支付方式。主要内容有：合同价款与调整；工程款预付；工程量的核实确认；工程款支付。

　　6）材料供应。主要内容有：材料样品或样本；甲方提供材料；乙方供应材料；材料试验。

　　7）设计变更。主要内容有：甲方变更设计；乙方变更设计；设计变更对工程的影响；确定变更合同价款及工期。

　　8）竣工与结算。主要内容有：竣工验收；竣工结算；保修。

　　9）争议、违约和索赔。

　　10）其他。主要内容有：安全施工；专利技术和特殊工艺的使用；不可抗力；保险；工程停建或缓建；合同的生效与终止；合同份数。

　　（2）第二部分"协议条款"是按"合同条件"的顺序拟定的，主要是为"合同条件"的修改、补充提供一个协议的格式。承、发包双方针对工程的实际情况，把对"合同条件"的修改、补充和对某些条款不予采用的一致意见按"协议条款"的格式形成协议。"合同条件"和"协议条款"是双方统一意愿的体现，共同构成合同文件。

　　"协议条款"共由 44 条内容组成：工程概况；合同文件及解释顺序；合同文件使用的语言和适用标准及法律；图纸；甲方代表；监理单位及总监理工程师；乙方驻工地代表；甲方工作；乙方工作；进度计划；延期开工；暂停施工；工期延误；工期提前；工程样板；检查和返工；工程质量等级；隐蔽工程和中间验收；验收和重新检验；合同价款及调整；工程预付款；工程量的核实确认；工程款支付；材料样品或样本；甲方供应材料设备；乙方采购材料设备；材料设备；甲方变更设计；乙方变更设计；设计变更对工程的影响；确定变更价款；竣工验收；竣工结算；保修；争议与违约；索赔；安全施工；专利技术和特殊工艺的使用；不可抗力；保险；工程停建或缓建；合同的生效与终止；合同份数。

　　【推荐阅读资料】

　　《建筑业企业资质管理规定》（2007 年 9 月 1 日起施行）

　　《建筑装饰设计资质分级标准》2001 年 1 月 9 日

　　《建筑装饰装修工程质量验收规范》2002 年 3 月 1 日

　　《住宅室内装饰装修管理办法》（2002 年 5 月 1 日起施行）

　　《关于印发建筑业企业资质管理规定实施意见》（2007 年 10 月 18 日）

　　《建筑装饰装修管理规定》（1995 年 9 月 1 日起实施）

　　《家庭居室装饰装修管理试行办法》。建设部以建〔1997〕92 号于 1997 年 4 月 15 日发布，自发布之日起施行。

　　中华人民共和国国家标准：

　　（1）《室内装饰装修材料人造板及其制品中甲醛释放限量》（GB 18580—2001）。

　　（2）《室内装饰装修材料溶剂型木器涂料中有害物质限量》（GB 18581—2001）。

　　（3）《室内装饰装修材料内墙涂料中有害物质限量》（GB 18582—2001）。

（4）《室内装饰装修材料胶粘剂中有害物质限量》（GB 18583—2001）。

（5）《室内装饰装修材料木家具中有害物质限量》（GB 18584—2001）。

（6）《室内装饰装修材料壁纸中有害物质限量》（GB 18585—2001）。

（7）《室内装饰装修材料聚氯乙烯卷材地板中有害物质限量》（GB 18586—2001）。

（8）《室内装饰装修材料地毯、地毯衬垫及地毯胶粘剂有害物质释放限量》（GB 18587—2001）。

（9）《混凝土外加剂中释放氨的限量》（GB 18588—2001）。

（10）《建筑材料放射性核素限量》（GB 6566—2001）。

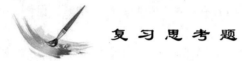

复 习 思 考 题

1. 简述建筑装饰设计的资质等级与资质标准。

2. 简述建筑装饰装修工程专业承包企业资质等级与资质标准。

3. 简述上海市装饰装修行业协会建筑室内设计师从业资格认定暂行办法的主要内容。

4. 住宅室内装饰装修活动中哪些行为是被禁止的？哪些行为需经有关部门批准？

5. 住宅室内装饰装修工程申报登记时应当提交哪些材料？

6. 室内环境质量控制的内容有哪些？

7. 室内装饰装修工程竣工验收与保修的内容有哪些？

8. 简述《建筑装饰工程施工合同》示范文本（甲种本）的主要内容。

第❶❶讲　建设工程纠纷处理及程序专题

【教学目标】　本讲主要解决以下几大问题：①建设工程纠纷处理的程序；②仲裁相关内容；③民事诉讼相关内容；④证据的种类、保全和应用；⑤工程建设中常见纠纷的成因与防范措施。通过本讲的学习，熟练掌握建设工程纠纷处理的程序、民事诉讼相关内容、证据保全和应用、工程建设中常见纠纷的成因与防范措施等问题。

【教学要求】

能 力 目 标	知 识 要 点	权重	自测分数
了解相关知识	仲裁相关内容、证据的种类等规定	15%	
熟练掌握知识点	(1) 建设工程纠纷处理的程序 (2) 民事诉讼相关内容 (3) 证据保全和应用 (4) 工程建设中常见纠纷的成因与防范措施	55%	
运用知识分析案例	建设工程纠纷处理途径选择，证据形成、保全，工程建设中常见纠纷的成因与防范措施在现实执业活动中的运用	30%	

11.1　建设工程纠纷处理的程序

建设工程纠纷，是指建设工程当事人对建设过程中的权利和义务产生了不同的理解。建设工程纠纷处理的基本形式有和解、调解、仲裁、诉讼 4 种。

11.1.1　和解

和解是指建设工程纠纷当事人在自愿友好的基础上，互相沟通、互相谅解，达成一致意见，从而解决纠纷的一种方式。

建设工程发生纠纷时，当事人应首先考虑通过和解解决纠纷。事实上，在工程建设过程中，绝大多数纠纷都可以通过和解解决。和解解决纠纷的特点如下：

（1）简便易行，能经济、及时地解决纠纷。

（2）纠纷的解决依靠当事人的妥协与让步，没有第三方的介入，有利于维护合同双方的友好合作关系，使合同能更好地得到履行。

（3）和解协议不具有强制执行的效力，和解协议的执行依靠当事人的自觉履行。

11.1.2　调解

调解是指建设工程当事人对法律规定或者合同约定的权利、义务发生纠纷，第三人依据一定的道德和法律规范，通过摆事实、讲道理，促使双方互相作出适当的让步，平息争端，自愿达成协议，以求解决建设工程纠纷的方法。这里讲的调解是狭义的调解，不包括诉讼和仲裁程序中在法庭和仲裁庭主持下的调解。建设工程纠纷调解解决特点如下：

（1）有第三人介入作为调解人，调解人的身份没有限制，但以双方都信任者为佳。

（2）它能够较经济、较及时地解决纠纷。

（3）有利于消除合同当事人的对立情绪，维护双方的长期合作关系。

（4）调解协议不具有强制执行的效力，调解协议的执行依靠当事人的自觉履行。

11.1.3　仲裁

仲裁亦称"公断"，是当事人双方在纠纷发生前或纠纷发生后达成协议，自愿将纠纷交给第三人，由第三人在事实上作出判断，在权利和义务上作出裁决的一种解决纠纷的方式。这种纠纷解决方式必须是自愿的，必须有仲裁协议。如果当事人之间有仲裁协议，纠纷发生后又无法通过和解和调解解决，则应及时将纠纷提交仲裁机构仲裁。仲裁解决纠纷特点如下：

（1）体现当事人的意思自治，这种意思自治不仅体现在仲裁应当以仲裁协议为前提，还体现在仲裁的整个过程中，许多内容都可以由当事人自主确定。详见"11.2　仲裁相关内容"。

（2）专业性，由于各仲裁机构的仲裁员都是由各方面的专业人士组成。当事人完全可以选择熟悉纠纷领域的专业人士担任仲裁员。

（3）保密性，保密和不公开审理是仲裁制度的重要特点，除当事人、代理人及需要时的证人和鉴定人外，其他人员不得出席和旁听仲裁开庭审理，仲裁庭和当事人不得向外界透露案件的任何实体及程序问题。

（4）裁决的终局性，仲裁裁决一裁终局，对当事人具有约束力。

（5）执行的强制性，仲裁裁决具有强制执行的法律效力，当事人可以向人民法院申请强制执行。由于中国是《承认及执行外国仲裁裁决公约》的缔约国，中国的涉外仲裁裁决可以在世界上100多个公约成员国得到承认和执行。

11.1.4　诉讼

诉讼是指建设工程当事人依法请求人民法院审理双方之间发生的纠纷，由法院作出有国家强制保证的裁判，从而解决纠纷的审判活动。合同双方当事人如果未约定仲裁协议，则只能以诉讼作为解决纠纷的最终方式。诉讼解决工程纠纷特点如下：

（1）程序和实体判决严格依法，与其他解决纠纷的方式相比，诉讼的程序和实体判决都应当严格依法进行。

（2）当事人在诉讼中对抗的平等性，诉讼当事人在实体和程序上地位平等。原告起诉，被告可以反诉；原告提出诉讼请求，被告可以反驳诉讼请求。

（3）二审终审制，建设工程纠纷当事人如果不服第一审人民法院判决，可以上诉至二审人民法院。建设工程纠纷经过两级人民法院审理，裁判决定立即生效。

（4）执行的强制性，生效的诉讼判决具有强制执行的法律效力，当事人可以向人民法院申请强制执行。

11.2　仲　裁　相　关　内　容

11.2.1　仲裁组织

1. 仲裁委员会

仲裁委员会是依法成立的仲裁机构。仲裁委员会可以在直辖市或省、自治区人民政府所在地的市设立，也可以根据需要在其他设区的市设立，不按行政区划层层设立。

2. 仲裁协会

中国仲裁协会是依法成立的社会团体法人。全国各地的仲裁委员会是中国仲裁协会的会员。中国仲裁协会的章程由全国会员大会制定。中国仲裁协会是仲裁委员会的自律性组织，根据章程对仲裁委员会及其组成人员、仲裁员的违纪行为进行监督。

中国仲裁协会依照《中华人民共和国仲裁法》（以下简称《仲裁法》）和《民事诉讼法》的有关规定制定仲裁规则。

11.2.2　仲裁协议

仲裁协议是当事人自愿将争议提交仲裁机构进行仲裁达成协议的文书，是纠纷双方提请仲裁的前提。《仲裁法》规定，仲裁协议包括合同中订立的仲裁条款和以其他书面方式在纠纷发生前或者纠纷发生后达成请求仲裁的协议。

11.2.2.1　仲裁协议的特点

（1）合同当事人均受仲裁协议的约束。

（2）仲裁协议是仲裁机构对纠纷进行仲裁的先决条件。

（3）仲裁协议排除了法院对纠纷的管辖权。

（4）仲裁机构应按照仲裁协议进行仲裁。

11.2.2.2　仲裁协议的内容

（1）请求仲裁的意思表示。

（2）仲裁事项。

（3）选定明确的仲裁委员会。

11.2.2.3　仲裁协议的无效

仲裁协议是合同的组成部分，是合同的内容之一。有下列情况的，仲裁协议无效：

（1）约定的事项超出法律规定的仲裁范围的。

（2）无民事行为能力人或者限制民事行为能力人订立的仲裁协议。

（3）一方采取胁迫手段，迫使对方订立仲裁协议的。

（4）在仲裁协议中，当事人对仲裁事项或者仲裁委员会没有约定或者约定不明确，当事人又达不成补充协议的，仲裁协议无效。

仲裁协议独立存在，合同的变更、解除、终止或者无效，不影响仲裁协议的效力。仲裁庭有权确认合同的效力。当事人对仲裁协议的效力有异议的，可以请求仲裁委员会作出决定或者请求人民法院作出裁定。一方请求仲裁委员会作出决定，另一方请求人民法院作出裁定的，由人民法院裁定。

当事人对仲裁协议的效力有异议，应当在仲裁庭首次开庭前提出。

11.2.3   申请和受理

（1）当事人申请仲裁的条件。纠纷发生后，当事人申请仲裁应当符合下列条件：

1）有仲裁协议。

2）有具体的仲裁请求、事实和理由。

3）属于仲裁委员会的受理范围。

（2）仲裁委员会的受理。仲裁委员会收到仲裁申请书之日起 5 日内，认为符合受理条件的应当受理，并通知当事人；认为不符合受理条件的，应当书面通知当事人不予受理，并说明理由。

仲裁委员会受理仲裁申请后，应当在仲裁规则规定的期限内将仲裁规则和仲裁员名册送达申请人，并将仲裁申请书副本和仲裁规则、仲裁员名册送达被申请人。被申请人收到仲裁申请书副本后，应当在仲裁规则规定的期限内向仲裁委员会提交答辩书。仲裁委员会收到答辩书后，应当在仲裁规则规定的期限内将答辩书副本送达申请人。被申请人未提交答辩书的，不影响仲裁程序的进行。

11.2.4   仲裁庭的组成

（1）仲裁庭的组成形式。仲裁庭可以由 3 名仲裁员或者 1 名仲裁员组成。由 3 名仲裁员组成的，设首席仲裁员。

（2）仲裁员的产生。当事人约定由 3 名仲裁员组成仲裁庭的，应当各自选定或者各自委托仲裁委员会主任指定一名仲裁员，第三名仲裁员由当事人共同选定或者共同委托仲裁委员会主任指定。第三名仲裁员是首席仲裁员。当事人约定由 1 名仲裁员成立仲裁庭的，应当由当事人共同选定或者共同委托仲裁委员会主任指定仲裁员。

当事人没有在仲裁规则规定的限期内约定仲裁庭的组成的方式或者选定仲裁员的，由仲裁委员会主任指定。

11.2.5   开庭和裁决

（1）开庭与否的决定。仲裁应当开庭进行，当事人协议不开庭的，仲裁庭可以根据仲裁申请书、答辩书及其他材料作出裁决。仲裁不公开进行，但当事人协议公开的，可以公开进行，但涉及国家秘密的除外。

（2）不到庭或者未经许可中途退庭的处理。申请人经书面通知，无正当理由不到庭或者未经仲裁庭许可中途退庭的，可以视为撤回仲裁申请。被申请人经书面通知，无正当理由不到庭或者未经仲裁庭许可中途退庭的，可以缺席裁决。

（3）证据的提供。当事人应当对自己的主张提供证据。仲裁庭认为有必要收集的证据，可以自行收集。仲裁庭对专门性问题认为需要鉴定的，可以交由当事人约定的鉴定部门鉴定，也可以由仲裁庭指定的鉴定部门鉴定。根据当事人的请求或者仲裁庭的要求，鉴定部门应当派鉴定人参加开庭。当事人经仲裁庭许可，可以向鉴定人提问。

（4）开庭中的辩论。当事人在仲裁过程中有权进行辩论。辩论终结时，首席仲裁员或者独任仲裁员应当征询当事人的最后意见。

（5）当事人自行和解。当事人申请仲裁后，可以自行和解。达成和解协议的，可以请求仲裁庭根据和解协议作出裁决书，也可以撤回仲裁申请。当事人达成和解协议，撤回仲裁申请后反悔的，可以根据仲裁协议申请仲裁。

（6）仲裁庭主持下的调解。仲裁庭在作出裁决前，可以先行调解。调解达成协议的，仲裁庭应当制作调解书或者根据协议的结果制作裁决书。调解书与裁决书具有同等法律效力。调解书经双方当事人签收后，即发生法律效力。在调解书签收前当事人反悔的，仲裁庭应当及时作出裁决。

（7）仲裁裁决的作出。裁决应当按照多数仲裁员的意见作出，少数仲裁员的不同意见可以记入笔录。仲裁庭不能形成多数意见时，裁决应当按照首席仲裁员的意见作出。裁决书自作出之日起即发生法律效力。

11.2.6　仲裁裁决的效力与执行

1. 仲裁裁决的效力

当事人一旦选择了仲裁解决争议，仲裁委员会所作出的裁决对双方都有约束力，双方都要认真履行；否则，权利人可以向法院申请强制执行。

2. 仲裁裁决的执行

仲裁委员会的裁决作出后，当事人应当自觉履行。如果当事人不履行裁决时，另一方当事人可以依据《民事诉讼法》的有关规定向有管辖权的人民法院执行庭申请执行，仲裁委员会本身并无强制执行的权力。

当被申请人提出证据证明仲裁裁决不符合法律规定时，可以向法院申请撤销仲裁裁决。经人民法院合议庭审查核实，可作出裁定不予执行。

11.3　民事诉讼相关内容

11.3.1　诉讼管辖

诉讼管辖，是指在人民法院系统中，各级人民法院之间及同级人民法院之间受理第一审案件的权限分工。诉讼管辖分为级别管辖、地域管辖、移送管辖和指定管辖。

11.3.1.1　级别管辖

级别管辖，是指划分上、下级人民法院之间受理第一审民事案件的分工和权眼。级别管辖是人民法院组织系统内部从纵向划分各级人民法院的管辖权限，它是划分人民法院管辖范围的基础。根据人民法院组织法的规定，我国人民法院设为 4 级，即基层人民法院、中级人民法院、高级人民法院、最高人民法院。

法律规定，基层人民法院管辖第一审民事案件，但另有规定的除外。

11.3.1.2　地域管辖

（1）地域管辖，是指确定同级人民法院在各自的辖区内管辖第一审民事案件的分工和权限。它是在人民法院组织系统内部，从横向确认人民法院的管辖范围，是在级别管辖的基础上确认的。

（2）地域管辖是根据各种不同民事案件的特点来确定的，一般原则是"原告就被告"，对其他特殊类型的案件，也是以当事人所在地、诉讼标的所在地或诉讼标的物所在地的人民法院管辖为原则的。

（3）民事诉讼法规定，地域管辖有 3 种：一般地域管辖、特殊地域管辖、专属管辖。

一般地域管辖，是指根据当事人所在地确定有管辖权的人民法院。特殊地域管辖，是指根据诉讼标的或诉讼标的物所在地确定有管辖权的人民法院。对特殊地域管辖，我国民事诉讼法采取列举的方式予以确定。专属管辖是指根据案件的特殊性质，法律规定必须由一定地区的人民法院管辖。专属管辖具有排他性。除上级人民法院指定管辖外，凡是法律明确规定专属管辖的案件，不能适用一般地域管辖和特殊地域管辖的原则确定管辖的法院。此类案件只能由法律所确认的法院行使管辖权，其他法院无权管辖。此外，协议管辖也不能变更专属管辖的有关规定。

（4）合同纠纷的管辖。民事诉讼法规定，因合同纠纷提起的诉讼，由被告住所地或合同履行地人民法院管辖。但合同的双方当事人可以在书面合同中协议选择被告所在地、合同履行地、合同签订地、原告住所地、标的物所在地人民法院管辖，但不得违反级别管辖和专属管辖。

法律还规定，因侵权行为提起的诉讼，由侵权行为地或者被告住所地人民法院管辖。

（5）专属管辖。

1）因不动产纠纷提起的诉讼，由不动产所在地人民法院管辖。

2）因港口作业中发生纠纷提起的诉讼，由港口所在地人民法院管辖。

3）因继承遗产纠纷提起的诉讼，由被继承人死亡时住所地或者主要遗产所在地人民法院管辖。

11.3.1.3　移送管辖和指定管辖

（1）移送管辖，是指某一人民法院受理案件后，发现自己对该案件没有管辖权，将案件移送有管辖权的人民法院审理。

（2）指定管辖，是指有管辖权的人民法院由于特殊原因，不能行使管辖权的，由上级人民法院指定管辖。

人民法院之间因管辖权发生争议，由争议双方协商解决；协商解决不了的，报请它们的共同上级人民法院指定管辖。

11.3.2　起诉和受理

11.3.2.1　起诉的条件

如果当事人没有在合同中约定通过仲裁解决纠纷，则只能通过诉讼作为解决纠纷的最终方式。纠纷发生后，如需要通过诉讼解决纠纷，则首先应当向人民法院起诉。起诉必须符合下列条件：

（1）原告是与本案有直接利害关系的公民、法人和其他组织。

（2）有明确的被告。

（3）有具体的诉讼请求、事实和理由。

（4）属于人民法院受理民事诉讼的范围和受诉人民法院管辖。

11.3.2.2　起诉的方式

（1）书面形式。《民事诉讼法》第 109 条 1 款规定，起诉应向人民法院递交起诉状。我国《民事诉讼法》规定的起诉形式是以书面为原则的。

根据《民事诉讼法》第 110 条规定，起诉状应当记明下列事项：

1）当事人的姓名、性别、年龄、民族、职业、工作单位和住所，法人或其他经济组织的名称、住所和法定代表人或主要负责人的姓名、职务。

2）诉讼请求和所根据的事实与理由。

3）证据和证据来源，证人姓名和住所。

（2）口头形式。虽然起诉以书面为原则，但当事人书写起诉状有困难的，也可口头起诉，由人民法院记入笔录，并告知对方当事人。可见，我国起诉的形式是以书面起诉为主，口头形式为例外。

11.3.3　人民法院受理案件

人民法院对符合规定的起诉，必须受理当事人；认为不符合起诉条件的，应当在 7 日内裁定不予受理；原告对裁定不服的，可以提起上诉。人民法院受理起诉后，首先需要确定在第一审中适用普通程序还是简易程序。基层人民法院和它派出的法庭审理事实清楚、权利义务关系明确、争议不大的简单的民事案件，可以适用简易程序。建设工程中发生的纠纷一般都适用普通程序，因此第一审程序只介绍普通程序。

11.3.4　答辩

人民法院对原告的起诉情况进行审查后，认为符合条件的，即立案，并于立案之日起 5 日内将起诉状副本发送到被告，被告在收到之日起 15 日内提出答辩状。答辩人在开庭前未以书面形式提交答辩状，开庭时以口头方式进行的答辩，不影响人民法院的审理。

11.3.5　第一审开庭审理

人民法院审理民事案件，除涉及国家秘密、个人隐私或者法律另有规定的以外，应当公开进行。离婚案件、涉及商业秘密的案件，当事人申请不公开审理的，可以不公开审理。

11.3.5.1　法庭调查

法庭调查按照下列顺序进行：

（1）当事人陈述。

（2）告知证人的权利和义务，证人作证，宣读未到庭的证人证言。

（3）出示书证、物证和视听资料。

（4）宣读鉴定结论。

（5）宣读勘验笔录。

当事人在法庭上可以提出新的证据。当事人经法庭许可，可以向证人、鉴定人、勘验人发问。当事人要求重新进行调查、鉴定或者勘验的，是否准许，由人民法院决定。

11.3.5.2　法庭辩论

法庭辩论按照下列顺序进行：

（1）原告及其诉讼代理人发言。

（2）被告及其诉讼代理人答辩。

（3）第三人及其诉讼代理人发言或者答辩。

（4）互相辩论。

法庭辩论终结，由审判长按照原告、被告、第三人的先后顺序征询各方最后意见。法庭辩论终结，应当依法作出判决。判决前能够调解的，还可以进行调解，调解不成的，应当及时判决。

11.3.5.3 当事人拒不到庭或者未经许可中途退庭的处理

原告经传票传唤，无正当理由拒不到庭的，或者未经法庭许可中途退庭的，可以按撤诉处理；被告反诉的，可以缺席判决。被告经传票传唤，无正当理由拒不到庭的，或者未经法庭许可中途退庭的，可以缺席判决。

11.3.5.4 审限要求

人民法院适用普通程序审理的案件，应当在立案之日起 6 个月内审结。有特殊情况需要延长的，由本院院长批准，可以延长 6 个月；还需要延长的，报请上级人民法院批准。

11.3.6 第二审程序

11.3.6.1 当事人提起上诉

当事人不服地方人民法院第一审判决的，有权在判决书送达之日起 15 日内向上一级人民法院提起上诉。第二审人民法院应当对上诉请求的有关事实和适用法律进行审查。

11.3.6.2 第二审审理要求

第二审人民法院对上诉案件，应当组成合议庭，开庭审理。经过阅卷和调查，询问当事人，在事实核对清楚后，合议庭认为不需要开庭审理的，也可以径行判决、裁定。第二审人民法院审理上诉案件，可以在本院进行，也可以到案件发生地或者原审人民法院所在地进行。

11.3.6.3 第二审的处理

第二审人民法院对上诉案件，经过审理，按照下列情形，分别处理：

（1）判决认定事实清楚，适用法律正确的，判决驳回上诉，维持原判决。

（2）判决适用法律错误的，依法改判。

（3）原判决议定事实错误，或者原判决认定事实不清、证据不足，裁定撤销原判决，发回原审人民法院重审，或者查清事实后改判。

（4）原判决违反法定程序，可能影响案件正确判决的，裁定撤销原判决，发回原审人民法院重审。当事人对重审案件的判决、裁定，可以上诉。

人民法院审理对原审判决的上诉案件，应当在第二审立案之日起 3 个月内审结。第二审人民法院的判决、裁定，是终审的判决、裁定。

11.3.7 执行程序

11.3.7.1 执行程序概述

执行程序，是指人民法院的执行机构运用国家强制力，强制义务人履行生效的法律文书所确定的义务的程序。

11.3.7.2 执行程序的一般规定

执行程序的一般规定，包括执行的根据、执行案件的管辖、执行担保和执行等内容。

（1）执行的根据，是指人民法院据以执行的法律文书。包括以下几种：

1）发生法律效力的民事判决、裁定。

2）发生法律效力并且具有财产内容的刑事判决、裁定。

3）法律规定由人民法院执行的其他法律文书。例如，先予执行的民事裁定书，仲裁机构制作的发生法律效力的裁决书、调解书，公证机关制作的依法赋予强制执行效力的债权文书。

（2）执行管辖，是指各人民法院之间划分对生效法律文书的执行权限。人民法院执行管辖因法律文书的种类不同而有区别。包括以下几种：

1）人民法院作出生效的法律文书，由第一审人民法院执行。也即无论生效的裁判是第一审人民法院作出的，还是第二审人民法院作出的生效的法律文书，均由第一审人民法院开始执行程序。

2）法律规定由人民法院执行的其他法律文书，由被执行人住所所在地或者被执行财产所在地人民法院执行。

3）执行中发生异议的处理。法律规定，执行过程中，案外人对执行标的提出异议的，执行员应当按照法定程序进行审查。理由不成立的，予以驳回；理由成立的，由院长批准中止执行。如果发现判决、裁定确有错误的，按照审判监督程序处理。

4）执行中，当事人自行达成和解协议时的处理。法律规定，在执行中，双方当事人自行和解达成协议的，执行员应当将协议内容记入笔录，由双方当事人签名或者盖章。

一方当事人不履行和解协议的，人民法院可以根据对方当事人的申请，恢复对原生效法律文书的执行。

11.3.7.3　执行的申请

申请执行是根据生效的法律文书，享有权利的一方当事人，在义务人拒绝履行义务时，在申请执行的期限内请求人民法院依法强制执行，从而引起执行程序的发生。移送执行程序是指人民法院的判决、裁定或者调解协议发生法律效力后，由审理该案的审判组织决定，将案件直接交付执行人员执行，从而引起执行程序的开始。

调解书和其他应当由人民法院执行的法律文书，当事人必须履行。一方拒绝履行的，对方当事人可以向人民法院申请执行。对依法设立的仲裁机构的裁决，一方当事人不履行的，对方当事人可以向有管辖权的人民法院申请执行。受申请的人民法院应当执行。

被申请人提出证据证明仲裁裁决中有违反相关法律规定的，经人民法院组成合议庭审查核实，裁定不予执行。仲裁裁决被人民法院裁定不予执行的当事人可以根据双方达成的书面仲裁协议重新仲裁，也可以向人民法院起诉。

11.3.7.4　执行措施

执行措施的法律规定如下：

（1）向银行、信用合作社和其他有储蓄业务的单位，查询被执行人的存款情况，冻结、划拨被执行人应当履行义务部分的收入。

（2）查封、扣押、冻结并依照规定拍卖变卖被执行人应当履行义务部分的财产。

（3）对隐瞒财产的被执行人及其住所或者财产隐匿地进行搜查。

（4）被执行人加倍支付迟延还债期间的债务利息。

（5）强制交付法律文书指定交付的财物或者票证。

（6）强制迁出房屋或退出土地。

（7）强制执行法律文书指定的行为。

（8）划拨或转交企业、事业单位、机关、团体的存款等。

11.3.7.5　执行中止和终结

（1）中止执行的法律规定。法律规定，有下列情形之一的，人民法院应当裁定中止执行：申请人表示可以延期执行；案外人对执行标的提出确有理由的异议的；作为一方当事人的公民死亡，需要等待继承人继承权利或者承担义务的；作为一方当事人的法人或者其他组织终止的，尚未确定权利和义务承受人的；人民法院认为应当中止执行的其他情形。

（2）中止的情形消失后，恢复执行。

（3）终结执行的法律规定。法律规定，有下列情形之一的，人民法院裁定终结执行：

申请人撤销申请的；据以执行的法律文书被撤销的；作为被执行人的公民死亡，无遗产可供执行，又无义务承担人的；只追索赡养费、抚养费、抚育金案件的权利人死亡的；作为被执行人的公民因生活困难无力偿还借款，无收入来源，又丧失劳动能力的；人民法院认为应当终结执行的其他情形。

（4）中止和终结执行的裁定，送达当事人后立即生效。

11.3.8　审判监督程序

审判监督程序，是指为了保障法院裁判的公正，使已经发生法律效力但有错误的判决裁定、调解协议得以改正而特设的一种程序。它并不是每个案件必经的程序。

各级人民法院院长对本院已经发生法律效力的判决、裁定，发现确有错误，认为需要再审的，应当提交审判委员会讨论决定。最高人民法院对地方各级人民法院已经发生法律效力的判决、裁定，上级人民法院对下级人民法院已经发生法律效力的判决、裁定，发现确有错误的，有权提审或者指令下级人民法院再审。当事人对已经发生法律效力的判决、裁定，认为有错误的，可以向原审人民法院或者上一级人民法院申请再审，但不停止判决、裁定的执行。

11.4　证据的种类、保全和应用

11.4.1　证据的种类

证据通常包括以下几种，具体的证据形式参考"6.3.2.2 工程索赔证据和索赔文件"。

（1）书证。

（2）物证。

（3）视听资料。

（4）证人证言。

（5）当事人的陈述。

（6）鉴定结论。

（7）勘验笔录。

11.4.2　证据保全

1. 证据保全的概念

证据保全，是指法院在起诉前或在对证据进行调查前，依据申请人、当事人的请求，或依职权对可能灭失或今后难以取得的证据，予以调查收集和固定保存的行为。可能灭失或今后难以取得的证据，具体是指：证人生命垂危，具有民事诉讼证据作用的物品极易腐败变质，易于灭失的痕迹等。出现上述情况，诉讼参加人可以向人民法院申请保全证据，人民法院也可以主动采取保全措施。向人民法院申请保全证据，不得迟于举证期限届满前 7 日。

2. 证据保全的方法

人民法院采取证据保全的方法主要有 3 种：

（1）向证人进行询问调查，记录证人证言。

（2）对文书、物品等进行录像、拍照、抄写或者用其他方法加以复制。

（3）对证据进行鉴定或者勘验。获取的证据材料由人民法院存卷保管。

11.4.3　证据的应用

1. 证据的提供或者收集

当事人对自己提出的主张，有责任提供证据。当事人及其诉讼代理人因客观原因不能自行收集的证据，或者人民法院、仲裁机构认为审理案件需要的证据，人民法院或者仲裁机构应当调查收集。人民法院或者仲裁机构应当按照法定程序，全面地、客观地审查核实证据。

2. 开庭质证

证据应当在开庭时出示，并由当事人互相质证。经过法定程序公证证明的法律行为、法律事实和文书，人民法院或者仲裁机构应当作为认定事实的根据。但有相反证据足以推翻公证证明的除外。书证应当提交原件。物证应当提交原物。提交原件或者原物确有困难的，可以提交复制品、照片、副本、节录本。提交外文书证，必须附有中文译本。

3. 专门性问题的鉴定

人民法院或者仲裁机构对专门性问题认为需要鉴定的，应当交由法定鉴定部门鉴定；没有法定鉴定部门的，由人民法院或者仲裁机构指定的鉴定部门鉴定。鉴定部门及其指定的鉴定人有权了解进行鉴定所需要的案件材料，必要时可以询问当事人、证人。鉴定部门和鉴定人应当提出书面鉴定结论，在鉴定书上签名或者盖章。建设工程纠纷往往涉及工程质量、工程造价等专门性的问题，在诉讼中一般需要进行鉴定。因此，在建设工程纠纷中，鉴定是常用的举证手段。

当事人申请鉴定，应当在举证期限内提出。对需要鉴定的事项负有举证责任的当事人，在人民法院指定的期限内无正当理由不提出鉴定申请或者不预交鉴定费用或者拒不提供相关材料，致使对案件纠纷的事实无法通过鉴定结论予以认定的，应当对该事实承担举证不能（一般为败诉）的法律后果。

4. 重新鉴定

当事人对人民法院委托的鉴定部门作出的鉴定结论有异议，申请重新鉴定，提出证据证明存在下列情形之一的，人民法院应予准许：

（1）鉴定机构或者鉴定人员不具备相关的鉴定资格的。

（2）鉴定程序严重违法的。

（3）鉴定结论明显依据不足的。

（4）经过质证认定不能作为证据使用的其他情形。

对有缺陷的鉴定结论，可以通过补充鉴定、重新质证或者补充质证等方法解决的，不予重新鉴定。一方当事人自行委托有关部门作出的鉴定结论，另一方当事人有证据足以反驳并申请重新鉴定的，人民法院应予准许。

11.5 工程建设中常见纠纷的成因与防范措施

11.5.1 施工合同纠纷的成因与防范措施

11.5.1.1 施工合同主体纠纷

1. 纠纷成因

（1）因承包商资质不够导致的纠纷。

（2）因无权代理与表见代理导致的纠纷。

（3）因联合体承包导致的纠纷。

（4）因"挂靠"问题而产生的纠纷。

2. 防范措施

（1）加强对建筑市场承包商资质的监管。

（2）加强对承包商资质的审查，避免与不具备相应资质的承包商订立合同。

（3）施工合同各方应当加强对授权委托书的管理，避免无权代理和表见代理的产生。

（4）避免与无权代理人签订合同。

（5）联合体承包应当规范、自愿。

（6）避免"挂靠"。

11.5.1.2 施工合同工程款纠纷

1. 纠纷成因

（1）承包商竞争过分激烈。

（2）"三边工程"引起的工程造价失控。

（3）从业人员法律意识薄弱。

（4）施工合同调价与索赔条款的重合。

（5）合同缺陷。

（6）双方理解分歧。

（7）工程款拖欠。

2. 防范措施

（1）签订书面合同。

（2）避免合同总价与分项工程单价之和不符。

（3）避免约定不明与理解分歧。

（4）避免合同缺项。

（5）协调合同内容冲突。

（6）预防风险。

（7）调价条款与索赔条款重合的处理。

11.5.1.3　施工合同质量纠纷

1. 纠纷成因

（1）建设单位不顾实际的降低造价，缩短工期。

（2）不按建设程序运作。

（3）在设计或施工中提出违反法律、行政法规和建筑工程质量、安全标准的要求。

（4）将工程发包给没有资质的单位或者将工程任意肢解进行发包。

（5）建设单位未将施工图设计文件报县级以上人民政府建设行政主管部门或者其他有关部门审查。

（6）建设单位采购的建筑材料、建筑构配件和设备不合格或给施工单位指定厂家，明示、暗示使用不合格的材料、构配件和设备。

（7）施工单位脱离设计图纸，违反技术规范以及在施工过程中偷工减料。

（8）施工单位未履行属于自己在施工前产品检验的强化责任。

（9）施工单位对于在质量保修期内出现的质量缺陷不履行质量保修责任。

（10）监理制度不严格。

2. 防范措施

（1）应当严格按照建设程序进行工程建设。

（2）对造价和工期的要求应当符合客观规律。

（3）应当按照法律、行政法规和建筑工程质量、安全标准的要求进行设计和施工。

（4）标段的划分应当合理，不能随意肢解工程。

（5）施工图设计文件应当按照规定进行审查。

（6）加强建筑材料、建筑构配件和设备采购的管理。

（7）应当按照设计图纸、技术规范进行施工。

（8）严格施工前产品检验的强化责任。

（9）完善质量保修制度。

（10）严格监理制度，加强质量监督管理。

11.5.1.4　施工合同分包与转包纠纷

1. 纠纷成因

（1）因资质问题而产生的纠纷。

（2）因履约范围不清而产生的纠纷。

（3）因转包而产生的纠纷。

（4）因配合与协调问题而产生的纠纷。

（5）因违约和罚款问题而产生的纠纷。

（6）因各方对分包管理不严而产生的纠纷。

2. 防范措施

（1）加强对分包商资质的管理。

（2）在分包合同中明确各自的履约范围。

（3）严格禁止转包。

（4）加强有关各方的配合与协调。

（5）避免违约和罚款。

（6）加强对分包的管理。

11.5.1.5　施工合同变更和解除纠纷

1. 纠纷成因

（1）工程本身具有的不可预见性。

（2）设计与施工以及不同专业设计之间的脱节。

（3）"三边工程"导致大量变更产生。

（4）大量的口头变更导致事后责任无法分清。

（5）单方解除合同。

2. 防范措施

（1）做好工程的计划性。

（2）避免设计与施工以及不同专业设计之间的脱节。

（3）避免"三边工程"。

（4）规范口头变更。

（5）规范单方解除合同。

11.5.1.6　施工合同竣工验收纠纷

1. 纠纷成因

（1）隐蔽工程竣工验收产生的纠纷。

（2）未经竣工验收提前使用产生的纠纷。

2. 防范措施

（1）严格按照规范和合同约定进行隐蔽工程竣工验收。

（2）避免未经竣工验收提前使用。

11.5.1.7　施工合同审计纠纷

1. 纠纷成因

（1）有关各方对审计监督权的认识偏差。

（2）审计机关的独立性得不到保证。

（3）工程造价的技术性问题也是导致纠纷的原因。

2. 防范措施

（1）正确认识审计监督权。

（2）确保审计机关的独立性。

（3）规范审计工作。

11.5.2　建设工程物资采购合同纠纷的成因与防范措施

11.5.2.1　建设工程物资采购合同质量纠纷的成因与防范措施

1. 纠纷的成因

（1）合同约定不明确。

（2）检查验收不严格、不及时。

2．防范措施

（1）合同约定应当明确。

（2）严格检查验收制度。

（3）到货后及时验收。

11.5.2.2　建设工程物资采购合同数量纠纷的成因与防范措施

1．纠纷的成因

（1）合同约定不明确。

（2）检查验收不严格、不及时。

2．防范措施

（1）合同约定应当明确。

（2）严格检查验收制度。

（3）到货后及时验收。

11.5.2.3　建设工程物资采购合同履行期限、地点的纠纷的成因

1．纠纷的成因

（1）合同约定不明确。

（2）不按合同约定履行。

2．防范措施

（1）合同约定应当明确。

（2）严格按照合同约定履行。

11.5.2.4　建设工程物资采购合同价款纠纷的成因与防范措施

1．纠纷的成因

（1）合同约定不明确。

（2）履行期间价格的变动。

2．防范措施

（1）合同约定应当明确。

（2）按照合同法的规定处理履行期间价格的变动。

11.5.3　建设工程其他合同纠纷的成因与防范措施

11.5.3.1　建设工程勘察、设计合同纠纷的成因与防范措施

1．纠纷的成因

（1）建设工程勘察、设计质量纠纷。

（2）建设工程勘察、设计期限纠纷。

（3）建设工程勘察、设计变更纠纷。

2．防范措施

（1）严格建设工程勘察、设计的质量与期限管理。

（2）避免和减少建设工程勘察、设计变更。

11.5.3.2　建设工程监理合同纠纷的成因与防范措施

详见第 7 讲建设工程监理专题。

11.5.4　建设工程其他纠纷的成因与防范措施

11.5.4.1　相邻关系纠纷的成因与防范措施

（1）纠纷的成因。没有正确处理截水、排水、通行、通风、采光等方面的相邻关系。

（2）防范措施。做好规划，严格按照有利生产、方便生活、团结互助、公平合理的精神进行建设。

11.5.4.2　环境保护纠纷的成因与防范措施

（1）纠纷的成因。建设项目施工中可能对环境的影响主要体现在两个方面：一方面是对自然环境造成了破坏；另一方面是施工产生的粉尘、噪声、振动等对周围生活居住区的污染和危害。

（2）防范措施。施工单位应当严格按照国家规定的标准、规范和合同的约定进行施工。

11.5.4.3　施工中的安全措施不当产生的损害赔偿纠纷的成因与防范措施

（1）施工中的安全措施不当产生的损害赔偿纠纷的成因。在工程施工过程中，没有按照需要设置明显标志、采取安全措施。

（2）防范措施。在工程施工过程中，按照需要设置明显标志、采取安全措施，避免给他人造成损害。

11.5.4.4　施工中搁置物、悬挂物造成损害赔偿纠纷的成因与防范措施

（1）施工中搁置物、悬挂物造成损害赔偿纠纷的成因。施工中搁置物、悬挂物管理不当，给他人造成人身和财产损害。

（2）防范措施。施工单位应当严格管理搁置物、悬挂物。

【推荐阅读资料】

《民事诉讼法》

《中华人民共和国仲裁法》

《行政复议条例》

《行政诉讼法》

《承认及执行外国仲裁裁决公约》

《建设工程专项法律事务》，周吉高著

复习思考题

1. 建设工程纠纷和解解决有什么特点？
2. 建设工程纠纷仲裁解决有什么特点？仲裁协议应包括哪些内容？
3. 通过诉讼方式解决建设工程纠纷，起诉必须符合哪些条件？
4. 什么是证据保全？证据保全的方法有哪些？
5. 施工合同工程款纠纷的成因与防范措施有哪些？
6. 简述建设工程物资采购合同纠纷的成因与防范措施。

第⑫讲 水利法律法规专题

【教学目标】 本讲主要讲授以下主要水利法律法规：①水法基本法律规定；②水土保持法基本法律规定；③水资源管理法律规定；④防汛抗洪法律规定；⑤水利工程建设、管理与保护法律规定；⑥河道管理法律制度；⑦河道采砂法律规定；⑧河口滩涂开发利用法律规定。通过本讲的学习，了解水利法律法规各项主要的法律规定和制度，在讨论、案例分析等实践教学活动中增强水法律意识和法制观念，提高运用法律知识解决问题的能力。

【教学要求】

能力目标	知 识 要 点	权重	自测分数
了解相关知识	(1) 水法基本法律规定 (2) 水土保持法基本法律规定 (3) 水资源管理法律规定 (4) 防汛抗洪法律规定 (5) 水利工程建设、管理与保护法律规定 (6) 河道管理法律制度 (7) 河道采砂法律规定 (8) 河口滩涂开发利用法律规定	15%	
熟练掌握知识点	(1) 水资源、水域和水工程的保护 (2) 违反各类水法律法规的法律责任 (3) 水土流失的预防与治理 (4) 取水许可制度 (5) 防汛抗洪法律规定 (6) 水利工程建设、管理与保护 (7) 开发利用河口滩涂的制度 (8) 河道采砂法律规定	50%	
运用知识分析案例	准确运用所学的水法律知识，对水工程管理、水利工程保护、水土保持、防洪、水污染治理、取水许可、河道堤防、河口滩涂、采砂许可等各类水违法案件的定性及处理；熟练掌握水事纠纷案件的处理程序	35%	

【引例】

违反水土保持法责任自负

由某省交通厅外资办承建的某高速公路，因在建设施工过程中随意倾倒弃渣，造成严重人为水土流失，某县水土保持监督检查站在检查中依法对该路段两个施工单位做出了行政处罚决定并申请县人民法院强制执行。县法院受理并向两个施工单位发出了执行裁定书。2009 年 12 月 3 日，在县法院主持下，县水保监督站与公路建设管理单位达成了庭外合解协议。

这一高速公路，由某省交通厅利用外资项目办公室投资建设，其下设建设管理处负责工程建设，两个国有企业施工单位负责工程施工，工程于 2007 年下半年正式开工。因该工程在没有经由水行政主管部门批准的水土保持方案的情况下擅自开工，且随意倾倒弃土弃渣，造成了严重人为水土流失，县水保监督站经多次监督检查无效、业主不履行法定义务的情况下，于 2008 年 3 月依法对以上两个施工单位进行立案查处，并于 2009 年 6 月 5 日向两施工单位送达了行政处罚事先告知书，6 月 17 日送达了行政处罚决定书、行政征收决定书，但两施工单位仍不履行法律义务，继续违法施工。在此情况下，2009 年 9 月 15 日县水保监督站向县法院递交了强制执行申请书，10 月 13 日县法院向两个施工单位下达了非诉行政案件执行裁定书。

在各级水保监督部门多次对该工程进行监督执法及有关法律法规宣传教育下，建设单位补报了水土保持方案，并于 2009 年 11 月 2 日通过了省水土保持局组织的专家审查，会上省水土保持局有关领导建议对此案进行调解解决，在省水土保持局和某市水保监督站的督促和协调下，12 月 3 日由县法院行政庭主持，县水保监督站与建设管理处达成了 3 项庭外和解。建设单位依法履行了各项水土保持责任和义务，此案的查处在社会上引起了强烈的反响。

12.1　水　　法

12.1.1　水法概述

1. 水法的概念、调整对象与特点

水法是国家调整水资源的开发、利用、节约、保护、管理水资源和防治水害过程中发生的各种社会关系的法律规范的总称。水法是国家法律体系的重要组成部分。水法有广义、狭义之分。狭义——《中华人民共和国水法》，它是水事基本法，其法律效力仅在宪法之下。广义——水法规，是指规范水事活动的法律、法规和规章以及其他规范性文件的总称。《中华人民共和国防洪法》、《中华人民共和国水土保持法》、《中华人民共和国河道管理条例》、《取水许可实施办法》、《水行政处罚实施办法》等。

水法的调整对象：任何一部法律都有其自己特定的调整对象。水法的调整对象是水行政法律关系，即在我国领域内水资源的开发、利用和防治水害等有关活动中，也就是水行政主体在行使水管理职权过程中产生的法律关系。

水法的特点：水法的专业性较强，因为水法是水行政主体行使水管理职权的基本法律依据，一方面具有法律规范的一般特点；另一方面更有其专业自身的特点，即科学性、技术性社会性等。

水法的实体性和程序性规定共存。在民事与刑事领域中，实体法与程序法是分别制定的，如民法与民事诉讼法、刑法与刑事诉讼法，并形成不同的法律部门。而作为部门行政法的水法则不同，它的实体性规定和程序性规定往往是交织在一起，共存于一个法律文件之中。

2. 水法的基本原则

水法有以下 6 项原则，是在开发和利用水资源过程中应该遵守的原则。

（1）坚持国有制，保障水资源的合法开发和利用的原则。

（2）开发利用与保护相结合的原则，开发、利用水资源，应当坚持兴利与除害相结合，兼顾上下游、左右岸和有关地区之间的利益，充分发挥水资源的综合效益。

（3）坚持利用水资源与防治水害并重，全面规划，统筹兼顾，标本兼治，综合利用，讲求效益的原则。

（4）保护水资源，维护生态平衡的原则。在干旱和半干旱地区开发、利用水资源，应当充分考虑生态环境用水需要。跨流域调水，应当进行全面规划和科学论证，统筹兼顾调出和调入流域的用水需要，防止对生态环境造成破坏。

（5）实行计划用水，厉行节约用水的原则。

（6）国家对水资源实行流域管理与行政区域管理相结合原则。《中华人民共和国水法》（以下简称《水法》）第 12 条规定：国家对水资源实行流域管理与行政区域管理相结合的管理体制。国务院水行政主管部门负责全国水资源的统一管理和监督工作。这一规定体现了按照资源管理与开发利用管理分开的原则，建立流域管理与区域管理相结合，统一管理与分级管理相结合的水资源管理体制。流域管理机构，在所管辖的范围内行使法律、行政法规规定的和国务院水行政主管部门授予的水资源管理和监督职责。

3. 水法的渊源

"法的渊源"是专门的法学术语，它是指法律规范的效力来源，包括法律规范的创制方式和外部表现形式。我国社会主义法的基本渊源是有权创制法律规范的国家机关制定发布的规范性法律文件。根据我国宪法和有关组织法的规定，我国水法的渊源主要有以下几类：

（1）宪法。是由全国人民代表大会制定的、规定国家各项基本制度的、具有最高法律效力的国家根本大法，是其他一切法律的立法依据。宪法是国家的根本大法，在我国法律体系中具有最高的法律效力。宪法关于水资源管理主体和管理内容的规定，是制定水事法律法规的原则和基础。

（2）法律。包括水事基本法律、水事特别法律和其他基本法律。法律是由全国人民代表大会及其常务委员会制定的。在水事法律体系中，除宪法外，《水法》在水事法律体系中占核心地位。《水法》是综合的水事实体法规范，它对作为一种水资源管理的目的与原则、范围与制度、组织机构与法律责任等内容都作了较为具体的规定，是其他水事法律规范的立法依据。水事特别法律是针对水管理活动中特定的水管理行为、保护对象所引起的水行政关系而制定的专门法律，是宪法和水法原则、内容的具体化，因此水事特别法律所规定的内容都比较具体、翔实，可操作性强，是水行政主体实施水管理活动直接的、重要的法律依据。如《中华人民共和国水土保持法》、《中华人民共和国防洪法》、《中华人民共和国水污染防治法》3 部法律。其他基本法律中有关水资源管理的规定，如《民法通则》中关于水资源相邻权的规定与利用原则，《中华人民共和国刑法》中关于破坏性利用水资源的行为应承担相应的刑事法律责任的规定等，既是水行政主体在水管理活动中应当遵循的内容，同时也是对水行政主体行使水行政职权一种很好的监督。

（3）行政法规。是由国务院根据宪法和法律，在其职权范围内制定、发布的有关国家最高行政管理活动的规范性文件，效力低于宪法和法律。在这里主要是指水行政法规。它是国务院根据宪法和法律制定的有关水行政管理的规范性文件的总称。目前已经颁布实施的水行政法规主要有《河道管理条例》、《水污染防治法实施细则》、《取水许可制度实施办法》等。

（4）地方性法规。是由各省、自治区、直辖市的人民代表大会和它的常务委员会制定或批准的规范性法律文件。它要报全国人大常委会备案，不能同宪法、法律相抵触，它只限于本地区使用。这里主要是指地方性水事法规，它是指省、自治区、直辖市人民代表大会及其常务委员会颁布的水资源管理规范性文件。也包括省会城市和较大市、全国人大常务委员会授权的经济特区的人大常务委员会通过，省人大常务委员会批准的规范性文件。

（5）民族自治地方的自治条例和单行条例。是由民族自治地方的人民代表大会制定或批准的规范性文件。自治区的自治条例和单行条例报全国人民代表大会常务委员会批准后生效。自治州、自治县的自治条例和单行条例，报省或者自治区人大常务委员会批准后生效。自治条例和单行条例在其制定机关的管辖范围内有效。民族自治地方根据水资源管理法律而制定的条例的内容必须符合宪法、法律的基本原则。同时也不能与国务院制定的关于民族区域自治的行政法规相抵触，还应当履行必要的备案程序与手续。

（6）部门规章和地方政府规章。部门规章指国务院各部委和某些其他工作部门发布的规则。国务院水行政主管部门发布的或与国务院其他部委联合发布的水资源管理规范性文件（规定、办法、实施细则等），即为部门规章，它也是法律规范的外部表现形式之一。地方政府规章是指省、自治区、直辖市人民政府，省、自治区、直辖市人民政府所在地的市和国务院批准的较大的市以及经济特区市的人民政府制定的规章。地方政府规章作为行政法的渊源，其数量大大超过地方性法规，涉及各个行政管理领域。

（7）国际条约。国际条约是两个或两个以上国家就政治、经济、贸易、军事、法律、文化等方面的问题确定其相互权利和义务关系的协议。我国政府与外国签订或者我国批准加入的国际条约，对于我国国内的国家机关、企事业单位、社会团体和公民有约束力，因此也是我国法的渊源之一。凡我国政府参加的国际条约均有效，但有声明保留的条款除外。

12.1.2 水资源、水域和水工程的保护

1. 水资源的保护及其内容

水资源作为大自然赋予人类的宝贵财富，是人类生活和生产不可缺少的基本物质，是地球上不可代替的自然资源。水资源可以理解为人类在长期的生活、生产过程中各种需水的基本来源。《水法》所称的水资源是指地表水和地下水。本教程所讲的水资源，正是水法意义上的水资源。水资源的保护是指为了满足水资源可持续利用的要求，采取经济的、法律的、技术的手段，合理安排水资源的开发和利用，并对影响水资源的客观规律的各种行为进行干预，保证水资源发挥自然资源功能和商品经济功能的活动。水资源保护的根本目的是实现水资源的可持续利用。水资源保护就其内容而言，包括地表水和地下水的水量

与水质的保护。水量保护：在水量保护方面，要求开发、利用水资源和防治水害，应当全面规划、统筹兼顾、标本兼治、综合利用、讲求效益，发挥水资源的多种功能，协调好生活、生产经营和生态环境用水，注意避免水源枯竭，生态环境恶化。因此，《水法》规定，县级以上人民政府水行政主管部门、流域管理机构以及其他有关部门在制定水资源开发、利用规划和调度水资源时，应当注意维持江河的合理流量和湖泊、水库及地下水的合理水位，维护水体的自然净化能力。水质保护：在水质保护方面，要求从水域纳污能力的角度对污染物的排放浓度和总量进行控制，以维持水质的良好状态。因此，《水法》规定了水功能区划制度、水污染物总量控制制度、入河排污口的监督制度等。

2. 水域的保护

《水法》规定的水域的保护有以下内容：

（1）禁止在江河、湖泊、水库、运河、渠道内弃置、堆放阻碍行洪的物体和种植阻碍行洪的林木及高秆作物。

（2）禁止在河道管理范围内建设妨碍行洪的建筑物、构筑物以及从事影响河势稳定、危害河岸堤防安全和其他妨碍河道行洪的活动。

（3）在河道管理范围内建设桥梁、码头和其他拦河、跨河、临河建筑物、构筑物，铺设跨河管道、电缆，应当符合国家规定的防洪标准和其他有关的技术要求，工程建设方案应当依照防洪法的有关规定报经有关水行政主管部门审查同意。因建设上述工程设施，需要扩建、改建拆除或者损坏原有水工程设施的，建设单位应当负担扩建、改建的费用和损失补偿。

但是，原有工程设施属于违法工程的除外。

（4）国家实行河道采砂许可制度。河道采砂许可制度实施办法由国务院规定。在河道管理范围内采砂，影响河势稳定或者危及堤防安全的，有关县级以上人民政府水行政主管部门应当划定禁采区和规定禁采期，并予以公告。

（5）禁止围湖造地。已经围垦的，应当按照国家规定的防洪标准有计划地退地还湖。禁止围垦河道。确需围垦的，应当经过科学论证，经省、自治区、直辖市人民政府水行政主管部门或者国务院水行政主管部门同意后，报本级人民政府批准。

（6）单位和个人有保护水工程的义务，不得侵占、毁坏堤防、护岸、防汛、水文监测、水文地质监测等工程设施。

3. 地下水资源的保护

地下水资源的保护是指在开发利用地下水资源及其他经济建设和生产活动，要遵循地下水运动的客观规律，合理开采和防治污染，以确保地下水水量、水质的长期稳定，永续利用。由于长期进行掠夺式超量开采，在许多地方造成了地下水水位下降、地下水受到污染，甚至在许多地方还造成了地下漏斗、地面沉降、海水入侵等许多问题。造成这些问题的原因，在很大程度上是因为对地下水资源的开发缺乏科学的、统一的评价和规划，各自为政。《水法》从科学评价和统一规划、地下水与地表水统一调度、划定限采区或禁采区及法律责任等 4 个方面提出明确的法律要求，依法合理开发和利用与保护地下水，规定如下：

（1）在地下水超采地区，县级以上地方人民政府应当采取措施，严格控制开采地下水。

（2）在地下水严重超采地区，经省、自治区、直辖市人民政府批准，可以划定地下水禁止开采或者限制开采区。

（3）在沿海地区开采地下水，应当经过科学论证，并采取措施，防止地面沉降和海水入侵。

（4）因违反规划造成江河和湖泊水域使用功能降低、地下水超采、地面沉降、水体污染的，应当承担治理责任。

4. 水工程的保护

为了加强对水工程的管理和保护，《水法》对水工程保护范围的划定、占用水工程的补偿、水工程保护、保障工程安全、供水水价和水费等水工程管理和保护工作中面临的一些突出问题做了重要的规定。

（1）水工程的概念及其分类。

水工程是指在江河、湖泊和地下水源上开发、利用、控制、调配和保护水资源的各类工程。水工程按照其服务对象不同可分为防洪工程、农田水利工程（也称灌排工程）、水力发电工程、航道及港口工程、城市供水排水工程和环境水利工程等；按其对水的作用分为蓄水工程、排水工程、取水工程、输水工程、提水工程、河道及航道整治工程、水质净化和污水处理工程等。水利工程是开发、利用、节约和保护水资源的物质基础，国民经济和社会发展的基础设施，在国民经济发展和社会进步中作出了巨大的贡献，发挥了巨大的效益。加强水工程的管理和保护对发挥水工程的效益，为经济社会的发展服务有十分重要的作用。

（2）水工程及其设施的保护。

《水法》规定，水工程及其设施的保护主要有 4 个方面：

1）水工程安全保障制度。单位和个人有保护水工程的义务，不得侵占、毁坏堤防、护岸、防汛、水文监测、水文地质监测等工程设施。

2）水工程管理和保护范围划定制度。县级以上地方人民政府应当采取措施，保障本行政区域内水工程，特别是水坝和堤防的安全，限期消除险情。水行政主管部门应当加强对水工程安全的监督管理。在水工程保护范围内，禁止从事影响水工程运行和危害水工程安全的爆破、打井、采石、取土等活动。

3）国家对水工程实施保护。国家所有的水工程应当按照国务院的规定划定工程管理和保护范围。国务院水行政主管部门或者流域管理机构管理的水工程，由主管部门或者流域管理机构合同有关省、自治区、直辖市人民政府划定工程管理和保护范围。其他水工程，应当按照省、自治区、直辖市人民政府的规定，划定工程保护范围和保护职责。

4）规定水工程设施补偿制度。《水法》规定，在河道管理范围内建设桥梁、码头和其他拦河、跨河、临河建筑物，铺设跨河管道、电缆，需要扩建、改建、拆除或者损坏原有水工程设施的，建设单位应当负担扩建、改建的费用和损失补偿。

12.1.3 水事纠纷处理与执法监督检查

1. 水事纠纷及其处理原则

（1）水事纠纷是一种消极的社会现象，它给社会带来了诸多危害，是人们所不愿意看到的，也不希望出现的社会负效应。建国以来，在党和人民政府的领导下，大力提倡团结治水，水事纠纷大大减少，特别是《水法》颁布以后，各地坚持依法治水、科学治水，进一步规范各种水事行为，水事纠纷明显减少。但由于自然的、社会的等多种因素，水事纠纷在一些地方仍时有发生，在一定程度上影响着水利事业的健康发展，影响社会和人民生活的安定。

（2）水事纠纷的处理原则有以下几方面：局部利益服从全局利益的原则；统筹兼顾，协调发展的原则；尊重历史，照顾现实的原则；组织原则。处理地区之间的水事纠纷，应当强调组织原则。首先，在水事纠纷发生以后，当事双方的人民政府和有关主管部门不得互相推诿，必须及时采取措施，做好干部和群众的思想工作，防止矛盾激化，事态扩大。对借机抢夺公私财物，危害公共安全和非法阻碍、干扰执行公务的相对人应依法追究法律责任，不得庇护。对参与调解纠纷的双方代表，要站在全局的立场，树立法制观念，摆事实，讲科学；要发扬团结治水的精神，力争协商一致，在协商不成时，依法提请上级主管机关处理，一经处理，双方必须服从，不能以种种理由久拖不决或讨价还价。

2. **水事纠纷类型及处理程序**

《水法》第 56、57 条规定了不同的水事纠纷，适用不同的处理程序。

（1）不同行政区域之间的水事纠纷，应当协商处理；协商不成的，由上一级人民政府裁决，有关各方必须遵照执行。在水事纠纷解决前，未经各方达成协议或者共同的上一级人民政府批准，在行政区域交界线两侧一定范围内，任何一方不得修建排水、阻水、取水和截（蓄）水工程，不得单方面改变水的现状。不同行政区域之间的水事纠纷，涉及不同行政区域之间的水事权益，它不是一般的民事纠纷，而是一种行政争议。因此，不同行政区域之间的水事纠纷发生后，应当按照行政管理的组织原则，首先由当事各方本着团结协作、互谅互让的精神进行协商，协商不成的，由当事双方共同的上一级人民政府处理。

（2）单位之间、个人之间、单位与个人之间发生的水事纠纷，应当协商解决；当事人不愿协商或者协商不成的，可以申请县级以上地方人民政府或者其授权的部门调解，也可以直接向人民法院提起民事诉讼。县级以上地方人民政府或者其授权的部门调解不成的，当事人可以向人民法院提起民事诉讼。在水事纠纷解决前，当事人不得单方面改变现状。

单位之间、个人之间、单位与个人之间发生的水事纠纷，是属于民事性质的纠纷。这类纠纷既受水法调整，也受民法调整，按照处理民事关系的法律规范，首先由当事人双方协商，也可以由当事人双方提请当地人民政府或其授权的主管部门调解，协商或调解不成的，当事人既可以提请政府和有关部门调解，也可以直接向人民法院起诉。

3. **执法监督检查**

《水法》为进一步强化执法监督工作，增加"水事纠纷处理与执法监督检查"一章，规定了水行政执法内容，明确了水行政执法的职责、权力和层级监督；同时，增加了对违反《水法》应处罚的行为、处罚种类及幅度的内容，加大了处罚力度。

（1）水行政执法主体。《水法》规定，水行政执法主体（包括监督检查和行政处罚）为县级以上人民政府水行政主管部门或者流域管理机构。《水法》还规定了其他两类执法主体：一是县级以上地方人民政府经济综合主管部门（第 68 条）；二是县级以上人民政府有关部门（第71条）。但从严格意义上讲，这两类机关具有的并非水行政执法权，而是在其行政职权范围内享有的其他的行政执法权。

（2）执法监督检查权力和职责。

《水法》规定水行政主管部门对违反《水法》的行为进行监督检查并依法进行查处，赋予水行政主管部门、流域管理机构及其水政监督检查人员在监督检查时应当忠于职守、秉公执法，并拥有以下职权：要求被检查单位提供有关文件、证照、资料；要求被检查单位就执行本法的有关问题作出说明；进入被检查单位的生产场所进行调查；责令被检查单位停止违反本法的行为，履行法定义务。

12.1.4　法律责任

1. 法律责任的含义及分类

（1）法律责任的含义。法律责任有广义和狭义之分。广义的法律责任与法律义务同义，既包括了法律所规定的应自觉履行的各种义务，也包括由于实际违反了法律的规定而应具体承担的强制履行的义务。狭义的法律责任是指行为人对自己的违法行为所应承担的带强制性的否定性后果。其特点如下：它与违法有密不可分的联系，违法是承担法律责任的前提和根据；它意味着国家机关代表国家查清违法行为的性质、特点和情节；它意味着国家对违法行为的否定性反映和谴责；它是国家机关代表国家对违法行为实行法律制裁的根据。

（2）法律责任的分类。按照违法的性质和危害程度，法律责任分为：①违反宪法法律责任；②民事法律责任；③行政法律责任；④刑事法律责任。

2. 水事法律责任的含义及分类

水事法律责任是指公民、法人、其他组织或水行政主体及其工作人员不履行水事法律规范所规定义务，或者实施了水事法律规范所禁止的行为，并且具备了违法行为的构成要件而依法应当承担相应的法律后果，接受法律、规范的制裁。

根据违法行为所侵犯的水事法律关系的客体、违法行为性质及其社会危害程度，可以将违法行为划分为：①水事行政违法行为；②民事违法行为；③刑事违法行为。相对应的行为人应当承担法律责任分别为：①行政法律责任；②民事法律责任；③刑事法律责任。

3. 水行政主管部门及其工作人员的法律责任

（1）责任行为。对不符合法定条件的单位或者个人核发许可证、签署审查同意意见；不按照水量分配方案分配水量；不按照国家有关规定收取水资源费；不履行监督职责；发现违法行为不予查处。

（2）责任方式。造成严重后果，构成犯罪的，对负有责任的主管人员和其他直接责任人员依照刑法的有关规定追究刑事责任；尚不够刑事处罚的，依法给予行政处分。

4. 当事人（行政相对人）的法律责任

（1）在河道管理范围内违法修建建筑的或从事影响河势稳定、危害河岸堤防安全和其他妨碍河道行洪活动的，根据其不同的违法情况（《水法》第65条），分别处罚：责令停止违法行为，或限期补办有关手续或责令限期改正；限期拆除，恢复原状；逾期不拆除、不恢复原状的，强行拆除，所需费用由违法单位或者个人负担，并处以1万元以上10万元以下的罚款。

（2）阻碍行洪的。有下列行为之一，且防洪法未作规定的，由县级以上人民政府水行政主管部门或者流域管理机构依据职权，责令停止违法行为，限期清除障碍或者采取其他补救措施，处 1 万元以上 5 万元以下的罚款：在江河、湖泊、水库、运河、渠道内弃置、堆放阻碍行洪的物体和种植阻碍行洪的林木及高秆作物的；围湖造地或者未经批准围垦河道的。

（3）造成水污染的。在饮用水水源保护区内设置排污口的，由县级以上地方人民政府责令限期拆除、恢复原状；逾期不拆除、不恢复原状的，强行拆除、恢复原状，并处以 5 万元以上 10 万元以下的罚款。未经水行政主管部门或者流域管理机构审查同意，擅自在江河、湖泊新建、改建或者扩大排污口的，由县级以上人民政府水行政主管部门或者流域管理机构依据职权，责令停止违法行为，限期恢复原状，并处以 5 万元以上 10 万元以下的罚款。

（4）生产使用被淘汰的落后、耗水量高的工艺、设备和产品的生产、销售或者在生产经营中使用国家明令淘汰的落后的、耗水量高的工艺、设备和产品的，由县级以上地方人民政府经济综合主管部门责令停止生产、销售或者使用，并处以 2 万元以上 10 万元以下的罚款。

（5）违法取水的。有下列行为之一的，由县级以上人民政府水行政主管部门或者流域管理机构依据职权，责令停止违法行为，限期采取补救措施，并处以 2 万元以上 10 万元以下的罚款；情节严重的，吊销其取水许可证：未经批准擅自取水的；未依照批准的取水许可规定条件下取水的。

（6）不依法交纳水资源费违法的。拒不缴纳、拖延缴纳或者拖欠水资源费的，由县级以上人民政府水行政主管部门或者流域管理机构依据职权，责令限期缴纳；逾期不缴纳的，从滞纳之日起按日加收滞纳部分 2‰的滞纳金，并处应缴或者补缴水资源费 1 倍以上 5 倍以下的罚款。

（7）建设项目违法的。建设项目的节水设施没有建成或者没有达到国家规定的要求，擅自投入使用的，由县级以上人民政府有关部门或者流域管理机构依据职权，责令停止使用，限期改正，并处以 5 万元以上 10 万元以下的罚款。

（8）其他违法行为的。违反《水法》第 7 章，有其他违法行为的依其侵犯的客体、违法性质及危害程度不同，分为民事违法、行政违法和刑事违法，应承担的法律责任相应为民事、行政和刑事责任。

12.2　水土保持法

12.2.1　水土保持法概述

1. 水土保持概念及立法

（1）水土保持的概念。水土保持是针对水土流失现象而提出的，是水土流失的相对语，水土保持法所称水土保持，是指对自然因素和人为活动造成水土流失所采取的预防和治理措施。

（2）水土保持的立法。"水土流失是我国的头号环境问题，我国的基本国情、现阶段的突出水情和水土流失的严峻形势表明，从根本上解决我国水土流失问题，是一项重大而紧迫的战略任务。"水利部部长陈雷说，我国水土流失防治进程与国家生态建设的总体目标差距很大，加强水土保持是搞好江河治理、保障防洪安全的迫切需要。

为了防治和治理水土流失，保护合理利用水土资源，减轻水、旱、风沙灾害，改善生态环境。1991年6月29日，全国人大常务委员会审议通过了《中华人民共和国水土保持法》，标志着我国水土保持工作从此步入法制化轨道，对预防和治理水土流失，改善农业生产条件和生态环境，促进我国经济社会可持续发展发挥了重要作用。1993年国务院还制定了《水土保持法实施条例》，此外，我国的《中华人民共和国环境保护法》、《中华人民共和国土地管理法》、《中华人民共和国水法》、《中华人民共和国森林法》、《中华人民共和国草原法》及《中华人民共和国农业法》中也有防治水土流失的规定。

但是，随着经济社会的迅速发展和人们对生态环境要求的不断提高，水土保持工作也遇到了一些新问题，需要通过修改现行法加以解决。

为此，2010年12月25日，新的《中华人民共和国水土保持法》由我国第11届全国人民代表大会常务委员会第18次会议于修订通过，现将修订后的《中华人民共和国水土保持法》公布，自2011年3月1日起施行。该法有7章，依次为总则、规划、预防、治理、监测和监督、法律责任和附则，共7章60条。

原法有6章42条，新《中华人民共和国水土保持法》共7章60条，增加了"规划"一章和18条规定，新的水土保持法概括起来有5大亮点：

（1）强化了政府和部门责任。一是要求将水土保持工作纳入本级国民经济和社会发展规划，并安排专项资金开展水土流失防治；二是在水土流失重点预防区和重点治理区实行地方政府水土保持目标责任制和考核评价制度；三是进一步明确了水行政主管部门和其他相关部门的职责。

（2）强化了规划的法律地位。一是新法增设了"规划"一章，就规划的编制主体、批准程序、种类、内容、编制、实施等作出了具体规定；二是将水土保持规划作为水土流失预防和治理、水土保持方案编制、水土保持补偿费征收的依据；三是要求基础设施建设、矿产资源开发等规划中要提出水土流失预防和治理的对策、措施。

（3）强化了预防保护制度。一是将预防为主、保护优先作为水土保持工作的指导方针；二是增加了对一些容易导致水土流失、破坏生态环境的行为予以禁止或者限制的规定；三是完善了水土保持方案制度、监测制度和验收制度，强化了人为水土流失的预防和管控。

（4）强化了综合治理措施。一是明确在水土流失重点治理区实施国家水土保持重点工程建设；二是明确水土保持投入保障机制；三是明确了在不同水土流失类型区的技术路线；四是引导和鼓励国内外单位和个人投资、捐资或者以其他方式参与水土流失治理；五是鼓励和支持保护性耕作、能源替代及生态移民等有利于水土保持的行为。

（5）强化了法律责任。针对原法有关法律责任的规定过于原则、不全面、处罚力度不够的问题，新法加大了对各种水土保持违法行为的处罚力度，增加了法律责任的种类，增强了法律执行的可操作性。

2. 水土保持法的原则规定

（1）国务院水行政主管部门主管全国的水土保持工作。

国务院水行政主管部门在国家确定的重要江河、湖泊设立的流域管理机构（以下简称流域管理机构），在所管辖范围内依法承担水土保持监督管理职责。

县级以上地方人民政府水行政主管部门主管本行政区域的水土保持工作。

县级以上人民政府林业、农业、国土资源等有关部门按照各自职责，做好有关的水土流失预防和治理工作。

（2）水土保持的方针。

水土保持工作实行预防为主、保护优先、全面规划、综合治理、因地制宜、突出重点、科学管理、注重效益的方针。

（3）国家在水土流失重点预防区和重点治理区，实行地方各级人民政府水土保持目标责任制和考核奖惩制度。水土保持工作具有公益性、综合性、社会性、长期性等特点，必须由政府统一组织推动，长期坚持不懈，才能取得显著成效。从法律上把水土保持工作列为政府的重要职责，将水土保持工作完成情况与政府工作考核和评价直接挂钩，对强化水土流失防治、提高治理成效将发挥积极作用。

（4）任何单位和个人都有保护水土资源、预防和治理水土流失的义务，并有权对破坏水土资源、造成水土流失的行为进行举报。

（5）国家鼓励和支持社会力量参与水土保持工作。对水土保持工作中成绩显著的单位和个人，由县级以上人民政府给予表彰和奖励。

12.2.2　水土保持规划

1. 水土保持规划概念

水土保持规划是在一定的地区范围内，根据当地的水土流失状况、自然经济条件和国民经济发展要求，在区域规划的基础上，结合生态建设规划和小流域治理规划以及防洪需要进行的。

2. 水土保持规划法律规定

新的《中华人民共和国水土保持法》进一步强化了水土保持规划的法律地位，对水土保持规划的编制依据与主体、规划类别与内容、编制要求及组织实施作了明确规定。

（1）水土保持规划编制。县级以上人民政府水行政主管部门会同同级人民政府有关部门编制水土保持规划，报本级人民政府或者其授权的部门批准后，由水行政主管部门组织实施。

水土保持规划一经批准，应当严格执行；经批准的规划根据实际情况需要修改的，应当按照规划编制程序报原批准机关批准。

（2）水土保持规划的内容。水土保持规划的内容应当包括水土流失状况、水土流失类型区划分、水土流失防治目标、任务和措施等。水土保持规划包括对流域或者区域预防和治理水土流失、保护和合理利用水土资源作出的整体部署，以及根据整体部署对水土保持专项工作或者特定区域预防和治理水土流失作出的专项部署。水土保持规划应当与土地利用总体规划、水资源规划、城乡规划和环境保护规划等相协调。

（3）有关基础设施建设、矿产资源开发、城镇建设、公共服务设施建设等方面的规划，在实施过程中可能造成水土流失的，规划的组织编制机关应当在规划中提出水土流失预防和治理的对策和措施，并在规划报请审批前征求本级人民政府水行政主管部门的意见。

12. 2. 3　水土流失的预防

1. 水土流失的预防措施

《中华人民共和国水土保持法》作为我国自然资源法律体系的组成部分，与其他资源法相比，侧重于水土资源的保护，特别强调了水土保持工作的预防性。水土保持法突出了水土保持的预防保护，明确禁止毁林、毁草开垦和采集发菜。

（1）禁止在崩塌、滑坡危险区和泥石流易发区从事取土、挖砂、采石等可能造成水土流失的活动。水土流失严重、生态脆弱的地区，应当限制或者禁止可能造成水土流失的生产建设活动，严格保持植物、沙壳、结皮、地衣等。

（2）禁止在25°以上陡坡地开垦种植农作物。禁止在水土流失重点预防区和重点治理区铲草皮、挖树兜或者滥挖虫草、甘草、麻黄等。

（3）在容易发生水土流失的区域开办可能造成水土流失的生产建设项目，应当编制水土保持方案，内容包括水土流失预防和治理的范围、目标、措施和投资等内容。

（4）对采集发菜行为的法律责任作出规定，由县级以上地方人民政府水行政主管部门责令停止违法行为，采取补救措施，没收违法所得，并处违法所得1倍以上5倍以下的罚款；没有违法所得的，可以处以5万元以下的罚款。

2. 水土保持方案的编报、审批与实施

（1）水土保持方案的编制。在山区、丘陵区、风沙区及水土保持规划确定的容易发生水土流失的其他区域开办可能造成水土流失的生产建设项目，生产建设单位应当编制水土保持方案，报县级以上人民政府水行政主管部门审批，并按照经批准的水土保持方案，采取水土流失预防和治理措施。没有能力编制水土保持方案的，应当委托具备相应技术条件的机构编制。

（2）水土保持方案的内容。水土保持方案应当包括水土流失预防和治理的范围、目标、措施和投资等内容。

（3）水土保持方案的审批。水土保持方案经批准后，生产建设项目的地点、规模发生重大变化的，应当补充或者修改水土保持方案并报原审批机关批准。水土保持方案实施过程中，水土保持措施需要作出重大变更的，应当经原审批机关批准。

生产建设项目水土保持方案的编制和审批办法，由国务院水行政主管部门制定。

（4）水土保持方案的实施。依法应当编制水土保持方案的生产建设项目，生产建设单位未编制水土保持方案或者水土保持方案未经水行政主管部门批准的，生产建设项目不得开工建设。

依法应当编制水土保持方案的生产建设项目中的水土保持设施，应当与主体工程同时设计、同时施工、同时投产使用；生产建设项目竣工验收，应当验收水土保持设施；水土保持设施未经验收或者验收不合格的，生产建设项目不得投产使用。

依法应当编制水土保持方案的生产建设项目，其生产建设活动中排弃的砂、石、土、矸石、尾矿、废渣等应当综合利用；不能综合利用，确需废弃的，应当堆放在水土保持方

案确定的专门存放地，并采取措施保证不产生新的危害。

县级以上人民政府水行政主管部门、流域管理机构，应当对生产建设项目水土保持方案的实施情况进行跟踪检查，发现问题及时处理。

12.2.4　水土流失的治理

1. 水土流失的种类

根据破坏土壤外营力的不同，通常将水土流失类型分为水蚀、风蚀、重力侵蚀、泥石流和冻融侵蚀 5 大类。

（1）水蚀是由于水力作用造成的土壤流失，这是我国最常见、最广泛、危害最严重的一种流失现象。

（2）风蚀是由风力作用引起的土壤侵蚀。

（3）重力侵蚀是指受土体本身重力的影响，在沿坡面的分力和水流的作用下，造成的滑塌、崩山、泻溜等现象。

（4）泥石流是山洪挟带大量泥沙、石块顺坡沿沟流动形成的。

（5）冻融侵蚀是指在冬季寒冷地区，由于表层土体和岩石间的水分冻结而体积膨胀，对土体和岩石产生很大的压力，当春季冻雪融化时，因下层冻土传热慢融化也慢，形不成透水层，而产生地表径流，造成的水土流失。

2. 水土流失的治理

（1）治理责任规定。国家加强水土流失重点预防区和重点治理区的坡耕地改梯田、淤地坝等水土保持重点工程建设，加大生态修复力度。县级以上人民政府水行政主管部门应当加强对水土保持重点工程的建设管理，建立和完善运行管护制度。国家加强江河源头区、饮用水水源保护区和水源涵养区水土流失的预防和治理工作，多渠道筹集资金，将水土保持生态效益补偿纳入国家建立的生态效益补偿制度。

建设单位和个人的治理责任。第一，开办生产建设项目或者从事其他生产建设活动造成水土流失的，应当进行治理。第二，在山区、丘陵区、风沙区以及水土保持规划确定的容易发生水土流失的其他区域开办生产建设项目或者从事其他生产建设活动，损坏水土保持设施、地貌植被，不能恢复原有水土保持功能的，应当缴纳水土保持补偿费，专项用于水土流失预防和治理。专项水土流失预防和治理由水行政主管部门负责组织实施。水土保持补偿费的收取使用管理办法由国务院财政部门、国务院价格主管部门会同国务院水行政主管部门制定。生产建设项目在建设过程中和生产过程中发生的水土保持费用，按照国家统一的财务会计制度处理。

（2）参与水土流失治理政策扶持。国家鼓励单位和个人按照水土保持规划参与水土流失治理，并在资金、技术、税收等方面予以扶持。国家鼓励和支持承包治理荒山、荒沟、荒丘、荒滩，防治水土流失，保护和改善生态环境，促进土地资源的合理开发和可持续利用，并依法保护土地承包合同当事人的合法权益。承包治理荒山、荒沟、荒丘、荒滩和承包水土流失严重地区农村土地的，在依法签订的土地承包合同中应当包括预防和治理水土流失责任的内容。

（3）在不同水土流失区治理措施。在水力侵蚀地区，地方各级人民政府及其有关部门应当组织单位和个人，以天然沟壑及其两侧山坡地形成的小流域为单元，因地制宜地采取工程措施、植物措施和保护性耕作等措施，进行坡耕地和沟道水土流失综合治理。

在风力侵蚀地区，地方各级人民政府及其有关部门应当组织单位和个人，因地制宜地采取轮封轮牧、植树种草、设置人工沙障和网格林带等措施，建立防风固沙防护体系。

在重力侵蚀地区，地方各级人民政府及其有关部门应当组织单位和个人，采取监测、径流排导、削坡减载、支挡固坡、修建拦挡工程等措施，建立监测、预报、预警体系。

在山区、丘陵区、风沙区及容易发生水土流失的其他区域，采取下列有利于水土保持的措施：免耕、等高耕作、轮耕轮作、草田轮作、间作套种等；封禁抚育、轮封轮牧、舍饲圈养；发展沼气、节柴灶，利用太阳能、风能和水能，以煤、电、气代替薪柴等；从生态脆弱地区向外移民；其他有利于水土保持的措施。

（4）饮用水水源保护区治理措施。在饮用水水源保护区，地方各级人民政府及其有关部门应当组织单位和个人，采取预防保护、自然修复和综合治理措施，配套建设植物过滤带，积极推广沼气，开展清洁小流域建设，严格控制化肥和农药的使用，减少水土流失引起的面源污染，保护饮用水水源。

（5）其他规定。已在禁止开垦的陡坡地上开垦种植农作物的，应当按照国家有关规定退耕，植树种草；耕地短缺、退耕确有困难的，应当修建梯田或者采取其他水土保持措施。

在禁止开垦坡度以下的坡耕地上开垦种植农作物的，应当根据不同情况，采取修建梯田、坡面水系整治、蓄水保土耕作或者退耕等措施。

对生产建设活动所占用土地的地表土应当进行分层剥离、保存和利用，做到土石方挖填平衡，减少地表扰动范围；对废弃的砂、石、土、矸石、尾矿、废渣等存放地，应当采取拦挡、坡面防护、防洪排导等措施。生产建设活动结束后，应当及时在取土场、开挖面和存放地的裸露土地上植树种草、恢复植被，对闭库的尾矿库进行复垦。

在干旱缺水地区从事生产建设活动，应当采取防止风力侵蚀措施，设置降水蓄渗设施，充分利用降水资源。

12.2.5 法律责任

我国加大水土保持违法处罚力度最高罚款 50 万元。

（1）对 3 种违反水土保持法规定的行为且逾期不补办手续的，处以 5 万元以上 50 万元以下的罚款，包括依法应当编制水土保持方案的生产建设项目，未编制水土保持方案或者编制的水土保持方案未经批准而开工建设的；生产建设项目的地点、规模发生重大变化，未补充、修改水土保持方案或者补充、修改的水土保持方案未经原审批机关批准的；水土保持方案实施过程中，未经原审批机关批准，对水土保持措施作出重大变更的。

（2）水土保持法还规定，水土保持设施未经验收或者验收不合格将生产建设项目投产使用的，由县级以上人民政府水行政主管部门责令停止生产或者使用，直至验收合格，并处以 5 万元以上 50 万元以下的罚款；依法应当编制水土保持方案的生产建设项目，未编制水土保持方案或者编制的水土保持方案未经批准而开工建设的；生产建设项目的地点、规模发生重大变化，未补充、修改水土保持方案或者补充、修改的水土保持方案未经原审批机关批准的；水土保持方案实施过程中，未经原审批机关批准，对水土保持措施作出重大变更的。

12.3　水资源管理法律规定

水是生命的源泉，是人类生活和生产不可缺少的基本物质，是人类社会生存和发展不可缺少、不可替代的自然资源。当今世界面临的人口、粮食、能源和环境 4 大问题，都与水密切相关。水资源已是整个国民经济的命脉，必须加强对水资源的管理。

12.3.1　水资源管理的含义及其主要内容

水资源管理是指水资源开发和利用的组织、协调、监督和调度（见《中国大百科全书》）。"组织"是指运用行政、法律、经济、技术和教育等手段，组织各种社会力量开发和利用水资源和防治水害；"协调"是指协调社会经济发展与水资源开发和利用之间的关系，处理各地区、各部门之间的用水矛盾；"监督"是指监督、限制不合理的开发水资源和危害水源的行为；"调度"是指制定供水系统和水库工程优化调度方案，科学地分配水量。国家对水资源进行的所有权管理有 3 种管理形态，即动态管理、权属管理和监督管理。

12.3.2　水资源所有权和使用权的规定

水的所有权问题，是《水法》的核心问题。它是制定有关水事法律规范的立足点和出发点。《民法通则》规定，所有权包括占有、使用、收益和处分的权利。《水法》作了明确的规定：水资源属于国家所有。水资源的所有权由国务院代表国家行使；农村集体经济组织的水塘和由农村集体经济组织修建管理的水库中的水，归各该农村集体经济组织使用；国家鼓励单位和个人依法开发、利用水资源，并保护其合法权益。开发、利用水资源的单位和个人有依法保护水资源的义务。

12.3.3　水资源管理体制

国家对水资源实行流域管理与区域管理相结合，统一管理与分级管理相结合的水资源管理体制。

（1）国家对水资源实行流域管理与行政区域管理相结合的制度。国务院水行政主管部门负责全国水资源的统一管理和监督工作。

（2）国务院水行政主管部门在国家确定的重要江河、湖泊设立的流域管理机构（以下简称流域管理机构），在所管辖的范围内行使法律、行政法规规定的和国务院水行政主管部门授予的水资源管理和监督职责。

（3）县级以上地方人民政府水行政主管部门按照规定的权限，负责本行政区域内水资源的统一管理和监督工作。

（4）国务院有关部门按照职责分工，负责水资源开发、利用、节约和保护的有关工作。

（5）县级以上地方人民政府有关部门按照职责分工，负责本行政区域内水资源开发、利用、节约和保护的有关工作。

12.3.4　取水许可制度

取水许可制度指依据《水法》的规定，国家对水资源实施统一管理的一项重要制度，是调控水资源供求关系的基本手段，是水管理的核心制度。

1. 取水许可制度实施的范围

根据《水法》和《取水许可制度实施办法》的规定，国家对直接从江河、湖泊或者地下取用水资源的单位和个人，应当按照国家取水许可制度和水资源有偿使用制度的规定，向水行政主管部门或者流域管理机构申请领取取水许可证，并缴纳水资源费，取得取水权。但是，家庭生活和零星散养、圈养畜禽饮用等少量取水的除外。为农业抗旱应急、保证矿井等地下工程施工安全和生产安全以及为抗御和消除对公共安全或公共利益的危害（如消防）必须取水的，免于申请取水许可。因此，凡利用水工程或者机械设备直接从地下或者江河、湖泊取水的一切单位和个人除依法不需或免于申请取水许可证的情况外，都应当申请取水许可证，并依照规定取水。

2. 取水许可的预申请、审批

为使建设项目在可行性分析研究阶段充分考虑水源条件，避免由于水源不落实，决策失误造成损失，《取水许可制度实施办法》规定，取水许可实行预申请、申请制度即新建、改建、扩建的建设项目，需要申请或者重新申请取水许可的，建设单位应向取水口所在地的县级以上水行政主管部门提出取水许可预申请、申请。受理机关在收到取水许可预申请、申请后，应当按规定（《取水许可制度实施办法》第 19 条）的审查权限审查，需由上级审批机关审查的，应逐级审核上报，由具有审查权的审批机关审查。由水利部或者其授权的流域管理机构审批的取水许可申请，受理机关应在收到取水许可申请或者补正的取水许可申请之日起 30 日内（对急需取水的在 15 日内）上报水利部或者授权的流域管理机构审批。

（1）取水许可预申请。建设单位在编制项目设计任务书（即国家现行基本建设管理程序中的"可行性研究报告"）前，应提出取水许可预申请，由水行政主管部门会同有关部门进行审查，并提出书面意见。申请人在提出预申请时，应提交以下文件：按规定填写的取水许可预申请书；建设项目建议书的简要说明；取水工程取水量保证程度的分析报告；取水水源已开发和利用状况及水源动态的分析报告；当取水水源预申请的标的与第三者有利害关系时，第三者的承诺书或其他文件；取水和退水对水环境影响的分析报告。联合兴办取水工程取水的，还应附具由联合兴办人出具的取水申请人委托书。

建设单位在报送建设项目设计任务书时，应当附具水行政主管部门的书面意见。建设项目经批准后，建设单位再持设计任务书等有关批准文件提出取水许可申请。取水单位在提出申请时，应提交取水许可申请书；取水许可申请所依据的有关文件、取水工程环境影响报告书（表）以及取水许可申请与第三者有利害关系时，第三者的承诺书或者其他文件等有关文件资料。取水许可申请所依据的文件主要是指与建设项目有关的批准文件和其他足以证实取水缘由的文件。

（2）取水许可的审批。

1）审批时间。一般情况下，在规定的审批权限内，在 60 天内决定批准或者不批准；对急需取水的，应在 30 日内决定批准或者不批准。

2）审批程序。水行政主管部门在审批取水许可预申请或申请时，必须事先派人进行现场勘察。并依据本流域水资源开发和利用规划、中长期水供求计划和主要供水水源的水量分配进行审批。对申请取用地下水的，还应依据地下水资源开发和利用规划和地下水年度计划开采总量、取水层位和井点布局及有关水文地质资料进行审批。

3）审批要求。取水申请审批机关或审核机关应在取水审查意见中，对取水申请人的取水地点、取水源、年取水量、最大取水流量、取水用途、取水和退水水质、节约用水、竣工验收等方面提出明确要求。取用地下水的，还应对井深、井径、成井要求、地下水动态观测等方面提出明确要求。

3. 取水项目的竣工验收和发证

（1）取用地表水的项目。取用地表水的项目经审批机关批准后，申请人方可动工兴建。施工前，申请人应向水行政主管部门提交施工计划，并由水行政主管部门派人参加该项取水口工程的施工放样。取水项目竣工后，取水申请人需向水行政主管部门提交有关竣工资料，经审批机关验收合格并核定了取水量后，发给取水许可证。

（2）取用地下水的项目。取用地下水的项目经审批机关批准后，申请人方可与施工单位签订凿井施工合同，并办理凿井许可手续，现场确定井位。施工中，水行政主管部门应加强监督管理，督促施工单位严格按成井规范进行施工。井成后，水行政主管部门应督促施工单位提交井点平面布置图、成井柱状图、抽水试验记录、恢复水位记录、洗井记录、水质分析报告等有关成井资料。经有审批权的水行政主管部门验收合格并核定取水量后，发放取水许可证。

（3）发证与公告。取水许可证分正本和副本各一件。正本由取水申请人持有，副本由监督管理机关或其委托的管理机关备存。取水许可证的有效期，最长不超过 5 年。水行政主管部门应建立取水许可登记簿，定期公告。

4. 取水许可的调整、变更、吊销和监督管理

（1）取水许可是发证机关根据本地区正常情况下天然来水量，经过综合平衡后批准给取水单位和个人一定的取水权益。但是，当遇到枯水年或者特枯水年份，自然来水量大幅度减少时，所分配的取水分额便得不到保证，需要对取水进行调整。

（2）取水单位依法取得的取水权是一种相对的权益，是可以变更的。只要符合《取水许可制度实施办法》对取水量核减或限制的法定情形，经县级以上人民政府批准，可以对取水量的进行核减或限制。

（3）取水许可的吊销。对于连续停止取水满一年的，经县级以上人民政府批准，吊销其取水许可证。取水期满，取水许可证自行失效，需要延长期限的，应在距期限前 90 日，提出申请。因自然原因等需要更改取水地点的，须经原批准机关批准。

（4）取水许可监督管理。

1）计划用水管理。取水单位和个人应当在开始取水前向水行政主管部门报送年度用水计划，并在下一年度的第一个月报送用水总结。应当安装计量设施，依照取水许可证的规定取水，并接受检查，提供取水量测定等资料。

2）节约用水管理。对耗水超过规定标准的单位应当限期改进，期满无正当理由仍达不到规定要求的，由水行政主管部门提出，经县级以上人民政府批准，可以根据规定的用水标准核减其取水量。

3）取水许可年度审验。取水许可年审工作按照"谁发证谁负责"的原则进行。上级

水行政主管部门、流域机构审批发放的取水许可证，委托下级水行政主管部门或直属单位进行监督管理的，由被委托行使监督管理权的机关负责年审。

12.4　防汛抗洪法律规定

1. 防御洪水方案的含义及主要内容

防御洪水方案是在现有防洪工程设施和自然地理环境条件下，对可能发生的各种不同类型的洪水预先制定的防御对策和计划安排。它是防汛抗洪战略部署重大决策的指令性文件，是各级人民政府防汛指挥机构实施防洪调度决策和抢险救灾的依据。

防御洪水方案的内容主要包括基本概况、资料分析、防御任务、洪水调度方式和实施措施等。目前各地已制定的方案有：防御洪水方案或预案；防台风暴潮灾害预案；防山洪、泥石流、滑坡灾害预案；防冰凌洪水灾害方案；防溃坝洪水灾害预案以及河道、水库、蓄滞洪区防洪调度计划等。这些方案和预案在实际防汛抗洪中发挥了很好的指导作用。

2. 防御洪水方案的制定和审批

《中华人民共和国防洪法》（以下简称《防洪法》）规定："长江、黄河、淮河、海河的防御洪水方案，由国家防汛指挥机构制定，报国务院批准；跨省、自治区、直辖市的其他江河的防御洪水方案，由有关流域管理机构会同有关省、自治区、直辖市人民政府制定，报国务院或者国务院授权的有关部门批准，防御洪水方案经批准后，有关地方人民政府必须执行。"省、自治区、直辖市行政区范围以内的江河的防御洪水方案的制定和审批权限，可由省级人民政府规定。

3. 防汛责任制

《防洪法》第38条规定："防汛抗洪工作实行各级人民政府行政首长负责制，统一指挥、分级分部门负责。"

各级人民政府的行政首长对本辖区内管辖的防汛抗洪事项负责。这是防汛责任制的核心和前提，如发生由于工作上的失误而造成防汛抗洪工作严重损失的，首先要追究行政首长的行政责任。防汛抗洪工作实行统一指挥与分级分部门负责的制度。统一指挥和分级分部门负责这两层意思是密切联系，要求一致的。要在统一指挥的原则下，做到分级分部门负责，在分级分部门负责的基础上实行统一指挥。

4. 防汛组织机构的责任

（1）国家防汛指挥机构的职责。依照《防洪法》和国务院授权，国家防汛抗旱总指挥部负责组织、领导全国的防汛抗洪工作。其主要职责包括：贯彻执行国家有关防汛工作的方针、政策及指令；制定防汛法规；组织制定重要江河的防御洪水方案和调度方案；督促检查各地防汛、计划和防汛准备；协调国务院有关部门的防汛工作；会同国务院有关部门审定防洪资金和防汛补助经费；负责全国重点防汛物资储备、调拨及管理；汛期掌握水情、汛情、灾情，及时向国务院提出报告；对防汛抗洪重大问题提出处理建议；开展防汛抗洪宣传教育和技术培训等。

（2）地方防汛指挥机构的职责。县级以上地方防汛指挥机构在上级防汛指挥机构和本级人民政府的领导下指挥本地区的防汛抗洪工作。其主要职责是：贯彻实施防汛工作的法规、政策；执行上级指令；制定和审批所管辖范围内江河、湖泊防御洪水方案和防汛工作计划；督促检查防汛准备；督促检查所属防洪工程的修复；会同有关部门安排有关防洪、防汛经费；储备管理防汛物资；掌握本地区水情、汛情、灾情；向上级提出报告和建议；发布洪水预报、警报；下达和执行防汛调度命令；组织防汛队伍；指挥防汛抢险及灾区人员安全转移；开展防汛工作的宣传教育和培训工作。

（3）重要江河、湖泊防汛指挥机构的职责。依据《防洪法》和各级人民政府、上级主管部门授权，重要江河、湖泊防汛指挥机构负责本流域所管辖范围内的防汛抗洪工作，其主要职责包括：贯彻执行上级防汛指挥机构的指令；制定防汛实施计划；根据已批准的防御洪水方案，会同有关地方人民政府制定实施措施；协调有关地方人民政府的防洪调度实施意见；监督检查有关防汛抗洪工作和调度指令的执行情况；掌握水情、汛情、灾情；及时向上级提出情况报告和提供洪水预报；组织防汛抢险队伍；负责储备防汛抢险物料；组织汛后检查，制定所辖水毁工程的修复计划并组织实施。

（4）有防汛抗洪任务的部门和单位的职责。有防汛抗洪任务的部门和单位，应根据防御洪水方案，结合本地的具体情况做好实施准备。例如，落实防御洪水方案的宣传教育、健全防汛组织系统和责任制度、落实各项工程措施、做好水情测报预报工作、做好通信联络和物料储备及人力组织等。

5. 汛期和紧急防汛期的防汛与抢险

"汛期"由各省、自治区、直辖市人民政府防汛指挥机构划定，是所辖行政区内防汛抗洪准备工作和行动部署的重要依据。汛期一般有春汛（或桃汛）、伏汛和秋汛之分，起止时间由省级人民政府防汛指挥机构划定。在紧急防汛期，国家防汛指挥机构或者其授权的流域、省、自治区、直辖市防汛指挥机构有权对壅水、阻水严重的桥梁、引道、码头和其他跨河工程设施作出紧急处置。

"紧急防汛期"是当江河、湖泊的水情接近保证水位或者安全流量，水库水位接近设计洪水位，或者防洪工程设施发生重大险情时，由有关县级以上人民政府防汛指挥机构宣布而确定的。在紧急防汛期，防汛指挥机构根据防汛抗洪的需要，有权在其管辖范围内调用物资、设备、交通运输工具和人力，决定采取取土占地、砍伐林木、清除阻水障碍物和其他必要的紧急措施；必要时，公安、交通等有关部门按照防汛指挥机构的决定，依法实施陆地和水面管制。在紧急防汛期依法调用的物资、设备、交通运输工具等，在汛期结束后应当及时归还；造成损坏或者无法归还的，按照国务院有关规定给予适当补偿或者作其他处理。取土占地、砍伐林木的，在汛期结束后依法向有关部门补办手续；有关地方人民政府对取土后的土地组织复垦，对砍伐的林木组织补种。

6. 灾后恢复与救济

《防洪法》第 47 条就灾后恢复与救济进行了规定：发生洪涝灾害后，有关人民政府应当组织有关部门、单位做好灾区的生活供给、卫生防疫、救灾物资供应、治安管理、学校复课、恢复生产和重建家园等救灾工作以及所管辖地区的各项水毁工程设施修复工作。水毁防洪工程设施的修复，应当优先列入有关部门的年度建设计划；国家鼓励、扶持开展洪水保险。

12.5   水利工程建设、管理与保护法律规定

1. 水利工程管理界定

2000 年 1 月 2 日实施《广东省水利工程管理条例》（以下简称《水利工程管理条例》），明确规定广东省省行政区域内下列水利工程的管理、保护和利用适用《水利工程管理条例》：防洪、防潮、排涝工程；蓄水、引水、供水、提水和农业灌溉工程；防渍、治碱工程；水利水电工程；水土保持工程；水文勘测、三防（防汛、防风、防旱）通信工程；其他水资源保护、利用和防治水害的工程。

2. 管理原则和管理体制

（1）县级以上水行政主管部门负责本行政区域内水利工程的统一管理工作和本条例的组织实施。建设、交通、电力等部门，依照各自职责，管理有关的水利工程。土地管理、地震、公安等有关部门，协同做好水利工程管理工作。

（2）各级人民政府应当加强对水利工程管理的领导，按照分级管理的原则，理顺管理体制，明确责、权、利关系，保障水利工程的安全及正常运行。

3. 水利工程项目建设

（1）兴建水利工程项目应当严格按照建设程序，履行规定的审批手续，实行项目法人责任制、招标投标制和建设监理制。新建、扩建和改建水利工程，其勘测、设计、施工、监理应当由具有相应资质的单位承担，按照分级管理的原则，接受水行政主管部门对工程质量的监督。

（2）将水利工程发包给不具备相应资质单位的，其签订的承包、发包合同无效，并责令工程发包人限期重新组织招标和投标。

（3）水利工程勘测、设计、施工、监理单位的资质按照国家的有关规定认定。

（4）未经验收合格的水利工程不得交付使用。

4. 水利工程项目管理

（1）大、中型和重要的小型水利工程，由县级以上水行政主管部门分级管理；跨市、县（区）、乡（镇）的水利工程，由其共同的上一级水行政主管部门管理，也可以委托主要受益市、县（区）水行政主管部门或乡（镇）人民政府管理；未具体划分规模等级的水利工程，由其所在地的水行政主管部门管理；其他小型水利工程由乡（镇）人民政府管理；变更水利工程的管理权，应当按照原隶属关系报经上一级水行政主管部门批准。

（2）大、中型和重要的小型水利工程应当设置专门管理单位，未设置专门管理单位的小型水利工程必须有专人管理。同一水利工程必须设置统一的专门管理单位。水利工程管理单位具体负责水利工程的运行管理、维护和开发利用；小（一）型水库以乡（镇）水利管理单位管理为主，小（二）型水库以村委会管理为主。

（3）防洪排涝、农业灌排、水土保持、水资源保护等以社会效益为主、公益性较强的水利工程，其维护运行管理费的差额部分按财政体制由各级财政核实后予以安排。供水、水力发电、水库养殖、水上旅游及水利综合经营等以经济效益为主、兼有一定社会效益的水利工程，要实行企业化管理，其维护运行管理费由其营业收入支付；国有水利工程的项

目性质分类，由水行政主管部门会同有关部门划定。

（4）水利工程管理单位应当建立健全管理制度，严格按照有关规程规范运行管理，接受水行政主管部门的监督，服从政府防汛指挥机构的防洪、抗旱调度，确保水利工程的安全和正常运行。当水利工程的发电、供水与防洪发生矛盾时，应当服从防洪。

（5）通过租赁、拍卖、承包、股份合作等形式依法取得水利工程经营权的单位和个人，未经水行政主管部门批准，不得改变工程原设计的主要功能。

（6）大、中、小型水库、灌区、闸坝、水电站等水利工程的划分，按照国家的有关规定执行。

（7）水费的收取。由水利工程提供生产、生活和其他用水服务的单位和个人，应当向水利工程管理单位缴纳水费，逾期不缴纳水费的，从逾期之日起，按日加收应缴额 2‰的滞纳金。供水价格由县级以上物价行政主管部门会同水行政主管部门按照国家产业政策的规定制定和调整。

5. 水利工程保护

（1）水利工程管理范围的划定。县级以上人民政府应当按照下列标准划定国家所有的水利工程管理范围：

1）水库。工程区：挡水、泄水、引水建筑物及电站厂房的占地范围及其周边，大型及重要中型水库 50～100m，主、副坝下游坝脚线外 200～300m；中型水库 30～50m；主、副坝下游坝脚线外 100～200m。库区：水库坝址上游坝顶高程线或土地征用线以下的土地和水域。

2）堤防。工程区：主要建筑物占地范围及其周边：西江、北江、东江、韩江干流的堤防和捍卫重要城镇或 5 万亩以上农田的其他江海堤防，从内、外坡堤脚算起每侧 30～50m；捍卫 1 万～5 万亩农田的堤防，从内、外坡堤脚算起每侧 20～30m。

3）水闸。工程区：水闸工程各组成部分（包括上游引水渠、闸室、下游消能防冲工程和两岸连接建筑物等）的覆盖范围以及水闸上、下游、两侧的宽度，大型水闸上、下游宽度 300～1000m，两侧宽度 50～200m；中型水闸上、下游 50～300m，两侧宽度 30～50m。

4）灌区。主要建筑物占地范围及周边：大型工程 50～100m，中型工程 30～50m；渠道：左、右外边坡脚线之间用地范围。

5）生产、生活区（包括生产及管理用房、职工住宅及其他文化、福利设施等）。按照不少于房屋建筑面积的 3 倍计算。

其他水利工程的管理范围，由县或乡镇人民政府参照上述标准划定。

（2）水利工程管理范围的土地使用权。县级以上人民政府对已征用或已划拨的水利工程管理范围内的土地，应当依法办理确权发证手续。已划定管理范围并已办理确权发证手续的，不再变更；尚未确权发证的，应当按照本条例第 15 条规定的标准依法办理征用或划拨土地手续。

任何单位和个人不得侵占水利工程管理范围内的土地和水域。国家建设需要征用管理范围内的土地，应当征得有管辖权的水行政主管部门同意。

（3）水利工程管理范围禁止性规定。在水利工程管理范围内禁止下列行为：兴建影响水利工程安全与正常运行的建筑物和其他设施；围库造地；爆破、打井、采石、取土、挖矿、葬坟以及在输水渠道或管道上决口、阻水、挖洞等危害水利工程安全的活动；倾倒土、石、矿渣、垃圾等废弃物；在江河、水库水域内炸鱼、毒鱼、电鱼和排放污染物；损毁、破坏水利工程设施及其附属设施和设备；在坝顶、堤顶、闸坝交通桥行驶履带拖拉机、硬轮车及超重车辆，在没有路面的坝顶、堤顶雨后行驶机动车辆；在堤坝、渠道上垦殖、铲草、破坏或砍伐防护林；其他有碍水利工程安全运行的行为。

（4）水利工程管理范围内从事生产经营活动的规定。在水利工程管理范围内从事生产经营活动的，必须经水行政主管部门同意，并与水利工程管理单位签订协议。

（5）水利工程的保护范围的划定。县级以上人民政府应当按照下列标准在水利工程管理范围边界外延划定水利工程保护范围：水库、堤防、水闸和灌区的工程区、生产区的主体建筑物不少于200m，其他附属建筑物不少于50m；库区水库坝址上游坝顶高程线或者土地征用线以上至第一道分水岭脊之间的土地；大型渠道15～20m，中型渠道10～15m，小型渠道5～10m。其他水利工程的保护范围，由县或乡镇人民政府参照上述标准划定。

（6）水利工程保护范围禁止性规定。在水利工程保护范围内，不得从事危及水利工程安全及污染水质的爆破、打井、采石、取土、陡坡开荒、伐木、开矿、堆放或排放污染物等活动。

（7）水利工程管理和保护范围新建、扩建和改建的各类建设项目的规定。在水利工程管理范围和保护范围内新建、扩建和改建的各类建设项目，其可行性研究报告在按照国家和省规定的基本建设程序报请批准前，其中的工程建设方案应当经水行政主管部门审查同意。在通航水域的，应当征得交通行政主管部门同意。需要占用土地的，在水行政主管部门对该工程设施的位置和界限审查批准后，建设单位方可依法办理用地、开工手续；工程施工应当接受水行政主管部门的检查监督，竣工验收应当有水行政主管部门参加。

6. 违法行为及法律责任

（1）水利工程发包、勘测、设计、施工违法的。

违反规定，将水利工程发包给不具备相应资质单位的，以及不具备相应资质的单位从事水利工程勘测、设计、施工的，由建设行政主管部门依法处罚。

（2）水利工程建设监理违法的。

违反规定，不具备相应资质的单位从事水利工程建设监理的，责令其停止违法行为，并没收其违法所得；造成严重后果的，可以降低或取消其资质，并处以违法所得1倍以上3倍以下的罚款。将水利工程建设监理发包给不具备相应资质单位的，责令其改正，可处以该项建设工程投资预算5‰以下的罚款。

（3）水利工程使用违法的。

违反规定，将未经验收合格的水利工程投入使用的，责令其停止使用，并责令原建设单位立即采取补救措施，限期验收，对责任者可处以5万元以下罚款；因建设工程不合格或有缺陷而造成人身或财产损害的，原建设单位应当承担赔偿责任。

（4）缴纳水费违法的。

违反规定，拒不缴纳水费，水利工程管理单位可以限制供水直至停止供水，也可直接向人民法院提起诉讼。

（5）其他规定。

违反规定，移动和破坏水利工程管理单位埋设的永久界桩的，责令其停止违法行为，恢复原状或者赔偿损失。

未经水行政主管部门批准或者同意，擅自在水利工程管理和保护范围修建工程设施、兴建旅游设施或其他可能污染水库水体的生产经营设施的，责令其停止违法行为，限期拆除违法建筑物或者工程设施，可处以 1 万元以上 5 万元以下的罚款。

（6）行政处罚的实施。

行政处罚，除特别规定外，由县级以上水行政主管部门实施；违反治安管理处罚条例的，由公安机关依法处理；构成犯罪的，依法追究刑事责任。

（7）水利工作人员违法的。

水行政主管部门及水利工程管理单位的工作人员玩忽职守、滥用职权、徇私舞弊的，由其所在单位或者上级主管部门给予行政处分；构成犯罪的，依法追究刑事责任。

12.6　河道管理法律制度

《中华人民共和国河道管理条例》（以下简称《河道管理条例》）适用于中华人民共和国领域内的河道（包括湖泊、人工水道、行洪区、蓄洪区、滞洪区）。有堤防的河道，其管理范围为两岸堤防之间的水域、河洲、滩地（包括可耕地）、行洪区，两岸堤防及护堤地。无堤防的河道，其管理范围根据历史最高洪水位或设计洪水位确定。河道的具体管理范围，由县级以上人民政府负责确定。

1. 河道建设有关规定

（1）在河道管理范围内建设各类工程与设施，建设单位应当向有关的河道主管部门办理审查同意书后，才能按照基本建设程序办理相应的建设审批手续。

（2）河道内的建筑物和设施应当符合相应的法律规定：修建的桥梁、码头不得缩窄行洪河道；桥梁和栈桥的梁底必须高于江河的设计洪水水位，并按防洪与航运的要求，预留一定的超高；跨江河的管道、线路的净空高度必须符合防洪和航运的要求等。

（3）河道岸线的利用和建设，应当服从河道整治规划和航道整治规划。计划部门在审批利用河道岸线的建设项目时，应事先征求河道主管机关的意见。

（4）省、自治区、直辖市以河道为边界的，在河道两岸外侧各 10km 之内以及跨省、自治区、直辖市的河道，未经有关各方达成协议或者国务院水行政主管部门批准，禁止单方面修建排水、阻水、引水、蓄水工程及河道整治工程。

2. 河道整治有关规定

（1）交通部门进行航道整治，应当符合防洪安全要求，并事先征求河道主管机关对有关设计和计划的意见。

（2）水利部门进行河道整治，涉及航道的，应当兼顾航运的需要，并事先征求交通部门对有关设计和计划的意见。

（3）在国家规定可以流放竹木的河流和重要的渔业水域进行河道、航道整治，建设单位应当兼顾竹木水运和渔业发展的需要，并事先将有关设计和计划送同级林业、渔业主管部门征求意见。

（4）堤防上新建的涵、闸、泵站和埋设的穿堤管道、缆线等建筑物及设施，须经河道主管机关验收合格后方可启用，并服从河道主管机关的安全管理。

（5）确需利用堤顶或戗台兼做公路的，须经上级河道主管机关批准。

（6）城镇建设和发展不得占用河道滩地，城镇规划的临河界限，由河道主管机关会同城镇规划等有关部门确定。沿河城镇在编制和审查城镇规划时，应当事先征求河道主管机关的意见。

3. 河道保护

我国《水法》、《防洪法》及《河道管理条例》对河道防护做了具体的规定，其核心内容是河道内从事建设和生产的各项活动都必须符合防洪规划的要求，不得影响河势稳定，危害堤防安全，妨碍行洪和输水。河道防护主要有以下几方面规定：

（1）禁止在江河、湖泊、水库、运河、渠道内弃置、堆放阻碍行洪的物体和种植阻碍行洪的林木及高秆作物。禁止在河道管理范围内建设妨碍行洪的建筑物、构筑物以及从事影响河势稳定、危害河岸堤防安全和其他妨碍河道行洪的活动。在河道、湖泊管理范围内建设各类建筑物和构筑物必须符合防洪规划。修建桥梁、码头和其他设施，必须按照国家规定的防洪标准所确定的河宽进行，不得缩窄行洪信道；桥梁和栈桥的梁底必须高于设计洪水位，并按照防洪和航运的要求，留有一定的超高；跨越河道的管道、线路的净空高度必须符合防洪和航运的要求等。

（2）在河道管理范围内建设桥梁、码头和其他拦河、跨河、临河建筑物、构筑物，铺设跨河管道、电缆，应当符合国家规定的防洪标准和其他有关的技术要求，工程建设方案应当依照防洪法的有关规定报经有关水行政主管部门审查同意。

（3）国家实行河道采砂许可制度。河道管理范围内的砂石资源，是河床的天然组成部分。无序地、掠夺性地开采将会影响河势的稳定，危及堤防，阻碍航道，诱发水上交通事故。但是若能有序地采挖，既可以起到疏浚河道的作用，又可以为建筑市场提供优质的砂石原料。因此，《水法》和《河道管理条例》都对河道采砂活动作出了较为严格的规定，实行河道采砂许可制度。河道采砂许可制度实施办法，由国务院规定。在河道管理范围内采砂，影响河势稳定或者危及堤防安全的，有关县级以上人民政府水行政主管部门应当划定禁采区和规定禁采期。

（4）禁止围湖造地。已经围垦的，应当按照国家规定的防洪标准有计划地退地还湖。禁止围垦河道，确需围垦的，应当经过科学论证，经省、自治区、直辖市人民政府水行政主管部门或者国务院水行政主管部门同意后，报本级人民政府批准。

（5）禁止擅自填堵原有沟汊、储水洼淀和废除原有防洪围堤。

（6）保护护堤护岸的林木，不得任意砍伐。

4. 河道清障

河道中的障碍，即阻水物，包括自然的阻水物和人为的阻水物两种。自然阻水物是指自然生长、形成的，如自然堆积的沙丘、自然生长的植物等障碍物。人为阻水物指为了某种需要而人为形成的，如阻水工程，常见的有建筑物、树木、高秆作物、垃圾、废渣、尾矿矿渣、杂物及其他设施等。河道清障的责任归属原则是"谁设障，谁清除"的原则。同时还规定"由设障者承担全部清除费用"。根据《河道管理条例》有关条文的规定，构成河道设障的行为包括以下几种：

（1）在河道管理范围内弃置、堆放阻碍行洪物体，种植阻碍行洪的林木或者高秆植物，修建围堤、丁坝、阻水渠道、道路。

（2）在堤岸护堤地修建房、存放物料和倾倒垃圾。

（3）未经批准或者不按照规定在河道管理范围内弃置砂石、灰渣或淤泥。

（4）未经批准或者不按照国家规定的防洪标准、堤防安全标准，整治河道或者修建水工建筑物和其他设施。

（5）未经批准在河道滩地存放物料、修建厂房或者其他建筑设施。

（6）尚未经科学论证和省级以上人民政府批准，围垦湖泊、河流。

（7）在行洪区、蓄洪区、滞洪区兴建建筑物不符合防洪安全标准。

（8）其他设障行为。

12.7　河道采砂法律规定

《水法》、《河道管理条例》等相关法律规定，河砂属于国家所有，任何组织和个人不得非法采砂经营。河道采砂应当保障防洪、供水安全和保护生态环境，实行计划开采、总量控制。

1．河道采砂许可证的发放

河道采砂实行许可制度。河道采砂由县级以上人民政府水行政主管部门分级许可并发放许可证。其他任何部门和单位不得办理河道采砂许可和发证手续。

2．河道采砂许可证式样和申请书的内容

河道采砂许可证式样由省人民政府水行政主管部门制定；内容包括申请人名称、采砂范围、采砂高程控制、采砂量、作业方式、采砂期限、采砂作业工具名称及规模控制等。

3．河道采砂许可发证

（1）珠江八大河口，东江、西江、北江、珠江三角洲、韩江等干河道，由省人民政府水行政主管部门许可发证。

（2）其他河道采砂，由地级以上市、县级人民政府水行政主管部门分级许可发证。分级许可发证的具体河道由地级以上市人民政府水行政主管部门确定，报省人民政府水行政主管部门备案。上级水行政主管部门可以委托下级水行政主管部门许可发证。

（3）个人年自用砂量少于 $50m^3$ 需到河道可采区采砂的，免办河道采砂许可证。

（4）河道采砂申请人应当具备的条件和提交的材料。河道采砂申请人应当具备营业执照、符合规定的采砂作业方式和作业工具、没有违法采砂记录和船舶证书齐全等条件；提交河道采砂申请表，营业执照和采砂船船舶登记证书、检验证书及采砂申请范围平面图等材料。

（5）河道采砂许可证的发放。县级或者以上的水行政主管部门，经审查，对符合条件的河道采砂申请，在 30 日内发放许可证；对不符合规定的，在 30 日内说明理由。属于上级水行政主管部门许可发证的河道，应当按分级许可权限逐级审查上报。河道采砂许可证有效期不得超过 1 年。

4. 河道采砂作业的规定

申请人领取河道采砂许可证后，应当持河道采砂许可证到海事部门办理水上水下作业许可证后方可作业；航道部门因航道整治需采砂的，应当事先征求有许可权的人民政府水行政主管部门的意见。

5. 河道采砂招标投标的规定

河道采砂许可通过公开招标投标等方式确定的，由有许可权的人民政府水行政主管部门或者其委托的下级人民政府水行政主管部门组织实施。县级以上人民政府水行政主管部门在组织公开招标投标等方式前，应当征求国土资源、航道、海事等部门的意见。符合条件的单位，应交纳一定的招标投标保证金、履约保证金。

6. 对河道采砂的监督管理

河道采砂人应当服从县级以上人民政府水行政主管部门的监督管理，并遵守下列规定：

（1）按照河道采砂许可证的规定采砂。

（2）不得在禁采区、临时禁采区、禁采期从事采砂作业。

（3）不得改变河势、损坏水工程、破坏水生态环境。

（4）不得伪造、转让、涂改、出借或者出租河道采砂许可证。

（5）河道采砂许可证有效期届满或者累计采砂达到规定总量的，发证机关应当注销其河道采砂许可证。

7. 违规责任

（1）违规采砂。未办理河道采砂许可证采砂的或不按照河道采砂许可证规定采砂的，在禁采区、临时禁采区、禁采期采砂的，造成水工程损坏、河势改变，水生态环境遭到严重破坏的，由县级以上人民政府水行政主管部门视情节严重程度，给予责令停止违法行为，暂扣违法采砂作业工具，限期恢复原状或者采取其他补救措施，没收违法所得，并处以 1 万元以上 10 万元以下罚款的处罚；情节严重的，没收其违法采砂作业工具，吊销河道采砂许可证，可并处以 10 万元以上 30 万元以下罚款。

（2）违法使用采砂许可证。违反条例规定，伪造、转让、涂改、出借或者出租河道采砂许可证的，由县级以上人民政府水行政主管部门收缴或者吊销河道采砂许可证，没收违法所得，可并处以 1 万元以上 10 万元以下罚款。

（3）不交纳有关费用的。河道采砂人不按照规定的期限缴纳河道采砂管理费、矿产资源补偿费的，由县级以上人民政府水行政主管部门或者国土资源部门责令其限期补缴，逾期仍不补缴的，由县级以上人民政府水行政主管部门或者国土资源部门申请人民法院强制执行，并加收逾期每日 1% 的滞纳金。

（4）阻碍执法的。妨碍水行政执法人员依法执行公务的，按照国家有关法律、行政法规规定处理。

（5）拒绝接受违法处理的。县级以上人民政府水行政主管部门及其执法人员依照本条例规定暂扣的违法采砂作业工具，河道采砂人在限定的时间内接受处理后予以发还；逾期不接受处理的，暂扣的违法采砂作业工具予以没收并按照国家法律有关规定处理。

（6）水行政主管部门和其他有关部门及其工作人员违法的。不按规定许可和发放河道采砂许可证的；对违法采砂行为不按规定给予行政处罚的；不履行管理职责的；其他滥用职权、徇私舞弊、玩忽职守的，一律追究其法律责任。

（7）以上违规行为构成犯罪的，依法追究刑事责任。

12.8　河口滩涂开发利用法律规定

河口滩涂开发利用，是指从事河口滩涂的促淤、圈围、围垦等活动。《广东省河口滩涂管理条例》对广东省行政区域内河道入海河口滩涂（以下简称河口滩涂）的开发利用、整治和管理做了明确的规定。

1. 开发利用河口滩涂的条件

（1）符合河口滩涂开发利用规划。

（2）河口滩涂高程已较稳定，处于淤涨扩宽状态。

（3）符合河道行洪纳潮，生态环境、渔业资源保护，航道、河势稳定，防汛工程设施安全的要求。

2. 开发利用河口滩涂的制度

（1）可行性研究报告制度。开发利用河口滩涂，应当向有管辖权的水行政主管部门提出申请，并提交可行性研究报告等文件、资料。可行性研究报告包括：经有审批权的环保部门审查同意的河口滩涂开发利用项目环境影响评价报告；河口滩涂开发利用项目所涉及的防洪措施；河口滩涂开发利用项目对河口变化、行洪纳潮、堤防安全、河口水质的影响以及拟采取的措施；开发利用河口滩涂的用途、范围和开发期限。

（2）防洪规划同意书制度。开发利用河口滩涂，实行防洪规划同意书制度：开发利用主要河口滩涂的，由河口所在地地级以上市水行政主管部门初审后，报省水行政主管部门审查并出具防洪规划同意书。开发利用珠江河口滩涂按规定需由水利部珠江水利委员会出具防洪规划同意书的，应当经省水行政主管部门审查同意。开发利用其他河口滩涂的，由有管辖权的市、县水行政主管部门审查后出具防洪规划同意书，报上一级水行政主管部门备案。

3. 开发利用河口滩涂的程序

（1）在主要河口促淤、圈围、围垦滩涂，符合防洪规划的，由省水行政主管部门征求河口所在地地级以上市人民政府的意见后，会同省海洋与渔业、国土资源、交通等部门组织专家论证，报省人民政府审批。经批准后方可依照国家规定的基本建设程序办理有关手续。

（2）在其他河口促淤、圈围、围垦滩涂，符合防洪规划的，由有管辖权的市、县水行政主管部门会同海洋与渔业、国土资源、交通等部门组织专家论证后，报同级人民政府审批。经批准后方可依照国家规定的基本建设程序办理有关手续。

（3）在河口从事其他开发利用滩涂的活动和建设，应当经有管辖权的水行政主管部门会同有关部门审查同意。

（4）河口滩涂开发利用工程竣工后，开发利用的单位或个人应当向原审查的水行政主管部门报送有关竣工资料，报请水行政主管部门会同有关部门进行验收。工程不符合设计标准或规定要求的，开发利用单位或个人必须返工重建并承担费用。未经验收或经验收不合格的工程，不得投入使用。

4. 河口滩涂建设规定

（1）经批准开发利用河口滩涂的项目，自批准之日起两年内未能开工建设，又未经原批准机关同意延期的，应当重新办理审批手续后方可开工。

（2）水行政主管部门应当对河口滩涂开发利用项目施工情况进行检查，被检查单位和个人应当如实提供有关情况。对未按批准的位置和界限进行施工的，水行政主管部门应当责令其限期改正。

（3）经批准开发利用河口滩涂的单位和个人，不得擅自改变河口滩涂用途、范围。确需改变的，应当经原批准机关批准。

5. 河口滩涂土地使用权的形成

河口滩涂经开发形成土地的，由县级以上人民政府国土资源行政主管部门依法管理，开发利用单位和个人依法享有土地使用权。开发利用单位和个人应当在工程验收后持防洪规划同意书、工程验收合格证明材料和其他有关证件，到国土资源行政主管部门办理确权登记发证手续；河口滩涂经开发后未形成土地的，由水行政主管部门管理。

6. 河口滩涂开发利用禁止性的规定

（1）不得在河口的渔业资源保护区和渔港围垦。确需围垦的，应当先征求渔业行政主管部门的意见。

（2）不得在港口、码头港区范围和航道进行围垦及从事其他妨碍港口、码头港区和航道的开发利用活动。因河道冲淤或防汛等确实需要围垦的，应当先征求交通行政主管部门的意见。

（3）生态公益林规划区、红树林和鸟类自然保护区范围内的河口滩涂，禁止开发利用。

7. 违法行为及法律责任

（1）违法开发利用河口滩涂的。违反条例规定，未经批准或未重新办理审批手续而进行开发利用活动的，由水行政主管部门责令停止违法行为，限期恢复原状或采取其他补救措施，可以处以1万元以上5万元以下罚款；对负有直接责任的主管人员和其他直接责任人员依法追究责任。对既不恢复原状也不采取其他补救措施的，由水行政主管部门代为恢复原状或者采取其他补救措施，违法者还应当承担所需费用。

（2）违法使用开发利用河口滩涂工程的。未经验收或经验收不合格的工程，擅自投入使用的，责令其停止使用，可以处以1万元以上5万元以下罚款；造成重大安全事故，构成犯罪的，依法追究刑事责任。

（3）缴纳河道管理范围占用费和河道采砂管理费违法的。违反《河口滩涂管理条例》规定，不缴纳河道管理范围占用费和河道采砂管理费的，责令其限期缴纳；逾期不缴纳的，按日加收5‰的滞纳金。缴费单位拒不缴纳河道管理范围占用费、河道采砂管理费和滞纳金，逾期不申请复议或者逾期不起诉又不履行的，水行政主管部门可以申请人民法院强制执行。

（4）违法施工的。违反《河口滩涂管理条例》规定，未按批准的位置和界限施工又不改正，或擅自改变开发利用项目的用途、范围的，可以处以 1 万元以上 5 万元以下罚款；影响行洪纳潮但尚可采取补救措施的，责令采取补救措施；严重影响行洪纳潮的，责令限期拆除，逾期不拆除的，强行拆除，所需费用由开发利用单位或个人承担。

（5）其他违法的。阻碍、威胁水行政主管部门和有关行政管理部门的工作人员依法履行职务，应当给予治安管理处罚的，依照治安管理处罚条例的规定处罚；构成犯罪的，依法追究刑事责任。水行政主管部门和有关行政管理部门工作人员滥用职权、玩忽职守、徇私舞弊的，由所在部门给予行政处分；构成犯罪的，依法追究刑事责任。

【推荐阅读资料】

《中华人民共和国水法》

《中华人民共和国防洪法》

《中华人民共和国水土保持法》

《中华人民共和国水污染防治法》

《中华人民共和国水污染防治法实施细则》

《中华人民共和国河道管理条例》

《取水许可实施办法》

《水行政处罚实施办法》

《城市供水水质管理规定》

《水土保持工程建设管理办法》

《水利工程供水价格管理办法》

《广东省河道采砂管理条例》

《广东省北江大堤管理办法》

复 习 思 考 题

1. 如何界定广义和狭义水法？

2. 水资源、水域和水工程的保护是指什么？

3. 水事纠纷如何处理？

4. 如何有效预防水土流失？

5. 简述取水许可制度的法律规定。

6. 简述防汛抗洪法律规定。

7. 如何合法开发利用河口滩涂？

8. 保护河道有哪些法律措施？

参　考　文　献

［1］ 陈东佐. 建筑法规概论（第三版）. 北京：中国建筑工业出版社，2008.

［2］ 夏芳，齐红军. 建设法规实务. 北京：人民交通出版社，2008.

［3］ 刘勇. 建筑法规概论. 北京：中国水利水电出版社，2008.

［4］ 徐占发. 建设法规与合同管理. 北京：人民交通出版社，2005.

［5］ 赵志文，早淑娥. 建设工程招投标与合同管理（第一版）. 北京：冶金工业出版社，2010.

［6］ 宁先平. 工程建设法规与合同管理. 北京：人民交通出版社，2010.

［7］ 徐占发. 建设法规与案例分析. 北京：机械工业出版社，2001.

［8］ 全国二级建造师职业资格考试用书编写委员会. 2009 年版建设工程法律法规选编［M］. 3 版.
北京：中国建筑工业出版社，2009.

［9］ 任顺平，等. 水法学概论. 郑州：黄河水利出版社，1999.

［10］ 肖国兴，肖乾刚编著. 自然资源法. 北京：法律出版社，1999.

［11］ 陈可一. 水利科普丛书. 广州：广东经济出版社，1998.

［12］ 陈庆恒. 水法简明教程. 济南：济南出版社，1992.

［13］ 金瑞林. 中国环境法. 北京：法律出版社，1998.

［14］ 成建国. 水资源规划与水政水务管理—实务全书. 北京：中国环境科学出版社，2001.

［15］ 曹康泰. 中华人民共和国防洪法释义. 北京：中国法制出版社，1999.

［16］ 钱燮铭，裘江海. 水政监察实务. 北京：中国水利水电出版社，2000.

［17］《水资源开发管理及监测实务全书》编写组编. 水资源开发管理及监测实务全书. 北京：科学技
术出版社，2002.

［18］ 曹康泰. 中华人民共和国水法导读. 北京：中国法制出版社，2003.

［19］ 张国华. 建设工程招标投标实务. 北京：中国建筑工业出版社，2004.

［20］ 陈正. 建筑工程招投标与合同管理实务. 北京：电子工业出版社，2006.

［21］ 朱永祥. 工程招投标与合同管理. 武汉：武汉理工大学出版社，2004.